人文新视野
丛书
(第9辑)

当代法国美学与诗学研究

DANGDAI FAGUO MEIXUE
YU SHIXUE YANJIU

史忠义　户思社　叶舒宪　刘越莲　主编

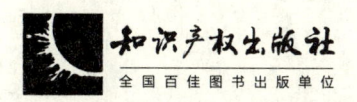

知识产权出版社
全国百佳图书出版单位

图书在版编目（CIP）数据

当代法国美学与诗学研究／史忠义等主编．—北京：知识产权出版社，2014.9

（人文新视野第9辑）

ISBN 978-7-5130-2988-9

Ⅰ.①当… Ⅱ.①史… Ⅲ.①美学思想－研究－法国－现代 Ⅳ.①B83-095.65

中国版本图书馆CIP数据核字（2014）第209811号

责任编辑：刘 睿 刘 江　　　　　责任校对：董志英
文字编辑：刘 江　　　　　　　　　责任出版：刘译文

当代法国美学与诗学研究

史忠义　户思社　叶舒宪　刘越莲　主编

出版发行：知识产权出版社 有限责任公司		网　址：http://www.ipph.cn	
社　址：北京市海淀区马甸南村1号		邮　编：100088	
责编电话：010-82000860 转 8113		责编邮箱：liurui@cnipr.com	
发行电话：010-82000860 转 8101/8102		发行传真：010-82000893/82005070/82000270	
印　刷：保定市中画美凯印刷有限公司		经　销：各大网上书店、新华书店及相关专业书店	
开　本：720mm×960mm　1/16		印　张：19.5	
版　次：2014年9月第一版		印　次：2014年9月第一次印刷	
字　数：287千字		定　价：45.00元	
ISBN 978-7-5130-2988-9			

出版权专有　侵权必究
如有印装质量问题，本社负责调换。

编委会成员

主　编　　史忠义　户思社　叶舒宪　刘越莲

顾　问　　钱中文　吴元迈　黄宝生　郭宏安
　　　　　　罗　芃

编　委　（按姓氏笔画排列）
　　　　　　户思社　史忠义　叶舒宪　许金龙
　　　　　　李永平　吴晓都　孟长勇　杨鹏鹏
　　　　　　周启超　张保宁　姜亚军　南建翀
　　　　　　党争胜　高建平　聂　军　徐德林
　　　　　　董小英　董炳月　程　巍　魏在江
　　　　　　谭　佳

编　务　　徐德林（兼）

序

　　《人文新视野丛书》是由中国社会科学院外文所研究员史忠义以中国社会科学院比较文学研究中心和西安外国语大学欧美文学研究基地名义主编的一套研究性学术刊物（以书代刊形式），已出版8辑，在学术界拥有一定的影响。第9辑主要介绍法国当代美学思想，包括四大板块：一，法国当代美学；二，诗学研究；三，翻译撷英；四，书评。本刊主要采用国内外著名学者的论文（域外学者的论文个别在国外学术刊物上已发表），同时考虑提携新人，给后学者发表论文的机会。他们将是未来的优秀学者。本辑第三部分节选法国著名学者埃莱娜·蒂泽的国家博士论文《宇宙与意象》的一小部分，该著作的主要特点是把西方人的宇宙观与文学作品中的宇宙意象结合起来进行研究，显示了一位女学者的胸怀、胆量和学识。全书的学术含量相当厚实。

史忠义
2013年5月16日

目　录

法国当代美学

思想的感化、解放和实践
　　——古典、现代和当代思考艺术伦理效率的方式
………………………［法］卡萝尔·塔龙－于贡　文　张新木　译 (3)
美学的困惑…………［法］多米尼克·夏托　文　翟月　张新木　译 (20)
舞蹈、艺术抑或生活的实验室？
………………………［法］法比耶纳·布吕热尔　文　曹胜超　译 (38)
传播知识，美学中的理论与实践
………………………［法］雅散托·拉热伊拉　文　向征　译 (50)
无知者的论据
　　——作为艺术理论的美学
………………………［法］雅克琳娜·利希敦士登　文　许玉婷　译 (61)
介于形而上学与本体论之间的美学
………………………［法］雅克·莫里佐　文　张弛　方丽平　译 (76)
娱乐理论与悲剧思想
　　——巴洛克与启蒙时代之间的新伊壁鸠鲁美学元素
………………………［法］让－夏尔·达尔蒙　文　史文心　译 (93)
审美与认知的关系
……………［法］让－马利亚·夏埃菲尔　文　方丽平　张弛　译 (115)
坠落的人：对破坏图像的破坏
………………………［法］莫罗·卡波内　文　宋心怡　曹胜超　译 (128)
为当代艺术的争论画上句号

………………………………［法］娜塔莉·汉妮熙 文 许一明 译（139）

诗学研究

文学有批评权吗？…………［法］让·贝西埃 文 鹿一琳 译（155）
《宇宙与意象》的四个理论来源 ……………………… 张 鸿（178）
以《生死疲劳》为例谈莫言对马尔克斯的
　　接受与发展 ……………………………… 刘一静 李汶柳（188）
永恒乃是飘逝
　　——《百年孤独》以冰块包裹激情之
　　叙事 …………………………………………… 张慧敏（195）
吉尔维克：与简朴风景的"感性沟通" ……………… 姜丹丹（210）
左拉与中国的结缘与纠结
　　——以 1915~1949 年左拉在中国被接受
　　为例 …………………………………………… 吴康茹（221）

译文撷英

宇宙与意象 ………………［法］埃莱娜·蒂泽 文 张 鸿 译（241）

书　评

回归叙事理论研究的本真
　　——评卡琳·库克仑与松亚·克利梅克的
　　《大众文化中的转叙》 …………………………… 吴康茹（293）

Table des matières

Esthétique de la France contemporaine

Edification, émancipation et exercice de pensée. Manières classique, moderne et contemporaine de penser l'efficacité éthique de l'art
.... Par　Carole Talon-Hugon　Traduit.　Zhang Xinmu　(3)

Le trouble esthétique
.... Par　Dominique Château　Traduit.　Zhai Yue　Zhang Xinmu　(20)

La danse, laboratoire de l'art ou de la vie?
.... Par　Fabienne Brugère　Traduit.　Cao Shengchao　(38)

Disséminer les savoirs. Théories et pratiques en esthétique
.... Par　Jacinto Lageira　Traduit.　Xiang Hong　(50)

L'argument de l'ignorant?: de la théorie de l'art l'esthétique
.... Par　Jacqueline Lichtenstein　Traduit.　Xu Yuting　(61)

L'esthétique, entre métaphysique et ontologie
.... Par　Jacques Morizot　Traduit.　Zhang Chi　Fang Liping　(76)

Théorie du divertissement et pensée de la tragédie : éléments d' esthétique néoépicurienne entre Age Baroque et Lumières
.... Par　Jean-Charles Darmon　Traduit.　Shi Wenxin　(93)

Relation esthétique et connaissance
.... Par　Jean-Marie Schaeffer　Traduit.　Fang Liping　Zhang Chi　(115)

L'homme qui tombe?: Une destruction d'images de destruction
.... Par　Mauro Carbone　Traduit.　Song Xinyi　Cao Shengchao　(128)

Pour en finir avec la querelle de l'art contemporain
.... Par Nathalie HEINICH Traduit. Xu Yiming（139）

Etudes des poétiques
La littérature est-elle critique?
.... Par Jean Bessière Traduit. Lu Yilin（155）
Quatre origines théoriques du Cosmos et l'Imagination
.... Par Zhang Hong（178）
L'accueil de Marcos par Moyan par l'exemple des Fatigues du vivant et la mort
.... Par Liu Yijing et Li Wenliu（188）
L'éternel est la disparition
.... Par Zhang Huimin（195）
Eugène Guillevic?：la communication sensible avec le paysage simple
.... Par Jiang Dandan（210）

Traductions
Choix du Cosmos et l'imagination
.... Par Zhang Hong（221）

Commentaires des livres
Retour à l'identité des études narratologiques
.... Par Wu Kangru（241）

法国当代美学

本国当代六卷

思想的感化、解放和实践
——古典、现代和当代思考艺术伦理效率的方式

■ [法] 卡萝尔·塔龙 – 于贡* 文
　张新木** 译

【内容提要】 艺术和伦理历来被看做两个不同的范畴，然而从亚里士多德到阿多诺，许多学者都对艺术的伦理收益作了积极的思考。概括起来，人们一般借助于感化、解放和思想体验等三个范式来考察艺术的伦理效率，呈现出三种伦理状态。古典时期推崇艺术作品的教化作用，认为内容重于形式，通过体现、简略和典范性去发挥作品的感化收益，追求一种德性伦理；而到了近代，以席勒为代表的解放范式追求创作自由，在对形式的求美过程中感受选择的自由，使感性本质与理性本质达到和谐统一，探索艺术的本体伦理；当今时代则将艺术看做思想体验的手段，而伦理被设想为一种思考能力，通过重新审视价值观、训练判断力和开发同感等进行道德教育，培育一种审视伦理。

【关键词】 艺术伦理　感化范式　解放范式　思想的实践

　　艺术与伦理之间的关系问题，曾经长期从美学的雷达屏上消失。现代性的共通语（其前提从18世纪起就能感觉到）要求美学的注意力不

---

* 卡萝尔·塔龙 – 于贡（Canole Talon-Hugon），女，尼斯大学美学教授，法国美学学会会长，《新美学》杂志编委会主任，是2014年当选为法兰西研究院（Imtifut de France）的唯一哲学教授（推荐人：史忠义）。

** 张新木，南京大学外国语学院法语系教授、博士生导师，著述甚丰。

得让艺术佳肴分散掉，这种佳肴可以称之为宗教，政治或道德的宗教，并且希望注意力仅仅聚焦于作品。该共通语一方面表明，艺术家不应该追求他律的目标，而另一方面又认为，让伦理范畴去干预针对作品的评判不仅形成一种情趣的缺失，而且构成一种范畴性错误。总之，它表明艺术的领域和伦理的领域有着根本的区别。

然而近30年来，现代性的这种理论禁忌已经过时，而试问艺术能否让我们变得更加美好，❶ 这已经不再是个非法的问题。针对这个提问，可以有上千种答案，而且有过上千种答案；这些答案从毫无保留的肯定（席勒）到最为强烈的怀疑（卢梭），中间还包括各种有条件的区别和表述。这里令我感兴趣的不是这些答案的多样性及它们各自的论点，而是积极地回答问题的人们思考这个伦理效率的方式。❷ 亚里士多德、阿多诺、玛莎·纳斯鲍姆确实曾认为存在一种艺术的伦理收益，但是在这个立场一致的背后，隐藏着关于这个问题的姿态的极大分歧，即要知道艺术怎样能够让我们更加道德，通过什么手段能够达到？这个问题又与另一个问题密切相关，后者关涉到给"生存或变得道德"这个表述赋予什么意义。有关艺术权力的思考要求有这个通过伦理之地的迂回。

在此我坚持认为，有三个范式去思考艺术的伦理效率，而每个范式都与思考艺术的某种方式和思考道德的某种方式密切相关。我将第一个称为感化范式，第二个称为解放范式，第三个称为思想体验范式。每个范式在其特定的历史时期都占据主导地位。第一个范式覆盖了相当长的一个时期，它始于早期希腊艺术理论家的文本，结束于18世纪期间。第二个范式出现于18世纪末，并且主导了19世纪和20世纪的一段时间。第三个范式伴随着复兴被应用于艺术的伦理拷问而得到发展，至今已持续了30多年，并且给出了我们当代性的特点。在任何断代中，我们都很难清楚地标示出这些范式各自统治的时间边界：事物常常以不知不觉的方式在演变，而在过渡时期，互相竞争的立场以或强或弱的争论

---

❶ [法] S. 卡维尔：《电影能让我们更加美好吗?》，（巴黎）巴亚尔出版社2010年版。
❷ 我暂且将"伦理"和"道德"这两个词当做同义词使用。而在本文结束时，我将对这两个词作出重大的区别。

方式共存着。更有甚者：每个时期，甚至在其边缘之外，都不完全一样。因此，如果说第一个范式在 18 世纪以前没有竞争，第二个范式在现代时期则与第一个范式的续存物共存，而这两个范式在最为当前的辩论中并没有销声匿迹。尽管如此，这三个范式又在各自的参照时代中构成主导的形象。这里确实存在三种典型理想的关系，即感化、解放和思想体验等词汇所意味的关系。

一、感化范式

针对艺术怎样才能在道德方面有所收益这个问题，古代、中世纪、文艺复兴和古典时期初的思想家们都异口同声地作了回答。对他们而言，作品的权力并不取决于其艺术性——现代的概念，当时还不为人知的概念——而是取决于它所表现的东西。伦理效率的手段取决于一个词，即参照。它就存在于词语和形象所参照的事物中：有德行或缺德的生灵的行动，罪恶、不公、善良或勇敢的特殊形式，还有由此引发的情感和致命后果的混乱等。❶

我们不要忘记，对亚里士多德和在两千年中信奉他的人来说，诗学是由模仿来定义的，即通过对行动和事件的表现，而非特定的语言形式。他在《诗学》中不就这样写过："诗人更应该是故事的工匠，而非诗歌的艺人，因为只有通过虚构才能成为诗人。"❷ 确实，在其通灵特性之外，文学和绘画在共同的意图中相聚，以表现凡人、圣人和神灵的伟业。因此参照性至关重要：民间故事、圣徒传记、寓言、传说、轶事、戏剧表演（如那些神秘或中世纪游戏的形式）、教堂门头雕像、祭坛装饰屏、彩绘玻璃等，所有这些文学与造型艺术形式都有一个共同点：讲

---

❶ 这并不意味着诸如建筑或纯器乐等非模仿艺术就没有心理效果。只需想想毕达哥拉斯关于建筑效果的文章，或想想柏拉图使音乐成为战争教育的宝贵辅助工具的文章。然而这些艺术却以下意识的方式起作用：音乐调式或建筑形式可以直接通向个性的心灵核心。这里重要的不是感化，而是在不经意识思考的情况下塑造心灵。

❷ ［古希腊］亚里士多德：《诗学》（公元前 4 世纪），法文版，（巴黎）文学出版社 1932 年版，第 1451b 页。

述故事，虚构或真实的故事（圣经故事、传说或故事片段，这都无关紧要）。

恰恰在这些内容中，古人赋予它们在道德方面的艺术权力；❶ 正是在这种恶习与美德的天真绘画中，拉辛托付了自己的一番苦心，要让其戏剧的观众具有美德。❷ 根据库瓦佩尔（Coypel）的观点，正是这些过去伟人们光荣事迹的表演在"激励美德，赋予其力量，（还能）在那些享誉美德的人们心中保持一种强烈的好胜心，不仅要模仿他们，还要赶上他们，或许要超过他们"。❸ 正是在谈论表现的所有艺术之时，杜博斯表示："美德行为的绘画温暖我们的心灵；它以某种方式让心灵超越自身，在我们心中激起值得称赞的激情。"❹

然而参照的效率究竟是什么？要理解这一点，就必须借助于三个关键概念，它们出自对所考察时代思想家的阅读，即体现、简略和典范性。

（一）体　现

一条道德律令是个抽象的命题：它说"你不能杀生"，"不应该说谎"或"要讲道理"。然而正像狄德罗所看到的那样，一条律令"自身不能在我们精神中烙下任何明显的形象"❺。参照的艺术，它们能够将肉身赋予这些抽象实体，即这类概念和命题。

对怎样做的认识在道德性说理中尤为重要。根据狄德罗的看法，正是这种认识形成了小说相对于格言的优势："它自身不能在我们精神中

---

❶ 将诸多权力赋予参照，这就是根据表现题材的不同，承认它具有既善行又至恶的威力。因为如果支持这种观点，即美德的表演能让人们具有美德，那也应该接受另一个观点，即恶习的表演也能让人们变坏。因此，柏拉图既要从城邦中清除掉恶劣的诗人，即那些向观众提供坏榜样作为精神食粮的人们，也就是说低俗性格和可耻行为的榜样，又要与提供好榜样的人们的服务相结合。人们看到，诗歌在道德方面的有害权力，正如它在道德方面的有利权力，将建立在表演的内容上。

❷ 拉辛：《〈费德尔〉序言》。

❸ 库瓦佩尔（Coypel）：见 N. Garhiel, *Antoine Coypel 1661—1722*, éd. Arthena, Paris, 1989, p. 524.

❹ Du Boo（abbé）, *Réllexiom critique aun la poélie etla peintuse* (1719), lééd., Palin, ENS-BA, 1994, p. 17.

❺ 狄德罗：《赞理查森》（1762 年），见《美学作品集》，第 29 页。

烙下任何明显的形象；但是那位行动的人，大家看到他，都能设身处地或站在他一边，大家强烈地支持他或反对他；如果他具有美德，大家便向他的角色看齐，如果他不讲道理、身染恶习，大家就会气愤地远离他。"❶ 小说在原则能力之外，还要求一种想象力，几乎没有受损的感受（"大家看到他"）。特殊案例的表现——不管是绘画的或是文学的表现——都会给原则赋予肉身。赖尔（Ryle）在知道什么和知道怎样之间所作的区别在这里具有很大的切合性。大家知道奴隶制是件坏事，但是《汤姆叔叔的小屋》则展示，怎样做也是件坏事。

因此，在中世纪文学中，诸如恶习和美德等抽象概念大多被拟人化。在鲁尔·德·乌登克（Raoul de Houdenc）（13世纪）的《天堂的声音》中，叙述者讲述他在通往地狱和天堂的路上与拟人化的恶习和美德的相遇，这些恶习和美德按照各自特点的意愿进行表达和行动。人们还能在16世纪找到这种寓意，如在玛格丽特·德·纳瓦尔（Marguerite de Navarre）的《马桑山喜剧》中，人物的名字为迷信女、社交女、女智者等。普鲁登修斯的《心灵的冲突》是一部战争叙事史诗，在这些战争中，恶习与美德正面交锋。这些文学寓意也有它们的绘画对等物：中世纪和文艺复兴的绘画中充满恶习与美德的表现，以男人或女人的形式出现，身边围着代表他们特性的众多动物或物品。寓意的形式有说教寓言或寓意故事，可以提供一种感性的厚度，不仅针对概念，而且针对命题。这种具体化在其他文学形式中则更为成功，如圣徒传记或"奇迹故事"，比在小说中更为成功。如吕特伯夫《埃及圣母的一生》中的圣母玛丽亚，玛格丽特·德·纳瓦尔《七日谈》中的人物，理查森神名小说中的帕梅拉和克拉丽莎，他们并不是中世纪寓意中有确定整体品质的人物；这是一些体格和心理特征多样而且具有独特故事的个性化人物。这是一些男人和女人，而非种类。道德的概念和命题在这里完全以另样的方式体现出来，而且更加丰满，因为它体现在独特个体的行动和行为中。

---

❶ 狄德罗：《赞理查森》（1762年），见《美学作品集》，第29页。

因此，表现的艺术能够提供一种"意识的在场"❶，这是格言所不具备的。艺术能将道德律令以抽象和笼统方式表达的东西落入直觉中。

(二) 概　述

代表性作品也提供了一些图式（schème），即作品建议的一些可应用于类似情况的行为略图。格言和道德律令实际上是普遍的东西；然而却是特殊的、复杂的、无限受制于现实状况的东西。在二者之间，从律令到个案有一个差距，从理想的标准形式到状况又有一个差距。文学或绘画的实体，既不具有律令的绝对普遍性，也没有人类生活的绝对复杂性。《图兰朵》中的人物柳儿既没有真实存在的某人的完整性，也没有其稳固性；大家知道她是一位女仆，也爱卡拉夫王子，她性情高傲，又充满美德。但是她没有确切的年龄，没有家谱，也没有生平。该人物只是由某些个特性束组成。这就足够让她那多变而短暂的梦想不会逐步消失；这尤其使得在其决心的空白中，各种特殊化得以栖身。柳儿建议了利他主义爱情的一种图式，而在这种爱情中，忘我精神将由自我的牺牲来表达。因此虚构可以构成图式。正如利科写道："在一种可能成为叙事可能逻辑的东西和行动的经验多样性之间，叙述虚构插入了其人类行动的略图。"❷

(三) 典范性

表现的艺术提供了词语双重意义上的典范：典范化和典范案例。典范化允许一种我们已经说过的体现。在这种情况下，典范就是一些特殊案例，按其典型特点（如拉封登寓言的动物或布吕赫尔《盲人寓言》中的盲人）挑选的案例。但是表现的特殊案例相反也可按其例外性进行挑选。典范于是变成了样板，这是模仿的原则。因为模仿要求一些可触摸的样板。圣彼得对其弟子们说："请成为我的模仿者，正如我是基督

---

❶ 佩雷尔曼（C. Perelman）和奥尔布莱希特－提特卡（Olbrechts-Tyteca）：《新修辞学·论论据化》，（巴黎）法国大学出版社 1958 年。

❷ [法] 保尔·利科：《从文本到行动》，（巴黎）索伊出版社 1986 年版。

的模仿者一样。"因此道德教育中就给样板赋予了这个角色。❶ 我们在这里再次看到范例的伟大传统，其用途明显大大超越了艺术的场域。教会人士和教育家们都使用范例专集，布道者在其讲道中则借助这类教化轶事。

追求道德目标的艺术家广泛借助这一手段："我们的火焰应该由这位圣人的典范来点燃"，《圣阿莱克西斯传》的作者如是说。而在另一个语境下，大卫通过《约瑟夫·巴拉之死》中描绘战死在街垒战中的15岁年轻革命者，鼓励他的同代人追随这位具有革命勇气和热情的典范人物。

典范性的力量就建立在模仿的心理动力之上，从古代起，亚里士多德就指明了这一点。通过镜像效应，我们学会像典范人物那样行事；我们爱其所爱，恨其所恨，欲其所欲；我们像他一样感受他所感受的感觉，也就是说强烈地感受这种感觉，或者反过来严格控制这种感觉（只需想想爱情的不同样板：骑士小说的艳情、《特里斯当和伊瑟》的激情以及马里沃式风雅、荒淫无度等）。西方激情式爱情的感人肺腑、歌德《少年维特之烦恼》出版后的自杀浪潮、包法利性格的摧毁力量，都是文学模仿效应的有力证明。

体现、简略和典范性就这样共同催生了这种道德教化的特有形式，这就是感化。

二、解放范式

第二种理解艺术伦理效率的方式与感化毫不相干。它与感化彻底决裂，并且终极地判决了它。第二个范式的最佳代表之一，即我们现在即将考察的代表人物，就是席勒。

当席勒写道："教化（道德）的美丽艺术（……）的概念是矛盾的

---

❶ 劳伦斯·A. 布鲁姆："道德典范：关于辛德勒的思考，诗歌及其他"，载《中西部哲学研究》1988年第八卷。

概念；实际上与美的概念相反，没有什么比得上向灵魂灌输一种准确倾向的抱负了。"❶ 他似乎鞭挞了艺术的任何道德抱负。不过，如果仔细观察，他所鞭挞的仅仅是"灌输一种准确倾向"的抱负。换言之，席勒所质疑的是通过艺术进行的感化。这并不意味着他不给艺术指定一个道德规划。诚然，对《判断力批判》的阅读引导他清晰地区分美的领域和道德领域。但是他一方面坚持说美独立于任何道德目标，因此美术不应该追求他律的目的，另一方面又表明，美对于道德不是没有效果，而且艺术虽然没有道德目标，却不乏道德效果。美在他心里，正如康德的情况那样，它不是道德的象征，而是道德的条件。这意味着什么？对席勒而言，道德是什么？美在什么方面在为道德作准备？

必须理解席勒所称呼的"伦理状态"是什么？这是一种个人状态，它成功地在个人身上协调了两种人类本质：一是感性的本质，它让个人面向世界，让他成为一个欲望的生灵；二是理性的本质，它展现在个人的超感性自由中。"伦理状态"，希腊人早就知道而被现代人遗忘的东西，它是感性的本质和理性的本质在其中和谐地结合的状态。"自由"这个道德的中心词，应该在人性本质既和谐又协调的背景中展开。理性状态将是人们在其中能够自由地选择感性和义务的偏爱，自由地选择义务这样一种状态。

既然道德是这样定义的，那么美怎样才能为它服务呢？席勒为什么能说"只有通过美，人们才能通向自由"❷ 呢？据他说，这是因为美是感性和超感性的混合。"当它具有本质的外表时"❸，我们会喜欢艺术之美，换言之，就在其起源在创作自由中几乎被人们忘却之时。艺术之美就出自这种感性与超感性的混合，出自这种有限中的无限的在场。对这种美的沉思就这样为我们提供了关于整个人类的直觉。艺术的物品施展

---

❶ [法] 勒内·基拉尔：《浪漫的谎言与小说的真实》，（巴黎）格拉塞出版社，1985年版，第292~293页。

❷ [德] 席勒：《关于人类审美教育的通信》（法文版），（巴黎）奥比耶出版社1992年版，第二封信，第91页。

❸ 同上。

着一种感性的诱惑，借此开发我们的现象自我的力量，同时，通过对物质事物精神化的表现，开发我们的理性自我的力量。因此我们将变得格外感性、格外具有精神。就在两个本质之间，沉思在我们身上实现这种顶峰的协调，而它们的同时展开将阻止这个紧跟那个的步伐。

因此，美对于道德没有直接的影响。它不会直接孕育任何道德上善良的准确思想、任何可称赞的确定行为。凝视一幅绘画不会让我们变得乐善好施；阅读也不会让我们变得具有节制。总之艺术不会让我们具有美德，艺术致力于让我们变得有道德，那是因为美致力于人类身上自由意志的到来。它并不作用于道德的行动，而是作用于任何道德行动的条件。艺术针对道德实践的行动是间接的：它仅仅通过其所支持的精神独立而起作用。

相对于前面所见的一切，这里有某种绝对新颖的东西。这并不是在我们身上发展道德品质，或是将我们放到某种道德的安排中，而是准备义务的场地，即支持独立的状态。这里确实就是一种间接的功能主义。席勒拒绝感化和感化手段，即一种通过作品内容而起作用的艺术。这将是一种教学的艺术。美只有通过其形式才能执行这个行动。这个行动是道德化的矢量："在一部真正美丽的艺术作品中，内容不应该占有任何分量，而形式却要充当一切；因为只有形式作用于人类的总体，内容则相反，它只作用于孤独的力量。不管内容如何崇高，有多宽广，它对精神只能执行有限的行动，人们只能从形式中期待一种真正的审美自由。"[1]

解放范式从席勒那里得到第一个表述和最为完善的形式。但是在他开创的道路上，又诞生了其他一些思想，这些思想在许多方面不尽相同，却也保留了这种范式的略图。例如阿多诺的情况，他在马克思主义语境中重新注入和更新了我们刚刚在席勒作品中看到的略图。像席勒一样，他拒绝任何种类的直接功能主义，以利于间接的功能主义。而当功

---

[1] ［德］席勒：《关于人类审美教育的通信》第 22 封信，（巴黎）奥比耶出版社 1992 年版，第 291 页。

能主义的关键词对席勒来说是美时，对阿多诺来说则是批判功能。他坚持说，正因为艺术是一种独立的文化形式，它对世界才有一种批判的影响。它正是通过其价值的独立性在起作用。艺术是一个单独的王国，但又是典范的王国；说它是典范的，因为它是单独的。艺术的批判功能来自这样一个事实，在一个任何事物只有在与其他事物相关时才有价值的社会里，艺术作品却是例外。正是艺术的独立性赋予其最高的道德切合性。在一个什么都为其他事物而存在的社会里，只为自己而存在的艺术以其自身存在的唯一事实形成一种无声的批判："在能够给艺术作品指定社会功能的范围内，这个功能只存在于任何功能的缺席中。"[1] 这等于是说，没有直接的功能，而只有间接的功能。

在席勒和阿多诺的立场之间，许多事物不尽相同。批判功能取代了美，思考取代了自由，文化产业的产品取代了审美价值偏低的作品。然而有个想法却一直保留着，即艺术可以有赎罪效果，而这些效果只能到形式方面去寻找："（艺术在于）抗拒，通过形式而非他物，以对抗继续威胁人类的世界潮流，这个潮流就像顶着人们胸口的手枪。"[2] 因此，这里确实有一个古老略图的当代版本，根据马克思主义和现实化的视角作过改变的版本。[3]

三、思想体验范式

第三个考察艺术伦理收益的范式主宰着我们的当代性。由于第二个范式与第一个范式共存于现代性中，如今第三个范式也与第二个范式共存，人们甚至可以看到那些参照第一个范式的成分与之混为一体。然而

---

[1] ［德］席勒：《关于人类审美教育的通信》第 22 封信，（巴黎）奥比耶出版社 1992 年版，第 288 页。

[2] 阿多诺：《文学笔记》，1958，法译本，（巴黎）弗拉马里翁出版社 1999 年版，第 289 页。

[3] 乌托邦主义认为，艺术最终会成为解放者，这种乌托邦形式同样也会出现在其他作者笔下，然而有不同的偏向，尤其是马尔库塞在《审美之维》或萨特在《文学是什么?》的情况。

第三个范式却具有自己独特的面孔以及标示它的特征。它与第二个范式的区别在于，它并不将艺术的伦理效率建立在形式的美德之上；相反它认为——这个特征让它接近于第一个范式——艺术通过内容而起作用。但是它又不与第一个范式恢复关系，因为它不用典范样板的术语去思考手段，不用感化的术语去思考道德收益。它用思想体验的术语去思考这个手段，更准确地说，用重新审视价值、训练道德区分和开发同感的术语去思考。

（一）让人们重新考虑其信仰和价值观

感化范式并不排斥这一点，即体验作品对观众或读者来说是一个重新考虑其信仰和价值观的机会。但是在共享的共同价值背景下，它用对这些价值的激活与加强的术语去思考认知的收益，而不用重新审视的术语。

确实，叙事作品也可以让人们加强对某些价值的赞同。这就是修辞学上夸张话语的目标性。夸张话语所说的都是听众已经知道的东西；马尔罗的《让·穆兰颂》所参照的英雄事迹，听众都已经知道。然而夸张话语并非没有修辞效率：它会增强团体的凝聚力，加强在某些价值上的一致。此外，作品中可能还会有一个不属于颂歌体裁的夸张维度：马蒙泰尔的《贝利撒留》和大卫的《贝利撒留》都成了偶像，一个在文学领域，另一个在绘画领域，而革命者则团结在这些偶像周围。在这个意义上，这些作品确实产生一种对道德信仰的加强，而这种加强又会以阐明和深化的形式出现，正如诺埃尔·卡罗尔所展示的那样。[1]

我们的时代更加强调这个想法，即艺术可以是（也应该是）审视我们价值观的一个机会。当代的批评话语中充斥着大量的这类修改指令：艺术应该"考问"我们的信仰、"质问"我们的信念、"质疑"我们的价值观、"邀请思考"我们的原则等。如果阅读是作者思想的变化题材，

---

[1] ［美］诺埃尔·卡罗尔："艺术、叙事、与道德理解"，见列维森主编：《美学和伦理·论交汇》，剑桥大学出版社1988年版。

书本就能改变我们看待世界的目光。❶ 读者或者观众就能通过别的东西将其道德信仰相对化，他将面对其他的信仰，完全不同的信仰，甚至与作品支持的观点完全相对的信仰。❷

（二）训练道德区分

思想体验的当代范式也包含洞察力操练的想法。它认为，教育不是对道德生活命题的学习，而是对某些能力的培育：❸ 判断能力，为此要有思考能力、区别能力、掂量道理的能力。因为仅拥有道德原则是不够的：还必须善于将其付诸实践。必须要有准则，但还要有应用这些准则的判断。❹ 狄德罗就这样说过，格言就是"一种抽象和普通的行为准则，让我们去应用它"❺。而实际上，由于情况的独特性，有时很难推断出适合做的事情。"我应该作出怎样的道德选择呢？"萨特的学生问他。后者在投入抗战为国效命和留在母亲身边之间犹豫不决，在他哥哥战死于前线之后，他成了母亲唯一活着的理由。❻ 基督教道德要求人们爱自己的邻人，但这里首先要爱的邻人究竟是谁？是母亲，还是他的同胞？康德的绝对迫切需要要求人们以这种方式行事，即把对待他人当做目的而不是当做手段；然而萨特的学生所面临的这两个选择分支并不指望别的东西。义务的冲突极其明显地展示了符合道德的创造性。假设我们已经有一些初步概念（对善的倾向，对恶的厌恶），假设这些概念是先天的或习得的，那么怎样将这些普遍的形式应用于特殊的案例呢？怎样将不同状况纳入理想的标准形式呢？因此，道德教育也是开发才能和权力的事务。

---

❶ 基尔朗（M. Kieran）："被禁的知识：非道德的挑战"，载《艺术与现代性》，（伦敦）劳特利奇出版社。

❷ 沃尔顿（K. Walton）："虚构中的道德和虚构的道德"，载《亚里士多德式社会的进程》，增刊，第68卷，1994年。

❸ 关于用文学进行道德教育的问题，参见玛莎·纳斯鲍姆：《诗学的公正：文学想象与公共生活》，（波士顿）比肯出版社1996年版。

❹ 玛莎·纳斯鲍姆：《爱的知识：论哲学与文学》，（纽约）牛津大学出版社1990年版。

❺ 狄德罗：《赞理查森》，见上述引文，第29页。

❻ 萨特：《存在主义就是人道主义》（1946），（巴黎）纳吉尔出版社1970年版。

然而，文学（在更大程度上比绘画）能够扩大我们感知区别的权力，开发思考道德境况的灵巧性。❶ 因为它让概念去经受现实的考验，它会增强我们的理解能力。文学给决疑论提供一种精神操练，至少给理解为艺术的决疑论提供操练，这种艺术根据状况的变化而阐释标准。根据玛莎·纳斯鲍姆的看法，文学之于其他话语作品形式的优势就在这里。

这种针对决疑论的操练在某些文学作品中尤为清晰，因为这些作品明显迫使读者对人物或境况进行伦理的评判。从这个角度来看，玛格丽特·德·纳瓦尔的《七日谈》，就构成一个论据典范。参照薄伽丘的《十日谈》，该作品上演了一幕多人社会的戏剧，这些人被江河洪水困在比利牛斯山的一个城堡中，为了消除无聊，他们每人轮流讲一个短小故事（韵文故事、历史片段、小说题材……）。然而《七日谈》并不限于集合叙事：每个叙事对全体人来说都是一个道德辩论和评论的机会。读者也像这些被困的听众：他会寻思那位绅士妻子所犯错误的严重性，而贝纳热老爷正好住在他家，还会询问对她所作的惩罚的充分理由，还有保持其家族荣誉的手段等。❷ 同样的结构在狄德罗的《父亲与七个孩子的谈话》中也能找到，该变的就变。叙述者的父亲向孩子们讲述一个非常大的道德困惑的案例：他那好心人的美名使他得到一份嘱托，让他分配一位老神父死后的遗产。这位神父留下不少物质财富，应该可以大大改善他众多亲戚的生活条件，他们至此还一贫如洗。然而在清理逝者的遗物时，他找到一份从前的遗嘱，根据这份遗嘱，神父将他所有的财富都留给一位已经很富有的出版商。是应该公布这个文件还是让其消失？从索福克勒斯的《安提戈涅》到高乃依的《贺拉斯》，义务冲突的上演总是邀请人们去思考。

（三）开发同情和同感

通过阅读行为，我们让人物的信仰、欲望和情感在一段时间内成为

---

❶ 比兹莫（R. W. Beardsmore）：《艺术与道德》，（伦敦）麦克米伦出版社1971年版。
❷ 玛格丽特·德·纳瓦尔：《七日谈》，第七天。

我们的东西。作为能够模拟观念的想象，作为与行动断开的想象，它能帮助我们去理解真正处于这种境况中那个人的精神过程。❶ 然而想象就是模拟。因此，阅读一部小说，就是模拟某个人行动的方式。当读者进行模拟时，他就会将其思想（信仰、欲望）体系与其个人境况断开，并且使用其认知与情感的答案汇集，以便能进入故事。❷ 这也是我们要理解其他人（我们将"设身处地"）时所做的事情。

这一点对通过文学、在更广意义上通过叙事艺术进行道德教育的想法至关重要。因为它能让我们通过同感或同情重新创造一个人物的精神状态，想象在这种教育中承担着重要的角色。通过想象的同化手段，我们将理解成为这个或那个人是什么，像他感觉那样感觉是什么。❸ 自我投射到人物身上可让人考虑到他人的利益，更好地弄清这些利益是什么。❹ 因此，如对狄更斯《大卫·科波菲尔》的阅读，让我们从儿童的角度去理解世界，并且通过这个手段激发想象和道德敏感。❺ 因此，这类作品让人们学习离开自我的中心，感受他人的处境。

根据思想体验的范式，艺术或更准确地说某些类型的艺术和某些类型的作品，将开发同情和同感，教人区分，让人们探测心灵和掂量动机，而这样做将使道德判断所要求的能力更为丰富，更为多样，更为清晰。在这个意义上，艺术和作品将训练我们的伦理能力。

四、思考伦理的三种方式

这三种差别很大的思考艺术行动形式的方式（感化、解放、思想体

---

❶ Heal, Gordon, Goldman, Harris et Curry 的评论，载《精神模拟》，（牛津）戴维斯出版社 1992 年版。

❷ [澳] 库里（G. Currie）：《虚构的心理道德》，澳大利亚哲学学报，第 73 期，1995 年。

❸ 玛莎·纳斯鲍姆：《爱的知识：论哲学与文学》，上述引文及 F. 帕尔穆，《文学与道德理解》，牛津，1992 年。

❹ 库里：《人物的现实主义》，载《审美与伦理》，上述引文。

❺ C. 达埃蒙：《现实主义精神：维特根斯坦的哲学与思想》，第二章，"只有论证"，剑桥/伦敦：MIT 出版社 1991 年版。

验），又分别与三种思考伦理的方式紧密相连。

相对于感化范式，适合一种德性类伦理，它将那些赋予主体自身的美德形式推到前景，这些美德就是勇敢、公正、睿智、克制等。根据德性伦理，要做的行动就是美德生灵完成的行动。因此不在于很好地行动，而更在于已经——而且变得——具有美德。你们要勇敢，公正，克制，你们的行为就得这样。直接功能主义认为艺术直接通过其内容起作用，这种理论在很长一个时期内得到发展，那时人们确实谈论复数的美德。大家知道在这种道德背景下，样板和模仿的概念有多重要。文学和绘画的参照性允许这些样板的展示。图像和词语各自的权力给它们赋予意识在场的特殊效率。这里的中心词确实就是感化。就是要在我们身上发展道德的品质，或将我们放到美德的安排中。大家通过考虑具有美德的生灵而变得具有美德。心理的动力在这里就是模仿。有一种紧密的联系将美德、典范和典范内化的概念结合在一起。

相对于解放范式，即席勒以象征方式保卫的范式，更加对应的是一种去本体论（déontologique）的伦理，康德的道德是其最为完善的类型。总体美德在这里取代了复数的美德，而中心词则变成了义务，与这个词相联合的是理性和自由。做个自由的人，就是要给自己赋予自行遵守的律令。符合要求的独立性对立于某种不洁道德的他律，这种不洁道德将动机混同于律令。在这样一种语境下，就不能指望从与文学或绘画的美好典范的接触中期待道德的进步。艺术服务于道德事业的唯一方式是间接的：它就在于强化自由，没有这个自由，就没有道德性。正如人们所看到的那样，这正是席勒在美术之美中所期待的东西：我们的感性本质和智性本质在第二种范式的权威下形成的一种和解。这还是艺术体验和自由体验的联系，即阿多诺、马尔库塞和萨特以另样方法开发的联系。

在这种伦理背景下，来自接触作品的道德收益不能用习得的准确道德倾向的术语来思考。人们总是回到同一点上：艺术与道德保持的唯一联系是间接的；艺术培育自由，而自由本身又是道德的条件。

思想体验的范式适合于一个时代，在这个时代，道德的术语遭到怀疑，人们更偏向于伦理。从词源上看，这两个词是同义词，因为这两个词都参照于习俗,一个在希腊语中,而另一个在拉丁语中,但是它们最终却参照于特殊的意义。在此,我不大关注理论家想统一各自意义的意图——尚无结果的意图——我更关注每个词被非专业人士感知的方式。道德这个词名声不好,伦理这个词却被冠以所有的美德。这是因为道德这个词指定了标准、原则和义务的区域。这样理解的话,道德便与伟大的主观化运动相矛盾,这个运动始于现代初期的西方。霍布斯的表述很好地总结了道德主观主义:"无论什么物品,激发人的胃口或欲望的物品,就是在它那方面被人称做好的东西。"❶ 它与对某种超越价值观的基础的拒绝相结合,让人们怀疑客观标准的存在。当代社会的文化多元主义还对此添加了这一事实:伦理标记不再时时为人们所分享。因此就有某种针对道德的怀疑主义,这种道德被理解为客观和迫切标准的整体。在这样的语境下,伦理这个词在价值学上变得更为中性。作为对价值(元伦理)的理论思考,它采取一种突出而又不受牵连的立场;作为应用伦理学,它并不设想为针对某些特殊场域(环境伦理学、法律伦理学、医学伦理学……)的标准集合的应用,即预先写入固定参照层面上的标准,而是设想为一个共同思考的场所。这样理解的话,伦理学适合于一个流动的不稳定世界。

　　思考艺术的伦理效率的方式,即我命名为思想操练范式的方式,它适合于一个不再相信宏大叙事的时代,这个时代用小叙事去代替宏大叙事,而任何小叙事又不能声称带有普遍性。道德将参照一个稳定价值观的世界,并且意味着约束和义务,而伦理学则展开在非强加的超验标准中,设想为一种个人的判断能力。在价值的世界中,个体发生将胜过种系发生。当价值的绝对性出现摇晃,当价值经受多样化和碎片化时,伦理将突然来到道德的场域。

五、结　　论

　　就这样,重新提出知道艺术是否能让我们变得更好的问题,并不意

---

❶ 《利维坦》,第一章,6。

味着向贺拉斯教学（docere）的回归。感化的范式对某个时代确有价值，因为那个时代尚未接触相对论和怀疑主义，那时的人们生活在群体制度下，在这个制度中，艺术家表达的是团体的价值。

对艺术道德效率的肯定，依照道德在其中展开的认识体系，将得到不同的表述。这些表述随着方式而变化，即一方面是时代设想艺术和作品体验的方式，另一方面是时代思考善恶价值关系的方式。感化的范式同时假设一种德性类的道德和一种由模仿主宰的艺术。解放的范式则自我构建于这样一个时代，其间在艺术场域中，对形式的关注取代对内容的关注，而主宰伦理场域的康德式形式主义将代替道德义务的清单，并且通过绝对迫切需要而实现，"仅仅按照格言而行事，它会使你同时能够让格言成为普遍法则"。至于思想体验的范式，它适合于我们的时代，我们的时代偏爱伦理甚于道德，首先将伦理设想为一种思考能力，而在现代形式主义崩塌后，认为艺术能建议有可能成为道德决疑论训练载体的一些内容。

因此，人们要探讨艺术与道德的联系，就不得不同时召集设想艺术的方法史和设想善良、直率行动和学习道德端正的方法史。

美学的困惑

■ [法] 多米尼克·夏托* 文
 翟 月** 张新木*** 译

【内容提要】 困惑似乎无处不在,亦存在于美学领域。艺术与美学错综交织在一起,却又不会完全重合。本文从两者的交汇处,即艺术特有的美学价值着手,通过两种方法考察美学的困惑:第一种方法是从艺术的接受经验来考察,第二种方法是从艺术和艺术家的角度来考察。美学的困惑源于两极性,同时存在于艺术创作和艺术接受中,表现为创作的困惑、美学的困惑、本体论的困惑、结构的困惑和概念的困惑等若干形象。艺术家是困惑的制造者,但两极性不可调和,困惑必不可免,我们必须适应这种先天不足,况且正因为美学的两个极没有被混淆,它们可以更好地合作,碰撞出困惑的效果,这种效果或许值得欣赏。

【关键词】 美学的困惑 两极性 艺术创作 艺术接受

我这里要谈论的是美学的困惑,并以交替的方式,常常也是相关的方式,给这个美学术语赋予接受理论和创作理论的意义。且说这是一个很大的困惑:美学家一直被夹在这两个极之间!因此,有时候它的读者有些不知所措。美学就是这样,是一位雅努斯神——但是除了他的两个面孔之外,雅努斯还是打开通道之神、守门之神。两道门在美学家面前

---

　* 多米尼克·夏托(Dominique Château),巴黎第一大美学教授,作家,著有《审美认识论》等,丛书主编。
　** 翟月,南京大学外国语学院法语语言文学专业硕士研究生。
　*** 张新木,南京大学外国语学院法语系教授、博士生导师。

打开，他有时候想违背任何逻辑，同时跨过这两道门！他这样做也许会被绊倒……

人们必须适应这种合理性的缺乏，这种先天不足。在这一点上，我认为，美学的两个极不应该混为一谈，而且正因为我们没有将它们混淆，这两个极可以更好地相互合作。这一点尤其涉及美学中可以被称为艺术美学的部分，尽管这种说法显得冗余。我想说的是，美学超出艺术的范围，因为作为一种接受理论，美学也被应用于其他对象（风景、设计、时尚等），同样，艺术的定义并不仅仅局限于美学的概念，因为艺术呈现出某些区别于其他文化实践的独特性，当然还有一个地方，在那里，两种语汇相互交汇，恰恰是可以找到艺术特有的美学价值的地方。

一、第一种方法：从艺术的接受经验谈起

困惑（trouble）属于这些思想的范畴，其定义与其所指定内容的不可定义性相互冲突。但是这种指定可以分为两种——通过将其这般地分割，我们着手开辟其定义的道路。困惑，它一方面是指含混、模糊，如模糊的目光；另一方面是指不确定、两面性，如人格障碍。当然，我们可以在其中一种困惑中看到另一种困惑的特点，反之亦然。模糊的目光在看到某样东西时视而不见；有障碍的人格性情不明、无法区分。首先，我对第二类情况更感兴趣，时而也不会忘记第一类情况，然而其目的是要确定美学态度的特点，把它看做两极之间令人困惑的摇摆。

（一）关于两极性的看法

毫无疑问，我们可以从精神分析方面，从人们所说的双相障碍（或躁郁症）方面来谈这个问题，双相障碍的主要症状是患者反复出现亢奋期和抑郁期。我们同样可以将由依赖状态诱发的边缘性人格障碍归于这一方面，这种依赖状态"一只脚踏在精神病的范围，一只脚踏在神经官

能症的范围"❶，精神分析学家爱德华·格洛弗（Edward Glover）如是写道。至于这种状态，即时而镇静时而中性的状态，问题不仅仅在于衡量它们与"正常"状态和病理状态这两个极之间的关系，还要对正常和病理进行思考。格洛弗继而说：这种状态"源自于妄想狂状态，尽管偶尔会主要表现出抑郁症的症状。然而，这种状态在发展过程中充分表现为神经官能症，因此与合理的现实性存在联系，当然，与毒品的关系则是一个重大例外，在毒品背后隐藏着妄想狂机制"。

神经官能症在这里被视做正极，与精神病这一负极相对，因为现实原则在此仍然占据主导。因此，神经官能症或许是一种良性的人格障碍，因为它并不导致与现实的断裂。神经官能症患者对存在是有意识的，他管理着冲动，将其引向欲望和阻止欲望实现的折中方向。人们可以想象有不同程度的症状：纯粹的神经官能症或精神病、在两者的边缘、介于两者之间、或多或少地偏向前者或后者等。弗洛伊德说，艺术家"极近神经官能症"，而艺术是"引导人们从幻想走向现实的回归道路"。❷ 这种神经官能症让人们幻想另一个世界，在那里，所有的幻想都如愿以偿地得到满足，所有人都有这样的症状，只是在某个"活跃着极强烈冲动和倾向"的人身上更为剧烈而已，这个人将成为艺术家。那么这个人与大众症状有什么区别呢？就在将幻想定形于假想的世界中，这正是艺术家的特权，原因一方面在于他有这种假想的能力（才干或天赋），另一方面在于他得到公众的认可，公众自身也有神经官能症的症状，但被局限于"难得做做白日梦的满足之中，而且他们还得意识到这些白日梦"。

更准确地说，如果弗洛伊德这样说，艺术家是"极近神经官能症的内倾型的人"，那么我们应该指出，对一个内倾型人来说，至少按照精

---

❶ "对精神障碍分类的精神分析探究"，载《精神病学杂志》1932年第7~8期，第838页（转引自 http://fr.wikipedia.org/wiki/Personnalité_borderline）。参见卡洛琳娜·费尔博（Caroline Ferbos）、阿里·马古迪（Ali Magoudi）：《毒物癖的精神分析探究》，（巴黎）法国大学出版社1986年版《红线丛书》。

❷ [奥] 弗洛伊德：《精神分析学导论》，（巴黎）巴尤出版社2001年版《小图书馆丛书》，第403页。

神分析学家的意思,他与外界相处得极为融洽,既可以借助其作品的成形,也可以借助另一事实,即该作品"是他人的快乐之源"。这两个条件均不够充分,却也必不可少。无论如何,重要的是现实两次介入艺术的可能性中:创作学(poïétique)方面,即创作方面,❶ 以及美学方面,即接受方面。但可以补充一点,这两方面间并不存在不可逾越的鸿沟。正如我在其他地方提出的看法,在艺术创作中,有一个美学时刻与创作学时刻的相互冲突——在这一点上,我记起了关于米罗(Miró)的美妙电影,在影片中我们看到他既绘画又雕塑,然后注视他正在进行的工作,最后回头对作品进行修改或拓展。❷ 艺术家,不管他说什么,都不能略去美学,在第二部分中必然会再谈到这个主题。

格洛弗的说法可以用于表达这种思想:"一只脚踏在这儿,一只脚踏在那儿",可以有不同的变体:一只脚踏在想象中,一只脚踏在现实中;一只脚踏在神经症中,一只脚踏在现实中;一只脚踏在主观性中,一只脚踏在客观性中;一只脚踏在社会之中,一只脚踏在社会之外;一只脚踏在创作学中,一只脚踏在美学中。不一而足。我们在科克托笔下准确地找到这种说法,他断言,艺术家就像跛脚的天使:

确实,他们的身躯完全适应于狗狼难辨的状况,而我就生活在这种状况中。人们很难更好地定义出这般顽强,凭借这种顽强,我小心翼翼地踩着那块并不给我带来丝毫信心的土地。我一只脚行于地面,一只脚悬于空中。而这种跛行使我确信,天使们也蹒跚而行,也就是说一瘸一

---

❶ 保尔·瓦莱里创造了"poïétique"(创作学)(有时他自己也会将其与"poétique"(诗学)相混淆)这个词语用来表示创作方面,既指作品的生产方面,也指广义的创作活动。后面我将再次谈到这一点。参见"美学讲话",见让·耶梯埃(Jean Hytier)主编:《作品集》,(巴黎)伽利玛出版社,新法兰西杂志(NRF),《七星文库》版,第一卷,1957年版,第1331页。

❷ 参见笔者的文章"作为美学问题的创作行为",《摄录创作行为》,P.-H. 弗朗涅(P.-H. Frangne)、G. 木埃里克(G. Mouëllic)以及C. 维亚尔(C. Viart)主编:《精彩电影丛书》,(雷恩)雷恩大学出版社2009年版。

拐地行走，或许你更喜欢这样说，一旦他们不再飞行，就会笨拙地行走。❶

"狗狼难辨"：又是一个双重性的程式以及可能相关的困惑。"介于狗和狼之间"的表达是指一天中昏暗的时刻，傍晚或清晨，使我们很难将一只狗与一匹狼区别开来。有趣的是我们还要指出，这个表达中包含的未区分状态与两极性相关，狗象征着白天，狼象征着黑夜。在另一种文化中，我们可能会谈及对立面的互补性，比如阴和阳（黑/白，女性/男性，月亮/太阳，负面/正面），"阴"指（山的）阴面，"阳"指向阳面。我们是否可以说诗人一只脚踏在阴的范围内，一只脚踏在阳的范围内呢？这又可能引出一个范例式分配：阴是阳的介质，而阳是阴的动力。

在这里援引弗洛伊德的暗恐理论（das Unheimliche）貌似平淡无奇。除了我们可以从这一理论中诠释出的所有内容，这里的援引还有一点理论上的原因，弗洛伊德曾作过明确说明："……在详尽的美学著作中，我们似乎找不到任何关于美学的内容，这些作品往往更倾向于阐释积极、美好、高尚、动人的情感以及那些激起消极、恶劣或痛苦情感的境况或事物。"❷ 这个断言并不完全正确（如当我们想到伯克或雨果时），但它还是不无作用地提醒我们，美学并不是仅仅有关积极的价值观，也不是仅仅有关和谐，更不仅仅是浅显易见的阐述。弗洛伊德再次提到谢林对于恐惑（unheimlich）的定义："所有应该保密、隐藏，但却显现出来的事物"❸，并将其与"'heimlich'一词含义的双重性"作对比，发现"最后'heimlich'一词与其反义词'unheimlich'意义重合"❹。熟悉和隐秘两层意思均包含在 heimlich 一词中，所以我们发现它的含义接

---

❶ "天使"，《法兰西的欢乐》，1949 年 12 月，克雷芒·伯尔嘉勒（Clément Borgal）引用，见《让·科克托或认作一种艺术的跛行》，（巴黎）法国大学出版社 1989 年版《作家丛书》，第 5 页。

❷ 玛丽·波拿巴（Marie Bonaparte）和 E. 玛尔提夫人（Mme E. Marty）译：《应用精神分析学评述》，（巴黎）伽利玛出版社 1956 年版（1933 年初版），《思想丛书》，第 164 页。

❸ 同上书，第 172～173 页。

❹ 同上书，第 174 页。

近反义词"unheimlich"并最终与其重合,因此,unheimlich 一词与其反义词的一层意义相悖,与另一层意义却非如此。

暗恐理论的评论者对于他们所说的东西同样存在困惑。两个词含义重合,却又互为反义词大概是一种罕见的语义现象。但是这种思想的其他表征证明了这种独特性:本杰明的辩证思想将对立置于张力中(现在/过去,古代/现代等),几乎是背对背的关系,就像是山阳和山阴(从这种隐喻中,得出阴和阳的相互性);或者,再如黑格尔"扬弃"概念中的抛弃——保留如同两个对立面,既相互结合又相互对立——比如存在与虚无统一于变化中,但二者又被保留在差异中。

(二)美学的两极性

现在,我来谈严格美学意义层面上的问题。说到"严格美学意义",我所指的是一种情感,我们通过美学方式讨论的任何对象向我们提供的情感——言下之意:不是通过认知方式,尽管认知或多或少地属于美学的范畴(我暂且将这个历时已久的议题放在一边,之后再从侧面来进行讨论)。康德将其称为快乐与不快(lust/unlust)的情感。以康德的观点,这种结合的确是纯粹出于规范;就像我们在第三批判的第9节中读到的,这位哲学家所寻求的"品味批判的关键"唯独与快乐相关,宁或是快乐的情感(因为,就像菲洛南科(Philonenko)所说的,"快乐的情感不是快乐;通俗地说,是我们从中获得的感受"[1])。在开始讨论之前,需要厘清一个问题,不快是快乐的缺失,还是痛苦?第二批判(《实践理性》)中明确提出了这个问题,因为快乐与不快的区别相当于好与坏的二律背反。丑陋之于美学范畴并没有邪恶之于道德范畴那般重要。

前面的内容已经暗示了一种更为复杂的美学,不仅是三重意义的(在积极与消极之间还有中性),而且在多个方面是双重意义的。尤其是这种双重性可能会打乱知性和想象之间的自由变换,而根据康德的观

---

[1] 《判断力批判》,A. 菲洛南科译,(巴黎)约瑟夫·弗兰哲学出版社(Librairie philosophique J. Vrin) 1993 年版,《哲学文库丛书》,第 39 页。

点，对于知性和想象的意识是美学乐趣的关键。撇开关于各种能力的词汇，以便考察一下认知和情感的关系。适合的对象在这两者之间引起相互变换，在变换过程中，我们有时候会经受双重性的考验，这时，在分析过程中就会出现情感的意外激发，或者相反，某种情感给我们带来深入分析的紧迫性。

然而，我在本文所谈到的并不涉及认知与情感边界处的这种特殊情况。我也不会详述美学价值观（中性、美、丑及其他）的困惑，然而鉴于这个问题涉及美学双重性的一个重要方面，它是值得说明的，因为比起困惑的美学，我对美学的困惑更感兴趣。目前，我尤其想指出的是，这种困惑实质上存在于仅从美学态度本身考虑（并将之与认知的兴趣点区分开来，认知的兴趣点并不仅仅是补充成分）的空白中。其最清晰的描述肯定是在阿奇博尔德·艾里森（Archibald Alison）的《论趣味的本质和原理》（Essays on the Nature and Principles of Taste）❶ 中，该文与《判断力批判》在同一年面世，即 1790 年。这不仅仅是一篇美学家的文章，即充斥大量具体事例并且参照其"品味"经验的文章，而且那种著名的无私快乐在文中得到尤其强烈的表达，因为它将这种概念所回顾的东西与其对立面相结合：抛弃一切非美学的趣味，并专一地投身于美学趣味。在美学情感中当然存在一种必要的两极性困惑，其中一极是思想完全被艾里森所说的"一种迷人的遐想"（a kind of bewitching reverie）❷ 占据，另一极是主动去寻求这种催眠状态，把心思集中于激发这种催眠的对象以及寻求这种催眠所提供的快乐。

（三）分析与综合

美学理论中最有趣的议题之一位于我们分别称为综合和分析的两大倾向之间的分配层面上。综合的倾向主要关注美学体验的时刻，即将心思集中于体验对象，并从整体上考察这一事实。分析的倾向主要关注美学经验之于对象的工作，关注鉴别该对象细节的能力，并塑造一种鉴别

---

❶ 1790 年版翻印版，希尔德斯海姆（Hildesheim），Georg Olms Verlagsbuchhandlung 出版社 1968 年版《英美系列》（Anglistica & Americana）丛书》。

❷ 同上书，第 14 页。

该对象品质的更为细腻的能力。上述两种观点相对立的最好代表是艾里森-伯克这对组合,以及他们对于联想问题所采取的立场,前者支持,后者反对。我们的美学情感是否来源于我们按照其特性所考虑的对象直接产生的情感,或者来源于对上述对象的这种思考在我们的头脑中激发的"一连串想法"(a train of thought),从而形成一种遐想?

在这里并不是要对上述议题得出一个结论,但仍然要思考一种可能的两极性。为了赋予这一议题以新的角度(并且我在下面还要旧事重提),我们可以采用现成物品的例子。我们可以将其分为两类:未经雕琢的现成艺术品,即随手拿取的日常物品,并按原样展出;经过加工的现成艺术品,即艺术家对物品进行了这样或那样的干预。杜尚强调这种"重要的特点:当我有机会的时候在现成艺术品上铭刻的短句,这个句子并不是为了起到一个标题的作用来描述这件物品,而是用于将观众的思想带向更具言语性的领域。有时候我会在介绍中增加一处图示的细节:我用这种方法是为了满足我对于叠韵的爱好,'ready-made aidé(经过加工的现成艺术品)'('ready-made aided'[经过加工的现成艺术品])"❶。我们可以给加工过的现成艺术品补充一句题词,非常清楚,这句题词是"用于将观众的思想带向更具言语性的领域",或者说是更为诗意的领域,这句题词通过联想来发挥作用。在这里,联想的判断区别于简单的情境判断,情境判断是现成艺术品所暗示的,或甚至一种困惑,这种困惑产生于没有艺术身份的物品和它在特设制度背景下被献给艺术的事实之间的反差。这种困惑并不是同样的困惑:诗意的附加就像是一种焦虑的迷魂酒,即献给艺术的日常物品所激发的焦虑。

在其他情况下,这种迷魂酒来自多多少少充斥于作品中的副文本——有时候,这些作品出现在一些后现代派的展览上,直至饱和状态——或者它同样来自我们随身携带的文化资本。面对令人焦虑的物品,除了情境判断和联想的判断之外,还存在类别的判断:按已知类别

---

❶ "关于'现成艺术品'"(1961年),见米歇尔·萨努耶(Michel Sanouillet)与埃尔默·彼得森(Elmer Peterson)合编:《作为符号的杜尚,著作》,(巴黎)弗拉马里翁出版社(Flammarion)1975年版,第191~192页。

给事物贴标签的难题困扰着我们，上述类别属于这样一类，我们很快就会发现其变故。但是，正如我们运用现成艺术品这一术语所提出的，物品很快便会找到其所属的类别；"现成艺术品"这个词深得杜尚之心，他到纽约一段时间之后听到有人说这个词，但又过了很长时间他才接受其作为一个类别。无论如何，实现归类之后最初的困惑得以缓解，但同时，令人焦虑的物品本身的性质意味着它还会产生后续影响。这正是一种抛弃—保留，因为类别本身就模糊不清。将种类概念深入其内心的行家可能感到乏味，但是新手在进入联想的过程从而掌握类别之前，可能会体会到犹豫不决的情感所造成的冲击。

（四）最初困惑的清新感

我们知道，杜尚把这个行家称之为"观察者"。是他自己在谈论清新感：

> 我认为绘画正在死去，这你们懂得。画作在四五十年后将死去，因为它的清新感将会消失。雕塑也会死去。这是我自己的小达达主义，无人能接受，但这无所谓。我认为一幅画在数年后会像其创作人一样死去；接下来，这就叫做艺术的历史。一幅莫奈画作在如今已经黯淡无光，它与60~80年前的莫奈画作有着天壤之别，那时的莫奈画作刚刚画好，光鲜亮丽。现在它已进入历史，大家都这么认为，这也挺好，这不会改变任何东西。人总有一死，画作亦然。❶

杜尚谈论画作之死显然是在自欺欺人，提到莫奈的画作时更是如此。我们刚刚目睹的一场作品回顾展的成功就是明晃晃的反证。如果画作充满了遗产的韵味，它即使变得黯淡无光又如何，艺术的历史铸就了它的永恒，远远超出假设的过时日期……这并不算对画作的修复……仿佛有两大主要原因造成了清新感的衰退：一方面在于物品本身，一方面在于接受者，两者都在日渐衰老。这就是为什么艾里森认为年轻人对遐想更为开放。伯克认为，简单的快乐和解除困惑的能力属于年轻人，理

---

❶《流年的工程师》，与皮埃尔·卡巴纳（Pierre Cabanne）的访谈录，（巴黎）贝尔丰（Belfond）出版社1967年版，第116页。

性的快乐属于成熟的年龄阶段，而悲观属于老年阶段："在一生的早年阶段，感官还很稚嫩和新鲜，当整个人体被唤醒，当新颖的闪光给我们周围所有的事物注入清新感时，我们的感觉是多么强烈！但我们对事物作出的判断也是多么错误和不准确！如今在我看来浮浅且卑劣的作品曾在那个年龄带给我从未有过的创作天资和同等的快乐。"❶

清新感与两个概念相关联：自发性和生命力。"捕获瞬间，自发性与清新感"，布列松在他的《电影书写札记》❷中这样写道。马瑟·牟斯审视了不同的艺术，指出："音乐比其他艺术形式更具优越性：它包含着柏拉图所说的一种清新、一种迷狂、一种热情的奔放、一种真正的陶醉，在他之后，尼采和罗德（Rohde）也这么说过。"❸至于绘画，我们经常会强调速写的清新、第一笔触的新鲜感……在自发性的背后，至少是一种生命力的奔放。因此，黑格尔将清新感与生命力相提并论：与荷马作品中运用的方法和物品相反，它们"直接来自人类活动和自由……，在文明社会中，这些物品取决于上千种外在因素，取决于一种复杂的生产方式，在这种方式中，人类变身为机器，成为机器的奴隶。事物失去其清新感和生命力；毫无生气，不再是人类的直接造物，在这些事物身上，人类喜欢自鸣得意，孤芳自赏"❹。然而，生命力可能有多种成因，也有可能是人为原因。如果出现心力衰竭，我们会使用心脏起搏器。

为了进一步讨论这个话题，在此再一次分裂仍是有用的——这种分裂从模糊的中间部分开始进行辨别，开始作出定义。当谈到作品的清新感时，不管是丢失的或保留的清新感，我们会谈及一件成形的物品，就

---

❶ 《论崇高与美丽概念起源的哲学探究》（1757年），巴拉迪·圣·吉洪（Baldine Saint Girons），（巴黎）约瑟夫·弗兰哲学出版社1990年版《"哲学文库"丛书》，第69~70页。

❷ ［法］亨利·卡蒂埃·布列松：《电影书写札记》，（巴黎）伽里玛出版社，1975~1988年，第32页。

❸ 《人种学手册》，见：http://www.uqac.uquebec.ca/zone30/Classiques_ des_ sciences_ sociales/index. html，第98页。

❹ 夏尔·贝纳尔（Charles Bénard）译：《美学》（1835年），第一卷，见：http://www. uqac. uquebec. ca/zone30/Classiques_ des_ sciences_ sociales/index. html，第80页。

像杜尚所说的现成艺术品；当谈到美学体验的清新感，谈到它给我们造成的困惑时，所谈的是一种稍瞬即逝的现象，造成困惑是因为这种体验给人一种瞬间的印象，而在这时，思维却活跃起来。美学困惑的悖论，就在于我们在遇见一件貌似失去清新感的物品时突然感受到的这种困惑，还在于自发性的瞬间是以思维前期活动为条件，这或许需要一种文化资本的介入。然而也不能忽视意外的怦然心动，或多或少无法预料的心动。相遇和意外不断加强着困惑：这不能让你想起点什么吗？

二、第二种方法：从艺术和艺术家谈起

在杜尚和令人焦虑的物品的问题上我们遇见了一个门槛。这就提出了一个问题：我们是否从其固有的功能方面谈论美学体验——这是抽象的，正如康德所希望的，谈论由客体确定的决定性——或者相反，我们是否考虑这样或那样的配置可能对美学体验产生的效果，一种人们觉得或多或少是决定论的效果。美学的困惑现在已经不仅仅是潜在的接受者所探究的东西，而是艺术家本人所探究的东西，或者是他有意建立一种明确的因果关系，或者是让接受者以或多或少自由的方式欣赏这种困惑的效果，这要参考多种可能的原因，或者没有可识别甚至可想象的原因。我现在将考察美学困惑的若干形象，这是从艺术态度及其影响中归纳出来的形象。

（一）创作的困惑

首先，创作的困惑给艺术家们以启发，创作了许多美丽的篇章，他们把创作归功于灵感。这时就涉及创作学的问题，这一点不可小觑，因为除了它所呈现的内容，或具体或大略的细节，这同样涉及他处的问题，涉及多少有些模糊的彼世，由此产生了一种二重性。从心理学上看，这种二重性可能会影响到艺术家的人格。艺术家可能感受到的是一种人格的双重性。再回到心理学上来，我们今天称其为身份分裂症，其定义为"出现两重或多重身份或者是不同的'人格状态'，它们轮流控制患者的行为"；但要明确指出，"我们承认并且了解，某些文化范畴的

活动或者某些宗教体验也可以用分裂状态来解释。它们本身不是病态，尤其是它们不会带来明显的痛苦，也不会造成机能的恶化"。❶ 好消息，艺术家可以逃脱精神正常状态的看管！

我们还是不相信他能完全处于标准状态，这位艺术家就像是被另一个人、另一个他所占据，对柏拉图而言是神妙幻想的受托人，或者像兰波那样大喊出："自我即他者。"❷ 这句话值得一番注解。话中可能想表达作为艺术家的自我是在他之外的另一个人，或者是作为艺术家的自我是作为个人的自我之外的另一个人。换言之，这个自我参照于作为自身存在的普通意识，在这种情况下，相异性相对基本的自反意识得到定义，或者参照于由艺术家作品塑造的自我，在这种情况下，是不是涉及作品中的自我与个体的自我相互区别的方式？自我作为艺术家是他者，或者是艺术的自我是另一个个体的自我。他者是否存在于个体之中，就像是对其反向意识的侵入，通过他作为艺术家所完成创作的回馈侵入，或者他是否存在于个体之外，就像是创造出了一个复体的人，多多少少有些幻化的复体，这是一种分身，可能除去凶相的方面？让·保罗（Jean Paul）将分身赋予"那些看到自己的人"（《齐本克斯》，1796年）❸；艺术家看待自己就像是看待另一个人，但是这个人却附着在他的身上，不仅像是他所物化的某个事物，而且还是他主观性的组成要素，成为他自反意识的持份者。创作的困惑意味着这一点，即兰波表述的两种解释都需要重视。这就是它与暗恐平衡之间的关联。

---

❶ http://www.psychomedia.qc.ca/diagnostics/quels-sont-les-troubles-dissociatifs.

❷ "因为，我是他者，另一个人。……我看这是十分明显的，我参与自己思想的绽放：我看到它，我听到它，我举起琴弓触动琴弦：交响乐在不同深度上震颤，或一跃而展现于舞台"：1871年5月15日写给保罗·德莫尼（Paul Demeny）的信，收录在《诗歌全集》《灵光集》《地狱一季》《其他诗选》，伽里玛出版社、法国总出版社1963年版（1929年初版），口袋书，第219页。

❸ 奥托·兰克（Otto Rank）著，S. 洛特曼（S. Lautman）译：《唐璜与双重性》，（巴黎）帕约（Payot）出版社1973年版；佩尔·萨拉伯特（Pere Salabert）：《从美学经验到丧失自我分三个步骤》，收录于多米尼克·夏托（Dominique Chateau）主编：《电影中的主观性》，（阿姆斯特丹）阿姆斯特丹大学出版社（Amsterdam University Press）2011年版。

（二）美学的困惑

我已经暗示过，美学和创作学的时刻，当它们指两种实践立场和社会立场时，观众的立场和创作者的立场时，两者之间的区分好像并没有看上去那么清晰。尤其是在创作本身的空洞中也明显存在美学的时刻。在上文引用的《美学讲话》中，保尔·瓦莱里提出了一种考究的思想，即在美学（以此为名的学科）自身的范畴内，区分出两个领域：一方面是"美学"（esthésique，这个词最接近词源：asithèsis），即来自敏感性方面，另一方面是"创作学"，这与创作有关，与创作行为有关。

这是因为从自我到自我即他者的循环，即刚才探讨的问题，它并不局限于问题本身。因为还有外界的存在，同时有世界和作品，以及周围的世界和作品的世界。创作困惑的另一个方面是艺术家与世界的关系所进行的双重协调，还有他在作品中写入协调符号的方式，这些符号使作品及其接受者之间的协调成为可能。因此，实际上这是三重协调……在这一点上，我们又想起了兰波及其著名的"感官失调"。这种表述显然具有挑衅性。它提及某些非正当物质的困惑，其结果会产生我们今天所说的"改变的意识状态"。我们不想再回到上文提到的人格障碍（也称为人格解体）上，这里令我们感兴趣的是美学的困惑，且不说它那或多或少已经探究的原因或者它对意识所起的作用。

这并不仅仅是一些极端的体验，而是一种感性的实验，以及该领域的扩展，这个领域以绘画这样简单的事物开始：一块与外部世界分离的封闭场地，在任何叙事与道德之外，这里的可见物在画笔下熠熠生辉（就像我们所说的，窗玻璃在阳光下闪耀）。在画作之外，这种实验得到扩展，根据不同的情况，延伸至有可能作为艺术载体和新型感觉传递者的客体系列。我们从中可以感受到诗人所说的错乱，但同样会从中寻找并发现一种对世界与美学关系的再认识。皮尔士说，艺术家的美学才能是"难得的才能，它能让人看到眼前的事物，就像事物自我呈现一样，不需要任何其他阐释的替代,也不需要考虑这般或那般情况的复杂程序"❶;皮尔士给艺术家赋予一种精练的能力,即使不是艺术家,通过训练也能达到这种能力。况且还需要艺术家那经过训练的眼睛,倒不是去看直接的世界(皮尔士所说的"现时性"),而是去看这个世界中可能的艺术,否则就没有任何从世界符号向艺术符号的转变。这种转变的对象也可以是艺术本身,就在艺术回到世界中之后(在作品创造之后):这就是康定斯基看到莫奈的《干草堆》时所产生的困惑,因为在绘画主题之外,他还看到了形式。

(三)本体论的困惑

康拉德·费德勒(Konrad Fiedler)对于我方才论述的观点似乎持反对意见。他说,所有人都能对事物有另一种看法。"艺术家并不以其与众不同的观察天赋而出名,他并不会比他人看得更多,也不会比他人印象更为强烈",而是通过其卓越的"表达"❷得以出名。我方才通过康定斯基的例子提到的决裂,费德勒将在感知和表达的非连续性中找到它;如果我们具备与艺术家相同的接受能力,我们却不能进入创作的行为;艺术家带来了"感觉的价值,还有意义本身的价值"❸,因为他的意识以其独特的表述自行投射到作品中;真正的"艺术文化",对于非艺术家而言,就在于"得到这种针对世界的特殊意识的熏陶,而这种意识会存在于艺术家的作品中"❹。

然而这一结论将我们带回前面提到的两种困惑。灵感带来的究竟是什么,它的结果是什么,它的目的性又是什么?瓦莱里说,"通俗意义

---

❶ 查尔斯·哈特肖恩(Charles Hartshorne)、保罗·威斯(Paul Weiss)编:《查尔斯·桑德斯·皮尔士文集》,(马萨诸塞州剑桥、英格兰伦敦)美国哈佛大学贝尔纳普出版社,1934~1963年,第5卷第5节,第42页。关于皮尔士的美学研究,参见加拿大符号学协会官方杂志(*RS-SI*),多米尼克·夏托与马丹·勒费弗尔(Martin Lefebvre)合办:《审美—美学》,2011年第28卷第3期/第29卷第1期(尤其是拙文:《符号学在美学中有什么作用?》)。

❷ 达尼埃尔·科恩(Daniel Cohn)主持翻译整编:《论艺术活动起源》(*Über den Ursprung der künstlerischen Tätigkeit*, 1887年),乌尔姆路出版社(Éditions rue d'Ulm),《美学(AEsthetica)系列丛书》,2003年版,第86页。

❸ 同上书,第99页。

❹ 同上书,第109页。

上所说的"灵感就是这个时刻,此时的艺术家蜷缩在创作学中,并且沉迷于"兴奋无比的身体"中;这是"一种让我们处于自身之外或远离自身……的状态,而在这种状态中,不稳定却支撑着我们";然而尤其是它能给我们提供"另一种存在的念头,这个存在完全拥有我们自身极其罕见的能力,完全由我们能力的临界价值构成"。❶ 我们看得很清楚,这里就像是一条困惑链的构成:灵感激发的冲动、持续的不稳定性,本体的创作。兰波说的并无二样:"所有感官那长久、宽广和理性的错乱"不仅将艺术家的身心带入它的旋涡,而且指向一种本体论的创设,即寻找新世界的诗人通灵者的创设:"难以形容的折磨,其中他需要整个的信仰,整个的超人力量,他在所有人中间变成重病人、大罪犯、被诅咒者——以及无上的智者!——因为他到达了未知境界!"❷

(四) 结构的困惑

如果要确定本体论的维度,就得求助于艾提安·苏利欧(Etienne Souriau)对艺术所作出的两种无以取代的区分,即存在两种艺术,一种称之为表现的艺术,即在作品和它所表现的虚构人物之间"存在一种本体的分离";另一种则是介绍的艺术(présentatifs),即"作品和对象融为一体"。❸ 大家都很清楚,绘画或电影属于前者,音乐属于后者。也可以认为这是两种方式,而且表现的艺术也可以是介绍的艺术(相反的情形只能模糊地表现其真实性,比如在回顾一种思想或某个故事的音乐中)。在许多作品中,形式不仅仅是讲故事的外衣,而且在与其他要素(材料或意义)的互动中承担着发生角色,这时的介绍方式将会搅乱表现方式。这就是维克托·什克洛夫斯基(Victor Chklovski)在其"陌生化"(ostranenie)概念中所要表达的东西,这个"奇特的表现"手段使

---

❶ 让·耶梯埃(Jean Hytier)主编:《德加,舞蹈,素描》,收录于《作品集》,(巴黎)伽利玛出版社,《七星文库丛书》(第二卷),1960年版,第1172页。
❷ 1871年5月15日写给保罗·德莫尼(Paul Demeny)的信,见让·耶梯埃主编:《作品集·德加,舞蹈,素描》,(巴黎)伽利玛出版社1960年版,第220页。
❸ 《艺术通信》,《比较美学要素》,(巴黎)弗拉马里翁出版社,《人类科学丛书》,1969年版,第89页。

得作品形式及其接受变得更为复杂。❶

我把结构的困惑称为一种矛盾情感,即作品的方面或瞬间所产生的情感。在这部作品中,作品与对象的融合通过主导的介绍形式(并非唯一的形式)展现于结构中,也可以说展现于在作品的成文中。其例证在多种艺术类型中层出不穷。在文学方面,萨缪尔·贝克特在其惊人的《最糟标记》(*Cap au pire*)❷ 中达到了结构困惑的极限:

首先是物体。不。首先是地点。不。首先是物体和地点。时而谈前者或后者。时而谈后者或前者。厌倦了前者再尝试后者。厌倦了后者再回到前者。周而复始。再度变得更差。直到同时厌倦了两者。呕吐然后离开。那里既没有前者也没有后者。直到也厌倦那个地方。呕吐并且回来。还是那个物体。那里什么也没有。依然是地点。那里什么也没有。再试一次。还是失败。失败得更多。或者是更惨。失败得更惨。比更惨还要惨。直到真正地厌倦。真正地呕吐。真正地离开。那里确实既没有前者也没有后者。真正地一劳永逸。

在这种散文式诗歌中,即由既重复又有差别、既并列又交叠、既有近距离顺序又有遥远呼应的只言片语构成的诗歌中,一块语义丰富的布料慢慢织成,既没有披上所期待的"恰当对象"的话语形式,也不容许终结意义所导致的写作放纵。

(五) 概念的困惑

"这是概念作品!"如今我们经常听到这种话,来谈论当代艺术"作品",但是它与概念美术没有任何真正的关系。事实上,这仅仅是一些艺术主张——作品、半作品、非作品或作品戏仿——它们是某个概念的展示。就这个话题,重要的是要阐明一个看似模糊的境况,至少对某些人来说是这样。同样重要的是要拷问,这种展示概念的艺术所突出的东西在何种程度上可以激发一个美学评判,言下之意,通过这种美学评

---

❶ 盖伊·韦雷(Guy Verret)译:《散文理论》,(洛桑)人类时代出版社(L'Àge d'homme),《斯拉夫语丛书》(第1章)《艺术作为手段》。

❷ 由英文版(《最糟糕,嗯》(*Worstward Ho*),1982年)翻译而来,艾迪特·富尼埃(Edith Fournier)译,(巴黎)午夜出版社(Éditions de Minuit)1991年版,第8~9页。

判，我们在此假设必须理解这个或多或少表达的评判类型，这个评判将显示一次不太可能相遇的困惑。

如果说历史意义上的概念美术与某个概念有什么关系，那就是与美术概念有关联。它要求创作者的全部整体意识，而通过反馈，又要求接受者的意识，原因是人们在展览地点展出的东西，即人们在信任的地点展出某件作为艺术的物品，它只是一个艺术试展品，是艺术定义的一个建议。它还要求艺术家把精力集中在这一关键事实上，与所有可能转移他注意力的东西截然不同。因此便有了对任何美学附属物的抛弃，以便专注于艺术作品，按照它所倡导的艺术定义，按照关于艺术的重言逻辑。在这种情况下，概念的困惑主要是认知的，局限在我们了解（承认）的艺术范围之内。

关于概念的展示，其困惑有所不同。这里动用的概念不再直接是艺术的概念，而是作品的概念。作品之前便有概念领先，而对于观众而言，作品朝着概念的方向缩减。如果说将康德对于认知和想象的游戏诠释为一种必要美学困惑的理论是恰当的，那么我们同样可以相信哲学家康德的做法，即预先知道概念的艺术性展示的效果，这时他预先告之，人们鉴定为概念的任何作品，将结束游戏的角色赋予认知的作品，它会阻碍美学的情感，与此同时受阻的还有快乐。那么困惑的本质则可能变成我们面对艺术却感受不到快乐的事实。概念的展示与概念艺术不同，除非对艺术鉴定产生怀疑，否则便不会质疑艺术的定义。有必要再次强调这两种形态，它们相互背道而驰，一种是向心的，将艺术紧扣在其定义上，另一种是离心的，使艺术散播在文化之中，然而两者经常被混为一谈。

人们还可以谈论概念的展示和焦虑的物品之间的混淆。只需读一下超现实主义的作品，比如安德烈·布勒东的《物品的危机》[1]，就可以设想分离两者的矛盾对立。令人惊奇、令人担忧、模棱两可、令人焦虑

---

[1] "物品的危机"（《艺术手册》，1936年1~2期），收录于《超现实主义客体》，该文集由埃玛努埃·纪贡（Emmanuel Guigon）搜集编录，（巴黎）让·米歇尔广场出版社（Jena-Michel Place）2005年版，第146页。

的物品改变了功能——诗人布勒东说是"角色的变化"——并不是要连接一个将上述物品带回其客观性场地的概念，而是要通过简单选择或玩弄能力，去获得一个想象的维度——诗人所说的一种"回想的能力"。

三、只言片语充当总结

困惑似乎是真真切切的，且存在于多个方面，与两极性有关。

经过两种考察方法，我终于到达同一个对象：令人焦虑的……

应该区分概念和类别：令人焦虑的物品在概念上是模棱两可的，但在类别方面并不含糊；对于概念的展示，情况则相反。前者令我们困惑，因为它属于艺术的范畴，后者令我们困惑，因为不再清楚它是否属于艺术的范畴。

美学的困惑遇上了困惑的美学。

美学和艺术学错综交织在一起，却永远不会融为一体。

最后，这纯粹是个预见性观点：我们可以从创作过程之外的另一个途径回归艺术家的困惑，那就是艺术家社会角色的途径。艺术家，困惑的制造者。

舞蹈、艺术抑或生活的实验室?

■ [法] 法比耶纳·布吕热尔* 文
　曹胜超** 译

　　【内容提要】 本文通过两部影片——《舞动之梦》和《皮娜》——考察德国舞蹈家皮娜·鲍什的舞蹈艺术,并进而思考舞蹈作品的性质以及艺术与生活的关系。传统美学和哲学难以定义舞蹈作品,然而从当代舞蹈和实践与体验密不可分这一点出发,作者提出要从易受伤害性的角度去理解舞蹈作品,艺术成为某种实验室。从这种观点出发,皮娜·鲍什的舞蹈实践关怀生活的易受伤害性,去介入和改变生活。

　　【关键词】 皮娜·鲍什　当代舞蹈　作品的概念　易受伤害性

　　在两部迥异的影片中,我们可以了解皮娜·鲍什(Pina Bausch):安娜·林泽尔(Anne Linsel)、赖纳·霍夫曼(Rainer Hoffmann)的《舞动之梦》(2010)和维姆·文德斯的《皮娜》(2011)。前一部的价值在于,作为资料片,它表现了皮娜与一群从未登过舞台、从未跳过舞的青少年准备《交际场》(Kontakthof)的过程。皮娜的这部舞蹈作品曾经多次被专业舞蹈演员演出过,后来曾被一些老年人演出(不是专业舞

---

　　* 法比耶纳·布吕热尔(Fabienne Brugère, 1964~),法国哲学家,专业为美学和艺术哲学,主要著作有《沙夫茨伯里的艺术理论与群生性哲学》(1999)、《美的体验》(2006)、《操心的性别》(2008)、《"关怀"的伦理学》(2011)等。她任教于法国波尔多大学。
　　** 曹胜超,北京第二外国语学院法意语系。

者)。第二部电影是维姆·文德斯向皮娜·鲍什致敬的作品,别具一格而气势宏大,以大师的手笔对《春之祭》和《穆勒咖啡馆》重新演绎。皮娜·鲍什也参与该影片的筹备,目的是两人共同创作一部电影,然而计划因皮娜的逝世而突然中断,不久后文德斯带着乌珀塔尔舞蹈剧院(Tanztheater de Wuppertal)的演员们继续进行。做一部电影,这符合皮娜赋予舞蹈的概念:跳舞跳到筋疲力尽,无论发生什么都继续跳舞。

对于这两部影片,本文主要作为关于皮娜·鲍什的工作与艺术的资料来使用,尽管文德斯的那部不乏高度美感与诗意的电影画面(因此远不止一部资料片)。它们使我更好地接近皮娜·鲍什的舞蹈事业,当然沿着我自己的路径——也就是说艺术哲学的角度——进行,尽管两部影片在某些点上也不无抵牾。

首先不得不提一个困难。思考舞蹈,这对哲学家很困难,因为关于这门艺术的研究非常少。正如弗雷德里克·普约德所言,研究者不得不以一个事实为起点:"首先,哲学和美学无法从作品的共性去思考舞蹈。"他又说:"舞蹈似乎总属于另一种空间,更轻浮同时又更本质,总是位于作品层面的这边和那边。"❶ 两部影片恰恰帮助我们理解这"另一种空间",那肯定是一种艺术空间,但是传统上与艺术作品相关的各种范畴和品质都明显无法阐明它。确实,一方面,就舞蹈深植于身体以及一种对自然性与生命的可疑的参照(人们多少忽视这种参照)而言,它处于作品层面之内。与此同时,舞蹈又处于作品层面之外,因为在自身空间之内它与和谐、美保持着某种神秘的联系:某种无法解释的、不稳固的东西,它是如此超越一切既定的物质性,以至于超出作品通常作为特定时空内的生产而存在这一点;舞蹈仅使用身体的语言及音乐,它是一种不属于各种艺术范围之内的实践,可以直接地向所有人进行表达。这种"另一种空间"的假设有待证实:是否真的可以说,舞蹈作品并不存在,舞蹈中实践的艺术是"另一种"空间?一切都取决于"作

---

❶ 弗雷德里克·普约德:《舞蹈之懒散》,第9页。(Frédéric Pouillaude, *Le désoeuvrement chorégraphique*, Paris, Vrin, 2008, p. 9)

品"指的什么,取决于作品的概念——哪怕在"作品缺席"的情况下——何以总是纠缠我们。关于这些问题,这两部影片又告诉我们什么?虽说皮娜·鲍什的领域是最细微多样的人类关系,两部影片却展示出艺术与生活之间的不一样的关系。在讨论过作品的问题之后,重要的是转移到另一个领域、对皮娜而言更本质的领域,那就是艺术与生活之间的关系——对于试图以哲学的方式解读她的工作,这也很重要——当然这要求我们追问皮娜·鲍什的艺术究竟是什么。

一、(在皮娜·鲍什的当代舞蹈中)是否存在一种舞蹈作品

从哲学的角度来说,舞蹈具有一种独特的地位,或者确切说来,随着美学在 18 世纪的草创,哲学开启一种关于艺术的独立话语,创造出诸如美与崇高、作品或形式的美学概念,但是接下来,哲学不再对舞蹈进行思考。我们简单回顾一下哲学与舞蹈的关系。在关于艺术的崭新类型的话语被开创、出现一种新型思考——美学随着鲍姆嘉通(Baumgarten)而诞生——之际,舞蹈最终被归入局外、行列之外,仿佛它不真正属于艺术世界似的。略早于美学创立之前,杜·博斯神父的《诗与画的批评性的感想》(1719)仍将舞蹈视为"姿势的艺术"[1],这使它接近戏剧和演员的身体投入。然而一个世纪以后,黑格尔的《美学教程》和谢林的《艺术哲学》都已不将舞蹈视为真正的艺术。尤其,当黑格尔为了处理各种艺术并界定其分界而建立有条理的艺术体系时,他考虑的有五种艺术:建筑、雕塑、绘画、音乐和诗歌。舞蹈在行列中的直接缺席伴随有一种因为它深植于人本身而招致的怀疑。这种缺席还在于一种对身体以及所有属于真人演出的东西的疑虑。那不再是以身体为载体的姿势和雄辩,而是运动中的身体。对哲学家而言,身体是否配得上艺术是值得怀疑的,因为它一直被视为排斥一切思想和一切创造的块垒;然而在

---

[1] [法]杜·博斯:《诗与画的批评性的感想》,第 432 页。(Dubos, *Réflexions critiques sur la poésie et sur la peinture*, Paris, ENSBA, 1998, 3e partie, section 14, p. 432.)

黑格尔那里,艺术总与某种智力或概念的感性表现相联系。❶ 既然身体的在场总会让人忘记概念,身体又如何发展出一种使其自身摆脱感觉泥潭的能力?

对舞蹈的排斥在很大程度上基于如下一个事实,艺术——尤其在 19~20 世纪——总是依赖作品的思想,这种思想的优点是将艺术品指向其精神本质。哲学史上存在一套由黑格尔首创后被海德格尔继承的机制。一方面,艺术的本质统治着作品,这意味着艺术的崇高在艺术品中发挥作用;此外,作品超出时间性、物质性使艺术成为思辨哲学的优选的对话者。将艺术的定义与作品联系起来,这就是将艺术精神化。

然而,即使作品被精神化之后,仍然要赋予作品以感性的附着。艺术品既是非物质的,又是物质的。它被视为物品,这预设着在两个维度进行强调。首先,作为物品的艺术作品应具有公共性、被展示、指向某种外在性。艺术作品的公共性是它的本质特点。其次,艺术作品表现出某种与持续性的关系;无论多么转瞬即逝的作品,在一切作品计划的背后都有一种希望,那就是作品的某种东西——加诸其上的经验——能够持续并得以传递。❷ 无疑,对艺术作品的这种限定在舞蹈实践那里很难实现,无论那是什么样的舞蹈,因为舞蹈是一些表达形式,既不转化为物品,也不转化为某种最终状态,甚至不转化为现代或后现代批评对作品概念的处理(对当代舞蹈而言)。

这样一来,如何用作品——哲学家思考艺术的重要工具概念——的标尺来定位舞蹈实践?一方面是艺术对思想的激励,另一方面是完全超脱庸俗性和商品世界的艺术物品的在场,舞蹈又如何在两者中间找到位置?我们要做的,是抛弃作品,还是换一种看待作品概念的方法?

当然,作品具有精神深度的想法和作品的物品属性很早遭到质疑。

---

❶ [德] 黑格尔:《美学(卷一)》,朱光潜译,商务印书馆1979年版,第46页。"人对艺术作品的关系却不是这种欲望的关系。他让艺术作品作为对象而自由独立存在,对它不起欲望,把它只作为心灵的认识方面的对象"。

❷ 此处引用发表在《新美学杂志》(2011年第8期)的我和弗雷德里克·普约德之间的对话,关于作为物品的作品的两个特征:"公共性和持续性"。

一切将作品视为艺术变化的标准都已经被推翻或反驳,结果就是许多崭新的艺术形式和艺术种类纷纷面世,无法归类于过去的形式和种类。当代艺术已经创造出许多崭新的艺术形式,在物质性和非物质性的双重维度上背离作品的概念。在今天的哲学氛围下,我们应该重视的,或许更应该是作品的"易受伤害性"(vulnérabilité),就是说与数十年来削弱作品的各种批评有关的脆弱性。易受伤害性可以成为今天对艺术定义的门径,其根源正是作为思想和作为物品的双重参照性的消失。这里,我引用我在《艺术哲学》中的话:

> 不仅人类变得易受伤害,而且艺术自身在脱离无所不能的艺术品之后,也表现出易受伤害性。
>
> 艺术品是否就此消失了?不,它被维持在自身的灭绝之上,它仍然摇摆在使它消解的那种渐消(évanescence)之中,作为一种特定空间和时间之内的转瞬即逝的标记。处于这种推延而不废除作品的消散之中,对作品缺席的实验勾勒出某种否定性作品的条件。在当代艺术中,并不涉及作品缺席的疯狂,而是作品处于某种黑色阶段的实验过程。作品的白色阶段像黑色阶段的作品一样!❶

使用这种经过修正的作品定义,我们可以思考皮娜·鲍什的舞蹈创作,至少像《舞动之梦》和《皮娜》两部影片所展示的那样?假如可以将舞蹈的实验首先视为作品的缺席,可否循着前述的作品幽灵的维度、易受伤害性去思考作品和艺术,从而获得某些东西?从易受伤害性思考作品,准确说来并非否定作品的观念,而是使之位移,使之更多地属于实验性和实践,而非属于指向某种思想的物品;于是,作品就成为一种实验室。易受伤害性是舞蹈——尤其是皮娜·鲍什的舞蹈实践——的一个特征吗?舞蹈实践只有通过舞动身体的体验才能进行。对实践的参照性,其价值首先在于它构成对作品神圣的、单义的特点的一种破

---

❶ 法比耶纳·布吕热尔、朱利亚·佩克:《艺术哲学》,第 132 页(Fabienne Brugère et Julia Peker, *Philosophie de l'art*, Paris, PUF, p. 132)。这段引语中的"黑色阶段""白色阶段"原为中世纪炼金术的术语,普通金属要经过黑色阶段(黑化)、白色阶段(白化)、黄色阶段(黄化)和红色阶段(红化)阶段,才可能转化为点金石。——译者注

坏，以及对生活的一种回归。尽管如此，它在这里涉及一种与作品的关系（哪怕是一种迂回的关系），因为经验只有经过某种哪怕极微小的形式化才具有价值。那么舞蹈中的又是哪种类型的形式化和表达呢，尤其在皮娜·鲍什艺术之中？在《舞动之梦》中，对于这种体验及其艰难的形式化，可以找到些许踪迹。在影片中，皮娜过来与跳《交际场》的青少年舞蹈团见面，以选定第一角色和其他舞蹈角色。她向其中一个人说："你的最大优势是自然性。露出牙齿，就是露出牙齿。"把舞蹈置于自然性的关照之下，并非毫无意义。那意味着，在舞台上产生的形式化和人为效果应该受到限定，才能使舞者主体的、平常的体验涌现出来。跳舞意味着在自己的生活中进行挖掘，从中抽取出一种自然性，并将它从生活的世界转移到舞蹈的世界。更确切地说，跳舞并非产生一种人为效果，而是让人忆想起，他活着是为了将生活重新载入艺术。然而这当中涉及形式化，原因是此种重新载入预设一种普通生活中不存在的付出，因为要将肢体动作重复到完美的程度，要在身体运动中找到恰当的自然性，并使自己的动作与其他身体的运动相互协调。在舞蹈这里，我们远离兼具物质性与非物质性的作品概念（黑格尔和海德格尔就是通过这种概念来思考艺术的）。然而依然存在作品的某种痕迹，某种以缺席的方式展示出的与作品的关系。缺席也构成艺术上对作品重要性的极简主义的承认。作品在某种形式化之中进行，这种形式化在自我形成的同时自我消失，位于形式化过程中的艺术自我宣告属于实验，运动中的生活的实验。通过艺术作品唤起生活，就是将艺术置于易受伤害性、生者的脆弱性存在的一边。

二、艺术与易受伤害性，或艺术何以改变生活？

这样，舞蹈动摇了一切赋予作品概念以内容的传统范畴。皮娜·鲍什将这种动摇推得很远，她的计划是让一些从未跳过舞蹈的青少年去跳《交际场》；从编舞实践来说，那不仅仅将自身定位于对"作品—物品"的参照之外。诚然，皮娜的工作可以定位于"进行中的位移"之内，在

"体验"概念的关照之下,而"体验"则可以被理解为动作:舞蹈就是生产一个动作。而且根据这种定义,甚至可以作为理解作品观念的生成性艺术。瓦雷里在《舞蹈的哲学》中如此写道:"这种(对舞蹈的)想法十分宽泛,所有艺术都可以被视为其例外,因为所有艺术从定义出发都包含一部分行动,生产作品的行动,或者表达的行动。"❶ 于是,舞蹈可以成为每种艺术中属于行动性的那种东西的模型,正是那种东西使它与现在或现实性具有某种极其紧密的联系。作品总是处于过程之中,在《舞动之梦》中展示出的皮娜·鲍什的工作,这种行动性与青少年对舞蹈所做的全新体验是不可分割的。更有甚者,青年人把《交际场》的舞蹈和主题引入生活的能力可以促进行动。艺术的价值在于它是一种改变生活的崭新体验,正如一位舞者准确表述的那样,训练已成为他生活的一部分。欲理解皮娜·鲍什的艺术,不能让头脑再受作品概念的纠缠,而是要开辟一条全新的道路,即参照生活。此外,维姆·文德斯电影《皮娜》的预告片以舞蹈家的四部舞蹈剧来概括电影设计的不同主题:第一个部便是《生活》(Leben)。如何将皮娜·鲍什的生活与艺术工作结合起来?肯定通过上述的易受伤害性。青少年们之所以能跳《交际场》,恰恰是因为他们成功地通过舞蹈实践表现出他们生活的易受伤害性,而这种实践本身在他们自己的生活中引入一种新的目光。舞蹈逐渐改变了他们的个人世界,使他们重新审视自己的回忆,为他们的未来勾勒出许多崭新的可能性视野。在前两场演出中担任第一主角的约伊(Joy),谈到父亲去世的痛苦阶段,随后补充道:"他肯定会为我感到骄傲。"随着严格排练的进行,青少年舞者越来越全身心投入他们的工作,他们谈话中透露出的,是对他们个人历史的重新审视,并非沿着艺术可能导致的对生活的掌握或控制的方向,而是朝着他们的易受伤害的区域:对约伊而言那是父亲的缺失,对别人而言是罗姆人和穆斯林的身份,是两朋友中一个被选中参加首演而另一位未被选中因而导致短暂的

---

❶ [法]瓦雷里:《舞蹈的哲学》。(*Philosophie de la danse* dans *Œuvres*, t. 1, Pléiade, Paris, Gallimard, 1957, p. 1400.)

分别，如此等等。艺术使人接受自身的易受伤害性，并以一种更大的灵活性重新审视它。就此而言，艺术改变生活。舞蹈如此接近易受伤害性，因此，舞蹈是典型的使人在世界上自我改变的艺术。像青少年们所做的那样，从生活出发去跳舞，这是宣誓生活闯入艺术的方式，业余舞者的易受伤害性闯入艺术控制的境界：这种艺术控制通常体现在专业舞蹈者的身上。

皮娜·鲍什的艺术处于艺术的临界。她在用本不属于艺术的东西来创造艺术：普通生活的易受伤害性。以这种方式，她展示出她工作的脆弱性，同时又以崭新的视角展示出舞蹈所固有的矛盾性的、边缘性的方式。将《交际场》交给青少年来表演（此前曾交给老年人），不仅因为要在艺术中通过舞蹈艺术展现普通生活的易受伤害性。其意义还表现在，舞蹈针对的是青少年，而他们代表着特别容易遭遇易受伤害性的人生阶段。我们不妨说（此处要重新使用我先前针对"关怀"［care］所作研究中谈及易受伤害性的部分❶）：

易受伤害的生活首先是其生存力受到威胁的生活。在那些生活中，占据主导地位的再现形式并无地位，因为它们被视为无用、具有干扰性或者不正常。然而，在青少年所处的人生阶段，人恰恰喜欢追问自己是否有能力引导生活，使其变得有生存力。人在那个人生阶段也难以找到自身位置，因为成年人的世界和社会规范可以将青少年压制到隐形、边缘的境地，从而制造出更多的易受伤害性。这样一来，皮娜·鲍什及她身边的舞者所从事的事业不啻为一项对青少年进行"关怀"、关心或保护的事业：舞蹈通过使他们自我解放或自我表达而给予他们保护（在舞蹈剧场的演出同样作为对他们的易受伤害性进行"关怀"的尝试）。

从这个角度而言，这部影片所揭示的问题可被视为呼应了罗兰·韦斯卡在《舞蹈、艺术与现代性》一书中有关身份的论述：

此一时刻属于"主体阐释学"，属于"自我关注"。因此对艺术家

---

❶ ［法］法比耶纳·布吕热尔：《"关怀"的伦理学》（Fabienne Brugère, *L'éthique du care*, Paris, PUF, 2011）。另参见《供被治理者使用的政治辞典》（*Dictionnaire politique à l'usage des gouvernés*, Paris, Bayard, 2012）中的"关怀"词条。

而言，自我创造就是解构与自我解构，想象独特的生存方式，探索自我的边界，自我开放，拓宽自身的思想与行动世界的界限。这里，在身体自我塑造的未定形之域，知识与经验就不再一味聚焦于理想形式的先决条件。在对整体的或然性——现实的或尚且潜伏的——产生敏感以后，通过对空间与时间的多样化的安排，身体的构型得以实现。舞者与身份之屈服作斗争，从而彰显出自我的主体地位。他将生活与一种救赎的焦虑联系起来。通过质疑那些"粗糙的自明之理"（évidences premières），他得以冲破因循守旧主义的藩篱，而且与此同时，他变得独特起来，变得与众不同起来。在这条无边道路的尽头，艺术家会希望自我理解为本真的生命，希望自身经历从既定主体到创造主体的过渡。接下来重要的不再是升华到无限的追求，也不是凸显任何的有限性，而是凸显一种提供几乎无限组合可能的多样性的"无限制的有限"（fini-illimité）"。❶

当然，这篇文章从表达自身独特性的主体性的角度理解编舞者和舞者的工作。艺术家正是这样一个人，他反抗身份的固定以及其他屈服，去想象其他生活方式；或通过表达的途径，将生命推到极限的境界。类似地，我们可以说，乌珀塔尔的那群少年——在影片中可以感受到舞蹈如何改变了他们的生活——从此拥有表达自身身份与生命轨迹的途径。他们抛却一切循着身份固定或社会标示方向的生活观念。重新探索他们的生活，在一种相同的运动中开放他们的未来；他们能够遭遇真理——按照罗兰·韦斯卡的说法——这意味着从既定主体过渡到创造主体。变成一个创造主体，这预设着去直面自我的易受伤害性。电影《舞动之梦》中的舞者以及皮娜·鲍什舞团对青少年的关怀，价值在于那既是对少年的易受伤害性的承认，又是将易受伤害性转变成一项表达力量的事业，而这一点之所以能实现，是因为艺术完全渗透进那些年轻舞者的生活。

---

❶ 罗兰·韦斯卡：《舞蹈、艺术与现代性》。（Roland Huesca, *Danse, art et modernité*, Paris, PUF, 2011, pp. 221 – 222.）

三、从艺术到生活，舞蹈的另一种实验室

《舞动之梦》所实验的，当然与哲学长期设想的兼为概念和物品（兼具物质性与非物质性）的作品概念相去甚远。在影片中，通过对非专业青年舞者生活的表达，作品实现在艺术的边界上。仅就影片所涉及的艺术实验而言，艺术更多属于实验室而非终结的、神圣化的艺术品。那是身体的实验室，也是易受伤害的生活的实验室；必须通过跳舞去"关怀"那些易受伤害的生活。

尤其是初看来，维姆·文德斯的影片不属于同一类型。此外，艺术与生活的关系完全被颠倒了过来，它注重的不再是艺术何以改变生活，而是艺术何以是第一位的，何以艺术完全占据生活却可以被生活改变。的确，在《皮娜》中，占据首位的正是艺术（皮娜·鲍什的舞蹈艺术，维姆·文德斯的电影艺术），并且带有不断纠缠一切创作的那种东西：作品的幽灵。艺术是创造之事，创造者（编舞者皮娜）完全符合兰波1871年5月3日写给乔治·伊藏巴尔（Georges Izambart）的著名信札中所宣称的：诗人应该"成为通灵者"。那是一个非同凡响的人，他具有灵感，拥有强大的创造力，能够感知和表达凡夫俗子既无法感到也想不到的事情。在维姆·文德斯的影片中，这种创造观切实存在，并通过多次出现的皮娜目光的主题表现出来。舞者们关于皮娜的言论在这一点上最具代表性："她能看到一切，纵然闭着双眼"，或者，"皮娜的眼睛就是为了获得我们一切的美"。前一句话暗含着与上帝等同的创造者的形象，神通、通灵、超越凡俗的人类之上。后一句话从唯有创造者才能捕捉美的角度强调艺术的通灵性。在这两种情况下，创作就是感受别人无法感受的东西，就是居住美的世界并赋予它一种表达。艺术从其创造事业中获得存在的理由。这正是文德斯向鲍什的致敬所传达出的一点。艺术返回生活，它善于捕捉生活的美或表达。在影片开头，皮娜的一位女性舞者的话语令人震惊，因为它们以特别的方式将编舞家的工作置入艺术形式；她说，与皮娜的相遇，就是遇到另一种语言。这仿佛是化用普

鲁斯特在《勃圣伯夫》的那句名言："美丽的书籍是以某种外语写成的。"吉尔·德勒兹（Giles Deleuze）曾用这句话来阐述和解释他对风格的定义，即用来表达人们所讲所写语言的"少数派变化"（devenir-minoritaire）的可能性。创造者就仿佛操持他的母语的外国人；他制造出另一种语言，区别于人们能遭遇的、试图操持的语言，但永远不会丢掉怪异性以及怪异性造成的风格。

文德斯关于皮娜·鲍什的影片应该被理解成一种献给艺术和创造的赞歌，影片充分表现这一点的是明暗手法的使用，电影开头的白、黑、红、泥土色的彩色技巧，舞动的身体与环境（自然中、城市里）的对比，以使得一切都服务于一种成为皮娜·鲍什观标记的艺术表达。影片中，舞蹈就好像一个实验室吗？实验化走向另一个方向；它涉及的是通过舞蹈去实验皮娜·鲍什的视野；那视野既是舞蹈观，也是世界观。易受伤害性不再属于那些发现舞蹈世界的青少年，更属于皮娜·鲍什的"外语"——职业舞蹈的身体应该掌握和表达的这种外语，却永远都无法完全窥得其秘密。易受伤害性恰恰源于舞蹈概念的稀薄，源于可能体现概念的坚实物体的缺失。那是一种作品脆弱的艺术，因为作品恒久不息地被重新开始。

尽管如此，我们却不能停留在舞蹈作品的脆弱性上。在两部影片中，舞蹈剧场中往往与"分享"相联系的一切集体构建让人依稀看到身体相互配合的所有机制。在《皮娜》中，通过对《穆勒咖啡馆》的追忆，我们可以猜想到一部作品承载并以舞蹈必要性为名进行分享的那一切。艺术在《皮娜》中占据首要地位的，但就其引入许多用于配合的运动中的身体而言，相互结合的舞者的生活改变了艺术。皮娜·鲍什舞蹈的整个主题，正是不同身体和不同个体之间或多或少取得成功的接触。林林总总的接触、联系和关系共同编织出一条道路，它们就仿佛是许多个表达性的纽带；而在道路的尽头，是分享。说到底，通过联系的可能性（发生或者不发生），生活总在那里。生活总像对易受伤害性的召唤，尽管那取决于艺术家的表现性观察能力的强弱。在这一点，《皮娜》与《舞动之梦》相通。皮娜·鲍什这样评论《交际场》："《交际场》是一个地点，人们为了结成联系而在那里相遇。"在这个充满相遇、身体以及个人与集体历史的实验室里，舞蹈岿然屹立着。皮娜接下来说："自我展示，自我保护。带着自我的恐惧，带着自我的热情。沮丧，绝望。最早的试验，最早的尝试。一些柔情，柔情催生的一些东西。""柔情催生的一些东西"，一切都在这个短句中。最终，在对一种本质的易受伤害性的考量之下，编舞实践比其他任何艺术都更多地表现出作品的艰难形象。

传播知识，美学中的理论与实践

■ ［法］雅散托·拉热伊拉* 文
  向　征** 译

【内容提要】 美学在经历了非理性和工具理性的冲击后，需要对审美理性重新思考，既要避免理性审美化，也要避免审美非理性化。审美批评，作为理性的活动和行为，在阐释、评价艺术作品的事实与价值时，要区分实践理性上的道德判断和审美理性上的道德判断，进而对道德判断和审美判断之间价值异同进行更深刻的思考。

【关键词】 美学　审美理性　审美批评

直到20世纪90年代，结构主义的余晖仍可见于一些概念和某些作家笔下，但是今天，结构主义鼎盛时期所提出的跨学科性却改头换面，甚至几乎未能保留先前取得的成果。美学家曾在其研究中大张旗鼓地运用语言学、心理分析学、历史学、政治经济学、人类学，乃至社会学和符号学，从理论上和实践上，对于学术界和公众都是完全合理的。但是必须认识到，如今，这些学科在美学领域和艺术哲学领域鲜被提及。人们想要从对教学、科研和社会生活产生过重大影响的各种理论中解脱出来——主要是符号学、拉康心理分析学和对马克思主义的僵化解读——

---

* 雅散托·拉热伊拉（Jacinto Lageira），法国巴黎第一大学教授，主要研究方向为美学，艺术理论及批评。近年先后出版专著：《Jean-Marc Bustamante1978~2011作品集》，法国Actes Sud出版社2011年版；《论世界现实感的消失 – 虚幻与真实的碰撞》，法国Jacqueline Chambon出版社2010年版；《被穿越的美学——作品中的心理分析，符号学和现象学》，比利时 La Lettre volée 出版社2007年版，等。

** 向征，女，西安外国语大学西方语言文化学院讲师，主要从事法国现当代文学研究。

却最终完全摒弃了值得再次阅读、再次思考、深化并推进的理论。这些理论和它们的提出者在各自的学科领域仍然被广泛研究，但重要的是，人们不再研究它们之间的相互影响，跨学科性随即被打破了，尽管对于理解现今艺术作品和审美问题，跨学科性是不可或缺的。如果一个学科内部或者几个学科之间的历史关联被打破，要理解昨天的理论，以及由此把握对今天的影响便会非常困难，其结果就是，每门学科在其各自领域的研究都会不完整，好像社会学、语言学、历史学或者种族学不与或不再与审美问题有关。当下美学的主要问题是分裂知识、理论、实践、认识，且又局限于一些基本问题，如艺术和审美自主性、感性科学、阐释、审美经验，等等。这些问题非常重要，但是，对它们的研究却总是限于本学科内部。另一方面，重视其他前沿研究领域的少数作家建立了通往认知科学、小说理论、社会学、经济学、人类学，甚至解构主义的桥梁，然而，美学的特殊性却被抹杀了。作为哲学的分支，美学由此拓宽了研究领域，但也逐渐溶解在其他学科中，直至面目全非，或者成为丰富特殊审美行为的某一学科的一小部分。因此，美学知识的传播既是积极的，因为有学科间的交流和共同研究对象，也是消极的，因为美学在传播过程中，被分化、消解，直至丧失其特性。在重视其他学科的同时，美学要想不成为过时或者无用的思考，就应当在巩固自身历史地位的同时大举创新。美学的真正变革在于改变模式、目标和视域。

在此，应当首先注意当代美学的三个核心问题：理解、阐释、评价之间的紧密关系；与其他理性相比，审美理性的地位；拒绝审美上、道德实践上和社会政治上，事实与价值的二分法。这些元素是密切关联不可分离的，否则，美学理论与实践就无法与被视为整体的其他学科相抗衡。

在经历了非理性和工具理性的冲击后，美学通过其历史发展特有的平衡能力进入了认知主义时代。这个时代并非是对前期研究的综合或者超越，也避开了"审美理性"的特殊性问题。现代性主要来自理性不同领域的逐步区分——道德、法律、政治、科学——其主要后果之一便是，美学、艺术理论和实践获得了相对自主的地位，却恰恰被所追求的自主性和特性削弱。纯粹的审美自主性是不存在的，它必须与其他理性建立联系，冲突性的，或者不是。然而，不坚持审美理性的逻辑性就有可能将之引向其他理性形式并最终消失在其中。当阿多诺在《美学理论》中提出，也许是第一次提出，"审美理性"的可能性时，他意识到，只有"消极辩证法"才能解决这个难题。也就是说，美学必须向自身宣战才能找到特殊的逻辑和理性，而不成为其他一切可能的理性的他者或者"理性之外的东西"。无论阿多诺的立场走入何种窘境，他始终坚持美学、艺术和关于艺术的思考中理性的概念。正如他所说："尽管艺术作品不是概念，不是判断，它们仍然是逻辑性的。"[1] 也可以认为，为了维护美学与社会政治、道德实践的关系，阿多诺坚持了审美事实与价值的辩证法。指出阿多诺理论的悖谬并不应该否定他提出的许多正确的研究方法和创新之处，最重要的就是"批评理性"。今天重读某些分析会发现，工具理性层面的美学被称为实用主义或者审美化，非理性不过是被泛化的情感主义，认知主义是认识论上的变形。所有这些都不能称为"审美理性"或者批评理性。

一旦认识和接受理性各个领域存在区别，从超级模板出发把所有行为相等同的危险就会再次出现。假定这个模板可以将所有行为整合，并且赋予它们形式和内容。仅以最近美学与神经系统科学的结合为例，就可将美学引入一种标本制作术或者还原论，美学不再是大脑可塑性理论的分支，还可以引用尼尔森·古德曼（Nelson Goodman）的符号学，或者尼克拉斯·卢曼（Niklas Luhmann）的系统论。后者强调"自生系统论"，即社会认识和组织的变形形式。不拒绝其他领域的可能的贡献，审美理性应自我区分、自我阐明并与其他形式的理性有所区分，这个要求也是区分过程中必不可少的环节。区分和辨别直接和 krinein，即"评价"一词联系在一起，由此产生批评的概念。自我阐明或者合理地阐明在第一层含义上必定是批评。此外，阐明和自我阐明需要理性，借此我

---

[1] ［德］阿多诺（T. W. Adorno）：《美学理论》（1970），（巴黎）克兰克西耶克出版社1989 版，第 178 页。

们实施批评。因此，对于使用这些批评的人来说，它们是合理的、清晰的、可靠的。在这一阶段，批评思考的自主性，由于可以自我解释，便可称为批评主义，是理性化的信号，由其自身概念、经验和实践构成。这些概念、经验和实践应该扩大理性领域，但在和其他领域的理论和实践相互作用中被理解。艺术或者作品本身，或者美学本身，假定它们从未纯粹而彻底地分离，只有在交流中相互区分，它不是什么，不能是什么，不想是什么，才能在审美理性中胜出。我们知道，现代概念上的理性领域区分绝非指绝对他律，也不是其对立面，即绝对自律。回到阿多诺提出的艺术辩证法上，它介于社会事实与自律之间。探究这种复杂的相互影响的前提是，这是审美理性过程中的一个环节。审美理性因此可见于其他过程，实践的和理论的，该过程需要被合法化，如果不想将之简化为情感和直觉的选择，或者普通的信仰。审美理性的批评主义不能轻易得出，因为，知道什么可以或者不可以成为美学的一部分，它是否合理，在某种或某几种意义上，我们是否应该或者不该排除判断，艺术理论家并未就此达成一致。但是，却反映了实际上推动了定义的过程，因为，阐述此类问题，无论我们是否同意，必然要借助于某种形式的理性。将情感主义、直觉主义，或某种无法言喻的东西和理性对立起来，不能说明，理性活动，即使是最小，都会回到乔·奥斯丁（John Austin）以来的老路上，即提出所谓的"表述行为的矛盾"。我们所反对的正是论证审美理性的不可能性。批评，首先是指"区分、鉴别、分拣、分离"，在于，或者迟早在于，找到批评能否成立的理由。人们可以认为我的观点过于简单，但是却不无道理。由此我们很快介入实用主义问题。

艺术批评和美学批评的批评主义，企图建立一种"批评理性"，这个批评理性只有在走出了自身领域，又未消融在其他领域中时，才得以成立。辨别不是分离，区分不是二元对立。批评处于其他人际活动的过程、背景和条件之中。提出批评，从完整意义上来说，本质是一种"批评行为"，它不可避免地介入多个领域，有可能对其他行为产生影响，甚至将其改变，尤其是理性行为的概念，使得理性的其他领域必须重视审美和批评理性，而不是认为，好像艺术领域无论发生什么都无关紧要。必须承认，艺术领域和其他领域对我们的影响不同，但并不意味着，前者的影响对我们的感觉和存在的意义，甚至对于社会间的互相作用，不会产生任何影响，比如，当我们决定是否在审美判断中加入道德判断时。如果我们没有忘记，希腊语 krinein 的含义之一是"判断即决定"的话，是否考虑道德实践的条件、因素和标准便是审美内部也是审美外部的判断。这个判断必然引起对道德判断和审美判断之间价值异同的更深思考。首先要区分的是，不应该将实践理性上的道德判断和审美理性上的道德判断混为一谈。正如马丁·瑟尔（Martin Seel）所指出的，"审美理性"既避免理性审美化，也避免审美非理性化。他在维护"审美理性是理性构成因素"的同时，认为"非审美的理性不是理性，成为审美的理性不再是理性"。❶ 因此，拒绝美学和审美的非理性，会演变成其他形式的实践道德理性（审美化），反之，以工具理性排斥任何审美行为，也没有给其他形式的理性留下空间，它们不是工具性的，但是被工具化（出于顺从的非理性化）。瑟尔彻底区分理性、工具理性主义和批评理性。他提出"理性的构成因素"只是一个因素，而不是最终的理由，没有人类解放的性质，因为，面对空泛的自由带来的危险，理性实践是向理性间的判断能力挑战，后者是指主体借助于整合和破碎能力更新自身的存在自由。持久的释放和调整能力可以同时被称作社会艺术和存在艺术以及分割的艺术。❷ 可以认为，这里的"分割的艺术"，就是指辨别、区分、判断的艺术，也就是批评行为。称之为行为，是因为通过艺术作品，它在社会事件和社会角色中起作用，并与之相互影响，也是社会事件和社会角色的直接表达方式。这些艺术作品要求开放的、合理的，因此也是自由的判断，可以称之为判断行为，因为此时，判断是批评的自由。

这些问题，可能从最简单的变为最复杂的，属于"理性空间"。当

---

❶ [德] 马丁·瑟尔（Martin Seel）:《分割的艺术 审美理性概念》(1985)，(巴黎) 阿尔芒·科兰（Armand Colin）出版社 1993 年版，第 27~28 页。

❷ 同上书，第 21 页。

辩论实际上凸显了批评的理性和理性的批评时，论据必须是有效的、正当的、合理的。这是指语言和辩论行为的实用性。并非所有的论据都是不言自明的、正确的、合理的，只有通过批评才能得知，批评也必须理性地进行才能有效。辩论从性质和定义上讲就是批评，也是批评行为，当辩论的论据作为真正的批评行为能力，合理且被接受时，批评行为可以完全改变事物和思想的进展。

当从简单的或被认为是简单的批评鉴赏出发时，作为说话者和讨论者，我们实际上受到讨论规则和行为准则的约束，而不能随意逃脱——要从一个辩论中走出来或者拒绝它，必须有理由，而且是正确的理由。对规则稍有异议，就是排除它存在和实现的可能性，更是拒绝将作为理性主体的我们连接，并最终使我们成为我们本来那样。因为，正如瑞纳·罗什利兹（Rainer Rochlitz）所强调的，当对一个艺术作品褒贬不一时，所有论据在"认为该作品从艺术的角度看，能够成功且有意义的人之间建立一种规范关联"。❶ 我也要强调这个规范关联，在可演变的、有争议的和可批评的标准化中发展——通常不被注意或者被认为是不恰当的，使得我们理所当然地认为预判断出自共同的最小的参数选择，因此在实际操作中，是一种隐含的却是无效的标准化，即使接受它的可能的条件，也只是在严格的相互理解的层面上。要让我的对话者明白我不赞同他的观点或理论，必须建立一种规范关联，或者至少这个关联在我们参与的辩论——美学、艺术、批评范围内——和"理性空间"的生成范围内，都是可能的，后者使该理论自称合理且有效。这意味着我的美学批评对于其他领域而言，尤其是对于社会语言学和语用学而言，属于有效的理性，但并不等同或替代它们。找到平衡点很难，但并非不可能，尤其当我们认为，缺乏内容和社会政治内涵的批评，并不是对自主的，感性的和可表达的艺术的要求，而是依托于独立的审美标准。艺术仅依据自身的模式推动知识和政治，这是它从未放弃的。❷ 如果"审美标

---

❶ ［法］瑞纳·罗什利兹（Rainer Rochlitz）：《资助和破坏》，（巴黎）伽利马（Gallimard）出版社 1994 年版，第五章，《象征和征象》，第 172 页。

❷ 同上书，第 70 页。

准"这个说法显得过于极端，认为审美标准是独立的观点却是可以接受的，因为的确是指审美的标准，理性和论据。由此而言，这些标准特定地属于审美理性空间。不应该忘记，标准、规范或者规范化和规则不是任意强加的，而是经过讨论后被接受的。在《说清道明》（Rendre explicite）一书中，罗伯特·布朗东（Robert Brandom）认为："规则不会自动实施，只有在判断是否正确运用规则时，规则才能决定实践行为是否正确。"虽然这与艺术批评无关，这个说法却惊人地与我们对符合规则的批评的期待。批评不可避免地在一定的范围、参照、规则或参数内进行，即莫里斯·威兹（Morris Weitz）所说的"必要充分条件"，批评行为才能行之有效。必须指出，必要且充分的规则或条件并非本质主义的，艺术批评使得批评行为在本质上是开放的，而不是本质主义的。标准和规定绝不是绊脚石或桎梏，恰恰与其承认和保证的相反，是完全自由的，既可以制定规则、遵守或者不遵守规则、接受或者批评规则，也可以发明和创造新的规则。这就是为什么在所有的批评判断之前、之中和之后都会有标准、规则或者最小的理性条件。最小的，但却是美学，及其理性模式和意图所特有的，这正是罗什利兹的观点，"'审美理性'这一概念指向一种只能运用于审美价值的理性。从某些角度而言，它类似于认识论上的真与假，伦理学上的正确标准。但是却不能简化为它们。因为我们可以质疑艺术作品的价值，虽然在它逻辑上和道德上是无可厚非的，我们也可以为之辩护，虽然它是荒谬的，不道德的。同样，一个理论也可以是话粗理不粗"。[1] 换句话说，审美理性认为作品的审美价值，当然是它的艺术价值，可以从审美和艺术的角度考量，而不是借助其他领域的价值标准。而且必须明确指出，认为审美和艺术价值区别于其他领域，但同时又与之相关，只是想要说明，审美和艺术的价值不属于单一的实践道德、法律或者科学判断。因为，如果这样认为，危险不仅在于，将所有价值标准合而为一，审美和艺术的特性，以及随之而

---

[1] [法] 瑞纳·罗什利兹（Rainer Rochlitz）：《资助和破坏》，（巴黎）Gallimard 1994 年版，第三章，《审美理性》，第 89 页。

来的批评便会消失在其中，而且在于，与实践道德相关的模式、过程、行为被艺术化。后一种情况在 20 世纪和当代不胜枚举。奥克汉姆（Ockham）的"审美理性"的剃刀必须切断以下二者的关联：一者是，艺术作品和审美的事实化将艺术作品引向物化；另一者是，对现实社会长期审美化会直接走向"甘愿束缚"，因为它在我们完全不知的情况下，变得更美。

运用批评辩论将有双重功能，即同一个批评行为中，在解释审美价值的批评行为以及它与其他价值的区别的同时，不跌入事实与价值的二元对立。在审美和艺术过程的事实与价值内部，以及在属于其他领域的事实与价值外部，这种二元对立同时存在。任务是艰巨的。定义、辨别、批评，是要详细说明各自领域的性质，以及其他领域的性质，使得我们能够确定要在该领域反对什么，在审美上不能变为什么，也是为了说明在语义和所指层面上，我们赞成什么。艺术是有含义的，它指向某人或者某物，对于一些人来说，必定"关于"某物。这些人给予"关于"含义和价值，形式和过程，更确切地说，是关于什么，这一点常被忽略。认为艺术本来就是富有隐喻的，不能掩盖隐喻性的固有问题：它是什么的隐喻？是"关于"什么？这些问题完全属于"批评理性"，除非认为艺术是的超验性的，无法到达的另一个世界。为了不使批评行为和与之相关的辩论变为虚谈，就必须解释清楚事实与价值是什么，它们指向什么、指向谁，并为了谁？因为独立批评言语，直至将它与它指向的含义和可能包含的特殊含义分割开来，是在语用中改变了人们长期以来给予艺术的纯粹独立。批评理性只能运用于审美价值，绝不意味着它与其他价值准则毫无关系。而恰恰是审美价值从非审美，非艺术的领域构建其含义和运用框架。社会存在先于艺术本质（假如艺术包含了社会），而不是相反。但是，为了不被工具化或者审美化，通过审美理性解释事实与价值应当在审美中并为了审美进行，而不是简单地解释艺术作品隐喻的事实与价值。能够解释这个最复杂的过程，并使之合理且有效的方法是，在理性空间和公开批评辩论中运用审美理性。例如，如果必须制止长期攻击当代艺术的各种伦理道德，必须提出道德理性，由此来确定某个判断是否可接受且合理。同样,某个道德判断也必须依据审美理性而不是绝对的道德理性,不过这种情况更为罕见。因为,通过批评行为——这个艺术作品应受到谴责——我们已经认识到理性的不同层面之间的区别,并由此认为,作品不是在道德上受到谴责,而是受到来自以"批评理性"为名的道德谴责。这可不是一回事。正如我们不能以审美理性的名义谴责某个谋杀犯,强奸人权,极为不公地驱逐公民,或者国际刑事法庭的判决。如果审美理性的动机和诉求在必要时是合理的,它们也绝不是理性的。在批评审美理性层面更是如此。

这正是审美理性的另一个作用,即区分鉴别审美事实与价值,然后,区分鉴别,和/或者,将审美事实与价值和实践事实与价值联系在一起。虽然作品的隐喻或者"关于"不等同于我们所谈的或者所指的存在,行为和事物,但是这些存在,行为和事物的某种待定属性却恰好成为隐喻的问题或者"关于"的问题。因为这里并非是指向另一个隐喻的隐喻,或者是嵌入另一个关于的关于:归根结底,我们所谈和所指的是世界的具体现实性,并由此转向事实与价值,但是通过隐喻感知的。

当我们认识到艺术和审美的事实与价值成为想象中的事实与价值,并通过隐喻与现实世界关联时,表面复杂的事情就豁然开朗了。感知的、给予的、释放的或者映射的事实与价值只存在于作品中。因此,评判作品的标准,或条件,或参数是独立的:因为标准,或条件,或参数只有和作品相关,且在作品内部时,才会起作用并有意义。但是,标准,或条件,或参数也是关于有形世界,所以,它们的所指不再完全是隐喻的,这些标准,或条件,或参数与实践的、具体的、真实的、活动的事件与价值保持关系。因此,审美理性只有在不切断与理性的关系,而且保持"审美理性"时,才能真正成为合理的。

完美的理论是将以下两方面结合:一方面,从现象学区分由同一意向出发得到的真实和想象——同一个意识根据相异却互补的态度感知时而真实的(相对有形世界)、时而虚幻的(同样相对有形世界)同一个客体;另一方面,从实用主义分析区分使人相信的审美态度和每天真实生活的具体行为。有关艺术作品,英美哲学家提出"道德范式",即可以影响我们生活方式和存在的范式，以及其内在的标准和规则。当然，我们不能在读过陀思妥耶夫斯基的《罪与罚》之后，像拉斯克尔尼科夫那样，用斧子杀死一个老太太，也不会像欧内斯特·海明威、安德烈·马尔罗或克劳德·西蒙小说人物那样英雄般地投入内战。这些只是对我们最小的、隐秘的影响，但会使我们接受突然变得不同的存在态度，将我们引向对世界观的沉思。

我们可以给出与前两种并行不悖的第三种方法，即罗曼·雅各布森提出的语言的"诗性功能"。他强调，这个功能与语言的其他五种功能（应酬功能、意动功能、所指功能、表达功能、元语言功能）从未分离，但在艺术作品方面（造型和视觉）尤为突出，以强调其素材和审美形式。因此，诗性功能和所指功能密不可分。但并不是说，所指功能创造了诗歌、电影或者绘画，而是说，它通过诗性功能与世界建立联系。简单地说，当我们感受、阐释、评价艺术作品的事实与价值时，是从诗性功能的想象角度考虑的。这些不同的事实与价值的共同点在于，除了人们可以通过两种互补且非二元对立的方法感知它们之外，它们同时属于区分理性和审美理性。真正用斧子杀死一个人是非常残忍的，而且会受到重判；但是在小说中杀死这个人却只是虚构。小说通过人物提出的实践道德问题依然存在："为了全人类及其共同利益"，是否可以从道德上允许谋杀？"无数善事能否抹去一个极小的罪行？哪怕是为了拯救一条或者成千上万条毁亡的生命而犯下的罪行？"（《罪与罚》，第三部分，第74页）道德哲学对这一类难题作了很多研究：是否有权为了拯救成千上万条生命而杀死一个人？读一下史籍就会发现，人们大多会选择杀死这个人。

显然，批评行为不是属于活动、实践活动、道德实践的理论，但批评行为也不能被认为是形式主义的消遣，为艺术而艺术的游戏，精神娱乐或者生活审美形式。在理性的不同领域，批评行为，作为理性的活动和行为，在语用学和语义学上，是理性辩论的另一种形式。为了拯救千百人的性命，从道德上允许谋杀，并非只是小说里的问题。因为，人类事件可以将这个问题变成事实，所以，人们在小说中会思考这个问题，并给出答案，就像陀思妥耶夫斯基和很多其他作家那样。如果不想将这一类问题归入艺术批评，就像我们把那些曾经用来消遣的小说束之高阁那样，批评的理性应该与存在的理性相交融。

在一些作品中，我们面对意义危机、感知危机、作为艺术品和艺术客体的客体经验危机。这些作品很快将我们引向当下问题的核心，即试图从符号学——感知、描述，从语义学——背景、重要性、习俗、历史，从价值论——判断、鉴赏、评价、价值等方面综合解读作品。在此，应该引入辩论理论，从而梳理所有参数和条件之间的关系。我们认为，这些参数和条件的某些方面可以概念化、客体化，而其他一些方面，主要是价值论方面，是从未定的概念出发，进一步发展的。这些审美辩论的未定概念让我们无法用绝对客观的论据进行论证，但是，辩论的某些条件必须满足，属于审美理性的辩论才能有效。

无知者的论据
——作为艺术理论的美学

■ ［法］雅克琳娜·利希敦士登　　文*
　　许玉婷**　译

【内容提要】 自1750年鲍姆加登发表《美学》以来，美学这门新兴的哲学学科便在德国迅速发展，康德使美学获得了崭新的生命。但是美学不仅在德国本土毁誉参半，18世纪末被介绍到法国时也遭遇了水土不服：法国还没有完整系统的美学理论，美学一词也就没有相应的内容，而且法国人对美和艺术的研究根植于其文艺理论与艺术批评的深厚传统，他们不认同德国人从哲学角度研究艺术与美的方法。然而，本文作者通过对法国17~18世纪文艺理论、艺术批评的研究发现，法国18世纪艺术批评家提出的艺术批评外在性立场与康德主张的审美批判独立自主的观点不谋而合，公众作为文艺作品评判者与美学从接受的角度而不是从创作的角度思考文艺创作相一致，合法化的无知者之情感判断已经呈现出将由康德下定义的美学判断的所有特征。这一切表明，法国18世纪艺术批评与康德确立的美学高度契合、遥相呼应。

【关键词】 美学　艺术批评　外在性立场　公众　无知者　情感判断

随着1750年《美学》（*Aesthetica*）一书的出版，鲍姆加登不仅开创

---

* 雅克琳娜·利希敦士登（Jacqueline Lichtenrtein, 1947~），法国哲学家、艺术史家，现为巴黎第四大学索邦大学美学、艺术哲学教授，主要研究17~18世纪的艺术、艺术思想的特征、艺术话语的作用、艺术理论、从17世纪至今业余艺术家的形象变迁等。

** 许玉婷，扬州大学法语教师，讲师；研究方向：中法比较文学。

了知识领域中的一门新学科,还将一个新术语引进到哲学语言中。的确,鲍姆加登在发明新词语的同时发明了新事物,因为他根据希腊词语 aisthesis 生造出这个新的拉丁词语作为一本书的书名,在这本书里,他试图提出用一种全新的哲学方法研究艺术与美所要遵循的基本原则。这门审美科学随后在德国迅速获得了巨大成功。这门科学在德国所有大学传授,很快成为1769年赫尔德所指的"时髦的新哲学"。但是针锋相对的批评声音随之而来。❶ 大部分的批评同时针对词语与事物,追问鲍姆加登发明这个新词语的理据。其中就属古斯特·威廉·施莱格尔的批评最毒辣,他不仅揭示这门新哲学的危害,还指出《判断力批判》一书缺乏艺术思考。他如此写道:"即使是最敏锐的行家兼哲学家都很难从《判断力批判》的原理中提取出适用于艺术理论的东西。"❷ 因此尽管古斯特·威廉·施莱格尔自称对这位柯尼斯堡的哲学家满怀敬意,他还是建议我们"礼貌地与之告别"❸。他同时要求我们告别美学,显然既不支持康德,也不支持鲍姆加登:"该是时候了结了。虽然人们屡次承认这个笨拙的词语荒谬至极,它还是不断出现在康德之后的独立思想家的著作中。这个词语带来的损害毋庸置疑:美学已经成了真正的 qualitas occulta(拉丁文:隐性质量——译者注),这个令人费解的术语空洞无物到惊人的程度,却能够掩盖诸多毫无意义的论断和大量圈圈绕的推理。"❹

施莱格尔借助 Kunstlehre(德语:艺术——译者注)这个词语思考的东西不仅与鲍姆加登开创的美学相悖,也与康德以来发展的艺术哲学理论相悖,他这样写道:"热情的康德追随者费尽心思建设各种艺术哲

---

❶ 最著名的批评当数康德的批评。他在《纯粹理性批判》(第二版)中对超验美学的定义增加了如下注释:"如今唯有德国人使用美学一词来指代其他人称之为鉴赏力批判的东西。这个命名的基础是杰出分析员鲍姆加登那落空的希望,即让美的批评判断遵循理性原则,使批判法则上升到科学的地位。但是这种努力是徒劳无益的。"
❷ 古斯特·威廉·施莱格尔,前引书,第39~40页。这些讲座于1801~1804年发表。
❸ 同上书,第72页。
❹ 同上书,第5页。

学理论,却没有一种是可能的。"❶ 同样地,在他的《艺术哲学》一书,谢林就开门见山明确表示,他用 wissenschaft der Kunst(德语:艺术科学——译者注)和 philosophische Kunstlehre(德语:艺术哲学理论——译者注)这样的词想表达的意思不能与人们通常赋予"美学"这个术语的意义混为一谈。至于黑格尔,他在《美学论稿》导论中就承认,尽管他的《美学论稿》不是讨论通常意义上的美学,而是讨论艺术哲学,然而既然"美学"这个词已经被德语吸收,为方便起见他保留了该词。

因此,这词语已经歧义重重,即使在德国也受到抵制,这也是人们试图引进到法国,使之适应法国土壤的词语。❷ 然而,译者们翻译时对这个词采取的保留态度反映了这些困难。夏尔·旺德尔堡是前法国皇家海军军官,1789 年流亡德国,雾月十八日政变后返回法国。1804 年,他翻译席勒的 Gedanken(德语,思想——译者注)时全面删除了"美学"这个词。他这样解释自己的行为:"我不敢使用席勒用以称呼他所谈论的其中一种判断的词语。他称呼第一种为伦理判断,第二个为审美判断。这个词语源自希腊语 aisthanomai,已经被德语吸收,用来指注重艺术之美、令人愉悦的一切事物。如果我不使用该词而又让别人很好地理解了我的意思,如果我的译文不至于太啰唆,这就是一个新的证据,证明生造这个新词语并不像有些文学家以为的那么有必要。"❸

自 18 世纪末开始,很多熟悉德国思想生活的人提到,要将这种在德国如此时髦的哲学引进到法国非常困难。夏尔·德·维利埃斯是前王家军队军官,1792 年流亡德国,曾在哥廷根大学学习,他是最早尝试在法国传播康德三大"批判"的人之一。他于 1799 年如此写道:"狄德罗曾经想把'美学'这个术语引进到《百科全书》,但是没有成功。

---

❶ 古斯特·威廉·施莱格尔,前引书,第 5 页。这些讲座于 1801~1804 年发表。
❷ 关于这个引进的各阶段,参见 E. 德居勒托:"感性学/美学。外来词吸收的各阶段(1750~1840)",载《形而上学和道德杂志》,(巴黎)PUF 出版社,2002 年 2 月第 34 期,第 7~28 页。
❸ [德] 席勒:"有关美术中我们称之为平庸和粗俗的东西以及我们该怎么做的想法",见夏尔·旺德尔堡译:《欧洲文学档案(第 5 卷)》,1805 年版,第 325~348 页。引自 E. 德居勒托,见前引书。

由于在鉴赏力原理方面我们只有残缺不全的几部著作和一种折中主义学说，由于这些原理尚未根据真正科学的方法编纂成明确的法则，可以肯定的是，我们还没有美学，既然没有美学这东西，'美学'这个词也就无法存在。"❶ 虽然夏尔·德·维利埃斯承认"一部用法语撰写的、系统的、完整的、优秀的美学著作有待完成"，但是对于该赋予这个词语什么样的意义，他犹豫不决。应该把美学定义为鉴赏力批判、有关规则的科学、感性理论抑或美的科学？夏尔·德·维利埃斯最终没有定论，他的犹豫也证明各种各样的意思可以一下子附着在这个术语上面，说明要给美学规定一个明晰、统一、确定的对象非常困难。1835年，法兰西学士院词典第一次收录了这个词；1845年，它进入一部哲学科学词典，并由黑格尔的法文译者夏尔·贝纳尔撰写了该词目。虽然库赞（1840年担任公共教育部长的哲学家库赞——译者注）的门徒以及若弗鲁瓦做出不少努力，尤其是后者于1843年出版了《美学教程》，将美学列为哲学七大基础学科之一，夏尔·贝纳尔还是一直感叹美学在法国尚不为人知这样的事实："人们用美学这个词来命名美的科学以及美术哲学。这个词由希腊语（aisthesis，用感官去感知）派生而来，可能更适用于感性理论；但是如今已经成了约定俗成的词语。尽管美学讨论的问题重要而有意义，然而它直到很晚的时候才获得独立地位，在哲学科学中取得应有的身份。尽管半个世纪以来德国人满怀热情地研究它，在法国，人们却几乎还没有开始了解它。在这篇文章中，我们打算首先扫除它在很多人头脑里依然会遭遇的一些偏见。"❷

但是这些"偏见"显然很难驱除，因为1855年，这同一个贝尔纳在他翻译的黑格尔著作的序言中还这样写道："我们无意谴责当代法国哲学；它曾经立下汗马功劳，其贡献在当今却不受赏识，以至于我们都没有想过要与我们的批评者取得共识。……有一点依然毋庸置疑，那就

---

❶ "一个法国人对德国文学现状的思考"，见《北方看客》，引自 E. 德居勒托，见前引书，第15页。

❷ 《哲学科学词典》，（巴黎）A. 弗朗克出版社，6卷本，1844~1852年，第2卷，第293页。

是法国哲学最忽视的或者说它手头最薄弱的一部分，确实就是艺术与文学中美的理论。……竟然没有任何称得上理论汇编的东西或者像样的论文来讨论人类知识中如此重要而有趣的一个分支。

尽管19世纪下半叶"美学"一词开始在哲学圈子以外传播，它的用法往往还是贬义的。"美学"依然被看做一个德语单词，美学则是用典型的德国方式来讨论艺术问题，换句话说，就是与法国方式截然不同。就像泰奥菲尔·戈蒂埃1855年写的那样，"德意志似乎沉醉在艺术美学中……如此看待艺术的方式对我们而言是完全陌生的"。❶ 我们或许应该由此寻求法国人抵制这门新的哲学学科的原因。在法国，对艺术、美、鉴赏力的思考其实从属于艺术与文学的双重传统，17世纪和18世纪以来分别在文学艺术理论领域和艺术批评中有所表述。因此，在德国发展出来的、用美学一词命名的、从哲学角度研究艺术与鉴赏力的方法就与这种传统直接冲撞。就像有人在第一共和国九年（1800年）的哲学旬刊中如此写道："没有必要创造美学这个词，也没有必要将文学当中教人鉴赏天才与智慧创造的产品的那部分内容变成一门形式科学。"❷ 尽管斯塔尔夫人非常崇拜席勒，然而在1810年出版的《论德国》一书中，她毫不犹豫地批评席勒探讨鉴赏力与感性问题的方法太过于抽象："在他论优雅与尊严的散文中，在他论美学即美的理论的信札中，充斥着太多形而上学的东西。人们想要谈论所有人都能感受得到的艺术享受时应该总是以他们得到的印象为依据，而不应该使用抽象的形式来消除这些印象的踪迹。席勒由于他的才华而系于文学，由于他喜欢思考的倾向而系于哲学；他的散文作品讨论的范围介于这两个领域之间，但是他太经常触及形而上的层面。他不断讨论理论中最抽象的部分，他提出原理，却轻视原理的应用，将后者看做是根据前者推导出来的无用的东西。"❸

---

❶ [法] Th. 戈蒂埃：《论欧洲美术》，（巴黎）纳布出版社1855年版。
❷ 引自 E. 德居勒托，见前引参考书目。
❸ 斯塔尔夫人的观点与施莱格尔非常接近。1804年，斯塔尔夫人在柏林见到施莱格尔并与之交往密切。

斯塔尔夫人对美学家席勒的指责在于，他以哲学家的身份将艺术或者美理论化，一心只考虑确立原理，却对这些原理的运用毫无兴趣，用斯塔尔夫人的话来说，也就是他"轻视"艺术实践。斯塔尔夫人的批评并非针对哲学本身，而是认为，用哲学方法对艺术、美或者鉴赏力判断——确切地说，也就是美学为自己规定的、想要为之制定规则的对象——进行思考是不相宜的。对斯塔尔夫人而言，美学显然不是探讨审美对象的最适合的方式。这种看法得到法国人的赞同，他们在几十年里依然更喜欢法国方式——这种方式尤其在艺术批评中发扬光大，而不喜欢美学所代表的德国哲学方式。

但是，美学和批评这两种研究艺术的不同方法却有一个重要的共同点：它们都背离了一直以来艺术理论❶占据霸权地位的传统。美学和艺术理论相互对立之处与美学和艺术批评之间的分歧不可同日而语。如果是第一种情况，我们可以谈到真正的断裂——根据这个词认识论上的意义；第二种情况不妨说是两个话语（discours）之间的区别。这两个话语共同拥有众多假设，尤其是涉及鉴赏力判断的确定以及主观性的角色时，而且这两个话语诞生于同一个时期，确切地说，是在反抗艺术理论两个多世纪以来施加的霸权中诞生。

17世纪时，艺术理论首先诞生于意大利，然后是法国。众所周知，这标志着新的艺术话语制度的来临，这套话语制度背离所有传统方法尤其是哲学方法。艺术理论家们赋予艺术一个前所未有的理论身份，从而彻底改变了艺术这一概念，但他们并不满足于此；与此同时，他们将这一概念剥离形而上学的领域，使之成为一种特殊理论分析模式的对象，而这种分析模式来自哲学理论却又与之有所区别。

以上是话语领域中的第一个变化，第二个变化发生在18世纪中叶。这次变化的标志是三种艺术话语制度几乎同时来临：艺术批评、美学和艺术史；艺术批评诞生于法国文学艺术领域，美学和艺术史分别诞生于德国哲学领域和史学领域。

---

❶ 这里所说的艺术理论不应与施莱格尔和斯塔尔夫人所批评的艺术哲学理论混为一谈。

这三种话语制度当然彼此各不相同，但是它们的共同点超过了它们的相互区别甚至相互对立，即它们都根据合适的模式、以自己的方法与确立于前一世纪的艺术理论家的话语制度决裂。然而，与艺术理论决裂不是这些新话语出现后必然产生的结果，确切地说，决裂是新话语出现的前提。实际上，正是在17世纪法国发展的艺术理论的废墟上，美学和艺术批评——或许在最低程度上也包括艺术史——得以发展。

众所周知，法国艺术理论的一个独特之处，体现为它在艺术领域制定理论概念的方式上。❶ 不管是绘画或是诗体悲剧，理论分析其实就是源自经验的思考，也就是说理论分析与艺术实践不可分离，艺术实践既为理论分析奠定基础，又为理论分析提供证据；艺术实践对艺术话语合法化作出的即使不是唯一的判决，也会是终审判决。正因为如此，高乃依在他第一部阐述诗体悲剧的论文开头就特意说明，与他的前辈不同，他是在经历40年的戏剧创作生涯后写论文的；❷ 费利比安坚持将自己的思考归功于普桑，因为他长期在画室看着普桑工作。❸ 罗热·德·毕尔则用虚构故事的方式表明，唯有画家能教给我们绘画的知识和画作的鉴赏准则。❹ 而皇家绘画与雕塑学院的讲座无疑最能说明问题。在该学院一场接一场的讲座中，画家和雕塑家以作品分析和自己的艺术经验为基础，发展了前所未有的广博精深的理论思考。这种思考，毋宁说这种种思考——因为这思考是多种多样的——是艺术家的思考，就像1883年布吕乃基耶为这一系列讲座的发表而专门撰写的文章❺中提到的那样，这意味着，这些思考绝不被当做先验的真理提出来，人们只需要像相信教条一样相信这些真理就行，而是被表述为不带偏见地考查得出的结

---

❶ 雅克琳娜·利希敦士登："从绘画的理念到画作的分析，艺术理论的主要变迁"，载克里斯蒂安·米歇尔和斯蒂芬·热尔梅尔（目录），《艺术理论在法国的诞生》（会议记录），载《美学期刊》第31~32期（1997年）。

❷ 皮埃尔·高乃依：《论诗体悲剧的功用及其各组成部分》，1660年。

❸ 安德烈·费利比安：《对话录》第一、二卷，（巴黎）热内·戴莫里斯出版社1987年版，第83~84页。

❹ 罗热·德·毕尔：《有关绘画知识与我们应该对画作做出的判断的谈话》1677年。

❺ 费尔迪南·布吕乃基耶："十八世纪法国的艺术批评"，载《两世界杂志》1883年第58册，第207~220页。

论、结果。❶

理论与实践之间的这种特殊关系是作为艺术家理论的 17 世纪艺术理论所特有的，或者至少可以说这种理论总是要仰仗艺术和艺术家的威望，出现于 18 世纪的三种话语制度直截了当加以质疑的正是这种特殊的关系。

与艺术理论家不同，艺术哲学家、艺术批评家、艺术史家其实都不会以任何艺术实践的名义发言。他们的话语不同程度地都暗含着外在于艺术实践的立场。艺术批评需要这种立场，好像它在一定意义上是艺术批评活动本身的一个条件似的。拉丰特·德·圣—耶纳的《关于法国绘画现状几点原因的思考》被普遍视为艺术批评的出生证，作者认为有必要在著作开头就向读者指出，他是一个"公正无私的旁观者"，虽然鉴赏画作却从来没有拿过画笔。20 年以后，狄德罗在《1767 年的沙龙》中同样写道，"我既不是艺术家，也不是业余艺术家"❷，旗帜鲜明地表明自己与学院派批评家的不同。难道不是这同一位狄德罗多次向他的朋友坦承，很遗憾自己不是艺术家？就像他在《1763 年的沙龙》里写的那样，"如果作为艺术家只需要深切感受自然与艺术的美好，怀揣一颗温柔的心，在最轻柔的微风中捕捉到飘动的灵魂，生来就为所见所闻的美好事物迷醉、激动、感到无上的幸福，那么我将拥抱你们，我将搂着卢戴尔布格（菲利普—捷克·德·卢戴尔布格，1740～1812，著名欧洲风景画大师，19 世纪《全景图》的先驱者——译者注）和格勒兹的脖子，大声叫道：朋友们，son pittor anch'io（意大利语：我也是画家——译者注）"❸。狄德罗既是作家又是批评家，开创了批评这样的文学体

---

❶ 1667 年 3 月 26 日，有关讲座次序的计划书中如此明确提到："在征集、讨论各方所有意见之后，学院公布决定以及人们被迫相信的各种权威意见时还应该附上理由，而不是不作任何说明，因为这些事情都是可以讨论的。如果有人与学院决定意见相左，哪怕这人是学院的人，那么他也是不会去听讲座的，除非他能找到理由、解释甚至是中肯的答案来回答他心中的异议。"关于这一问题，参见雅克琳娜·利希敦士登和克里斯蒂安·米歇尔：《王家绘画与雕塑学院讲座集》，第一卷第一册，巴黎：导言。

❷ 德尼斯·狄德罗：《1767 年的沙龙》。

❸《1763 年的沙龙》，前引书目，第十三册，第 385 页。

裁，他作为批评家的立场至少是模棱两可的。作为批评家，虽然既不是画家也不是雕塑家，他却要求有权利谈论绘画和雕塑；而作为作家，他却不断地证明，他可以用文学形式传达他所陌生的艺术实践的魔力，从而在自己的领域与艺术家一决高下。这就是为什么艺术批评家的立场往往不完全外在于艺术活动。艺术批评家通常与艺术家保持友好关系，他不仅与艺术家属于同一个世界，他本人就是19世纪广泛意义上的艺术家，❶那就是了解一切"文艺创作"活动所固有的困难的人，即使这项活动不像绘画和雕塑那样可能会遭遇物质方面的阻力。

艺术史家也不完全外在于艺术实践，虽然在这方面他无疑比作家兼艺术批评家更甚。艺术史家与古代艺术品的关系当然不同于艺术家，因为这时期的艺术家总是要有模仿古代艺术品的经历，这是一项既创作又复制的活动，属于艺术实践的范畴而不是简单的观察或凝视。但是古代艺术史家博学的眼光不仅限于理论，他对艺术品的了解依然来源于一定的艺术实践。温克尔曼既绘画又雕塑，就像盖勒斯给业余艺术家的建议那样，"临摹各种类型的作品，制图、上色时模仿自然，最后是执行这门美好艺术的每一个程序"❷，因为在盖勒斯看来，要了解、热爱艺术，这样的艺术实践很有必要。

尽管艺术批评家和艺术史家不承认任何艺术实践的合理性，他们的话语仍然属于艺术领域，仍然依赖艺术经验和艺术知识。

哲学家则不同，他的美学话语完全在艺术世界以外得到阐发。在三大新人物中，唯有他采取彻底外在性立场，同时外在于艺术世界、外在于艺术史、外在于艺术理论史。但有必要指出，这三重外在性立场不完全是鲍姆加登想要赋予美学的立场，更确切地说是与康德对美学立场的要求相符。鲍姆加登的美学建立在形而上学的基础上，在此意义上，他的美学是一种哲学美学，但他想要他的美学同时成为最传统意义上的诗学（亚里士多德意义上的诗学。——译者注）。尽管鲍姆加登没有提出

---

❶ 17~18世纪，"艺术家"一词不用在作家身上。
❷ 盖勒斯：《论业余艺术家》，1748年9月7日。

明确的方法，但是他想要维系美学与诗学传统，或者更广泛地讲，与艺术思考传统的联系。康德完全打断这种联系，批评这位"杰出分析员"❶的行为徒劳无益。这种与各方面彻底决裂的举动标志着美学作为哲学学科的第二次诞生，事实上是真正的诞生；❷这门学科的对象不再像鲍姆加登规定的那样是确定什么是美，也不是给美下定义，而是对审美批判的可能性条件进行分析，康德由此甚至肯定了审美批判的自主性。实际上，审美批判是自主的这个观点使任何想要建立与艺术理论相关联的美学理论的尝试无功而返。有些人想把一切评价，或者使用时下的话来说，一切鉴赏力批判都置于杜·博斯所谓的内行人即画家的审查之下，面对这些人的敦促，批评要求自主，审美批判是独立的观点也从哲学角度解释了这种要求。

  艺术家丧失了直到那时在艺术思考领域独享的垄断地位，杜·博斯大概是最早对此进行理论思考的人之一。他于1719年出版的《对诗歌与绘画的批评思考》获得巨大成功，❸表明这部书的确发挥了广泛的影响。伏尔泰评价这部书是"人们写过的同题材的书中最有用的一本"，他还说了如下溢美之词："然而他不懂音乐，从没有作过诗，没有画过一幅画；但是他博览群书、见多识广、经常思考。"因此，拉丰特·德·圣—耶纳和狄德罗要求的权利，伏尔泰也为杜·博斯争取了：不是艺术家，甚至不是业余艺术家，却能对艺术进行思考，不是诗人却能讨论诗歌，不是音乐家却能讨论音乐，不是画家却能讨论绘画，也就是说，仅仅借助他作为读者、听众、观众的经验进行批评。我们清楚，这种外在性立场在不同程度上是研究艺术的新话语制度的组成部分，伏尔泰比我们更巧妙地描绘了这种立场的特征：这种立场就是旁观者占据的位置，即几十年以后哲学称之为美学的艺术研究视角。这种位置也是杜·博斯的位置，杜·博斯长期以来著书立说加以描绘、分析，努力使

---

 ❶ 盖勒斯：《论业余艺术家》，1748年9月7日。
 ❷ 多亏康德，或者更确切地说，因为康德，历史记载了鲍姆加登发明美学一词、开创美学学科的事迹，但是他的计划通常不为人知，无论如何没有留下蛛丝马迹！
 ❸ 仅在18世纪，这本书在法国国内外就有17个版本。

之合法化，经常将它与艺术家的艺术视角对比，指责后者总是实践家的视角：“画家与诗人像重视原创那样重视仿品，而其他人只把它们看作有趣的物体。”❶

正是因为这些"其他人"只将诗歌和画幅看做有趣的物体，也就是说毫不关注生产这些作品的活动，而只关注这些作品产生的效果，所以他们比"内行人"❷鉴赏得更好，后者"总是事先对他们的艺术活动的某个部分存有好感"，因此他们的鉴赏绝不可能真正公正无私。就像杜·博斯继17世纪的作家和理论家之后肯定的那样，艺术的目的在于取悦、打动人心，一部艺术作品的完善——今天称之为成功——必然根据它产生的效果来衡量。因此，即使公众的看法与内行人相左，公众总是有理的，因为他仅仅根据自己的情感来鉴赏艺术作品："公众不仅毫无私心地鉴赏作品，而且鉴赏的方式总体合理，也就是以情感体验的方式、根据诗歌或者画幅给他的印象进行鉴赏。既然诗歌和绘画的第一个目的在于打动我们，那么诗歌和画幅只有能够打动我们、吸引我们时才算得上是好作品。一部打动人心的作品总体而言必定是出色的。"❸

但是，以愉悦和激动为论据带来的困难，杜·博斯完全意识到了。如果艺术的目的在于取悦，我们可否将愉悦看做确定一部作品价值的必要而且充分条件呢？一首歌或者一幅画令人愉悦，是否就能够让我们得出结论，判断该作品是出色的？

某些古代修辞学理论家很难满足于纯粹用效率来定义演讲术，也就是定义为说得好听的艺术，而坚持明确演讲术也是说得正确的艺术。杜·博斯遇到的困难与此性质相同。任何分析若是援引帕斯卡所谓的"效果的理由"，自然会遭遇这样的困难。没有具体说明也没有任何修改地提出"效果的理由"，难道不是基本上可以解释任何东西吗？愉悦作为论据需要什么样的具体说明、什么样的修改，才不会最终破坏辨别属

---

❶ 杜·博斯：《对诗歌与绘画的批评思考》，第二部分第25篇，1993年版，第290页。
❷ 我们注意到，杜·博斯所谓的内行人包括艺术理论家："我说的内行人一词不仅包括写作、绘画的人，还包括那些写文章评论诗歌和画作的人。"同上书，第289~290页。
❸ 杜·博斯，见前引书目，第2部分，第22场，第276页。

性与客体的可能性——也就是一切判断的可能性呢？

17世纪艺术理论家提出了解决这个困难的办法，即强调艺术产生的愉悦是独特的，也就是强调这样的事实：这种愉悦非常特殊，其性质与其他形式的愉悦有所区别。就像高乃依在他的《论诗体悲剧的功用》中开门见山说的那样：一部作品令人愉悦的事实不足以证明它就是出色的；这种愉悦还必须是艺术特有的愉悦。这位哲学家说："虽然亚里士多德认为诗歌的唯一目的在于取悦观众，而且大部分诗歌都取悦了他们，但是我得承认，在这些诗歌当中有很多都没有达到艺术目的。不应该指望这种类型的诗歌带给我们各种各样的愉悦，它带来的应该只是它特有的愉悦。为了寻求它特有的愉悦并传达给观众，应该遵循艺术的训条，根据法则来愉悦观众。"[1] 艺术的愉悦不是任意一种愉悦，因为艺术的愉悦不是随随便便就能产生的；它是根据法则创造出来的。就像布瓦洛在他的《诗艺》（《诗艺》是用诗体写成的）中写的："第一要诀是令人愉悦、打动人心，/望你发明些情节叫我入迷。"[2] 艺术的法则就是这样的"情节"，诗歌和绘画因此而能取悦、打动我们。它们是艺术在我们身上施加影响的"情节"，是使艺术达到其目的——也就是在我们身上引起特殊的愉悦，即艺术特有的愉悦——的方法。

杜·博斯提出的解决方法则不同。他要追问的不是艺术特有的愉悦的性质，而是能够从艺术中得到愉悦的观众的性质，换句话说，也就是明确应该赋予"公众"一词什么意义。问题不在于知道艺术如何——也就是采用什么手段——达到目的，而是知道哪些观众得到的愉悦足以证明艺术确实达到目的。

17世纪的理论家思考艺术愉悦的性质与作用，也就是思考愉悦和法则之间的关系，以便从中找到办法，走出对艺术下定义时遭遇的困境，而杜·博斯提出的方法则是从理论上制定公众这一概念。17世纪艺术理论家的文艺创作分析被杜·博斯代之以新型的思考，也就是从接受的

---

[1] 高乃依：《论诗体悲剧的功用及其各组成部分》，注释4。
[2] 尼古拉·布瓦洛：《诗艺》第三节，第25～26行诗句。

角度而不是仅仅从创作❶的角度来思考，这样的思考几十年后即被人们称为"美学"。

但是我们无法肯定杜·博斯已经成功解决了用效果对艺术下定义时遇到的全部困难，我们阅读第二部分第 22~26 场的讲座就可以看出这一点。只需列出这几场的标题，就可以让人对这种崭新的理论方法有所了解。

22. 公众一般都能很好地鉴赏诗歌和绘画——论我们身上认识作品价值的情感
23. 要了解诗句和画幅的价值，诉诸讨论，还不如诉诸情感
24. 对公众判断的牢靠性的反驳以及对该反驳的回应
25. 论内行人的判断
26. 公众的判断终将盖过职业艺术家的判断

第 22 场讲座最直接地探讨了我们提到的困难。

分析排山倒海般地进行，就像作者经常做的那样。

在阐述公众根据情感作出判断所以总是能够很好地判断之后，他开始指责那些相信讨论和分析有利于评判诗歌或者画幅的人："如果作品打动人心，让我们产生应有的印象，那么，比起批评家撰写的解释作品价值、计算作品优缺点的论文，情感能更好地教会我们评判。"❷

杜·博斯预料自己会受到批评，他于是自我反驳："这些类型的作品中有些美的价值是无知者无法感受到的。例如，一个人如果不知道法尔纳斯在联合罗马人反对他的父亲米特拉达梯五年之后又备受羞辱、被儒勒·恺撒夺去了王国，那么拉辛让米特拉达梯临终前说出的预言般诗句的美就不会让他无比震惊：'或早或晚，法尔纳斯终将丧命／要相信罗马人会给他报应。'无知者无法整体把握一首诗，因为他们只能理解局部的美。"❸（出自法国作家拉辛的悲剧作品《毒药》——译者注）

对于这个反驳，杜·博斯很快给出了第一个答复，也就是重新定义

---

❶ 我写"不仅仅是从创作的角度"，因为杜·博斯依然采取创作的角度。
❷ 杜·博斯：《对诗歌与绘画的批评思考》，1993 年版，第 276 页。
❸ 同上书，第 279 页。

"公众"一词，大大缩减该词的语义范畴："我请求读者不要忘记我接下来对这个异议的第一个答复，即我说的能够对诗歌和绘画发表见解——诸如判定它们有多出色——的公众不包含底层民众。这里的公众一词只包含那些通过阅读和社交得到启蒙的人。唯有他们能够定出诗歌和画幅的品级，尽管这些出色的作品中有些美是能够被底层民众感受、让他们不得不喜欢的。但是底层人民不了解同类型其他作品，也就不能够辨别让他流泪的诗歌有多出色，也不知道该把这首诗歌定为哪个品级。这里所谓的公众，也就限定为会阅读、了解戏剧，会欣赏或听人谈论画幅的人，或者是通过任何方式获得人们称之为比较鉴赏力的分辨能力的人。"

无知者能够感受，并且感受精准，但是他无法解释他的情感，无法解释为何喜欢这些作品，也无法确立作品的等级。他可以说他喜欢，但说不出为什么他喜欢，更说不出哪部作品更好因此比另一部作品更叫人喜欢；因为他没有这种只能通过社交或者艺术经验获得的"比较鉴赏力"。但这同时也意味着，无知者不需要通过比较来感受进而判断。换句话说，不管这种情感是谁感受到的，不管他是无知者还是属于有教养的公众，这种感情本身完全独立于鉴赏力。这种不基于任何比较、与鉴赏力判断相对而被人们称为情感判断的判断已经呈现出将由康德下定义的美学判断的所有特征。

杜·博斯在第一个答复中一开始就把无知者排除在外，而情感判断与鉴赏力判断之间的区分让他得以在第二时间重新引入这个无知者："不懂艺术的人真的无法追究一首蹩脚的诗歌令人厌烦的原因。他们尤其无法指出作品的缺陷。因此我不指望无知者能够明确指出画家或者诗人在哪方面有所缺失，更不指望他们提出修改错误的意见。但是，既然一部作品是为取悦、引发兴趣而创作的，我们也无法阻止无知者根据作品给他的印象来判断作者的创作是否成功，以及他在多大程度上获得了成功。所以，无知者能够说出作品究竟是好还是一文不值，甚至于他无法就自己的判断作出解释也是错误的。他可能会说，这个诗体悲剧作家无法让他哭泣，那个诗体喜剧作家无法让他发笑。他凝视一幅画作而拒

绝给予好评时，理由往往是他感受不到任何快乐。要想反驳类似的批评，只能靠作品本身了。"❶

无知者的视角得到承认、合法化是全新的事物，与17世纪理论家们的想法完全决裂。如果不是实验主义导致人们看待认知过程中感觉的角色、感性的身份的方式发生深刻变化，这种承认和合法化绝对是不可能的。从认识论的角度来看，无知者的形象所承担的功能与18世纪思想界非常珍视的另一个形象相似：天生盲人的形象；无知者的形象也用于阐明或者凸显另起炉灶的理念。在美学层面上，这个形象预告了不久以后康德的思考，在一定意义上预示了锻炼鉴赏力判断这一民主权利的理念，这一理念在当今社会已经变成一个原则，并且在用相同的论据论证无知者的权利和无知的权利时往往将二者混为一谈。杜·博斯身上当然不会有这样的混淆。他对无知者之判断的辩护是对情感有利的证据，但不是反对知识的证据。这种辩护的目标不在于将鉴赏力判断和认知判断区分开来，而在于强调一定要根据艺术作品产生的效果对其进行价值判断的观点。但是杜·博斯很清楚这样的论据可能会导致什么后果，他毫不犹豫地称之为"悖论"："可能会有人对我说：'什么！一个人越是对诗歌和绘画一窍不通，就越是能够正确合理地评判诗歌和画作！这是什么悖论啊！'"❷

表面看起来是矛盾，实际上体现了坚定不移的愿望，即将情感要求和鉴赏力要求协调一致的愿望；情感要求也就是即时的、纯粹主观的经验，鉴赏力要求，根据17世纪理论家的意思，也就是一种辨别能力，这种辨别能力杜·博斯称之为"比较鉴赏力"，以艺术经验为前提。但是，不管杜·博斯在对真正的观众下定义时设定了什么样的限制，可靠的判断总是不以任何实践才能为基础。内行人完全丧失了他们的特权。对艺术予以置评的再也不是他们，而是构成有教养的公众的观众。

---

❶ 杜·博斯：《对诗歌与绘画的批评思考》，1993年版，第24节，第289页。
❷ 同上书，第25节。

介于形而上学与本体论之间的美学

[法] 雅克·莫里佐* 文
张　弛** 方丽平*** 译

【内容提要】 本文主要讨论美学的学理定位，即美学本身既包含形而上学的内容，也包括本体论的内容。这是一个复杂的问题。米歇尔·梅耶对本体论的研究本身已经给予质疑。

【关键词】 形而上学　本体论　美学

有个流传甚广的老生常谈，说哲学只不过是在反复出现的相对选项之间的持续摇摆（比如现实主义对非现实主义、主观主义对客观主义，等等），而且充其量不过是围绕着一些难以摆脱的观点的一系列离题发挥。与此同时，当一个被长久弃置的主题或角度重新浮出，并有助于重塑一个学科的面貌时，却又每次都让人产生一种新颖感。这似乎就是在过去几十年里发生在美学领域的情况：本体论研究以一种学科传统不曾预示的方式，引人注目地重新涌现出来。所有像我这样在20世纪70年代开始美学研究的人，都经过形而上学不受欢迎的状况。包括哲学界在内，都曾弥漫着对它的不信任，有时候径直表现为坦率的敌视。我首先想到的不是受到维也纳小组启发的那些理论态度，也不是本体论神学批评，而是更为寻常、意识形态色彩强烈的立场。在形而上学里，它看到的是沉迷于不再流行的价值之中难以自拔的特别病症，认为无论其在过

---

* 雅克·莫里佐（Jacque Morigot），埃克斯—马赛大学美学教授。
** 张弛，广东外语外贸大学法语教授。
*** 方丽平，广东外语外贸大学法语副教授。

去如何合理，要继续传下去就应该受到谴责。占据前台的是那些"怀疑论大师"或"真相揭露者"，而期待于美学的唯一贡献就是在艺术领域里继续这场战斗。然而，仅仅在几十年之内——虽然与其他研究领域不同步，情形却发生了逆转。或者说，这次的情形是以前所未见的方式果断地重新揭示出来，即在研究者的视野里，是否要将作品本体论赋予艺术现代性。

一

尽管20世纪60~70年代的情形远非整齐划一，我却觉得这样来看也并非错谬：占据主流的是怀疑态度，拒绝一切被认为似乎要让美学附属于形而上学视野的观点。这种态度深深植根于艺术与哲学的总体关系里。但是，我只强调直接牵涉美学内容，最有影响的几个方面。概而观之，对形而上学的厌烦态度有三点值得回味。作为有解释力的因素，它们对于这个过渡、可疑的时期来说都是标志性的。

第一，普遍认为不容置疑的是，先锋派的冲击起了决定性作用，至少动摇了人们对于美学遗产的信心，而它直到那时都被视为理所当然。面对传统美学的说法，比如"美"，先锋派采取了挑衅的态度，对其肆意嘲弄（人们会联想到颓废派或达达主义者）。文化大厦将会给予他们以合法性，但他们却断然挖坏了它的根基，其实形而上学只不过构成了它的一个特殊方面。流行的信念是哲学代表了思想的王冠，但在这种情况下却产生了相反的结果，使其声名大损。

这似乎是很有说服力的理由？事实上，比较合适的做法是将其区分为既不相同又几乎对立的两个方面。从极端先锋派辩护者的角度来看，现代艺术表现了艺术进程中的决裂。这个观点伴随着一种反本质主义的立场，其直接体现就是定义艺术的观念发生了危机。直到此际，确实有关于艺术的定义之争，但是，这个术语是以可信的方式应用到对被选择对象的分类中去。就是说，如同丹托所推广的那样，有可能以例证为基础来讲授艺术。❶无论什么东西都可以被视为艺术，这样的观念从此占了上风。这并不等于反过来说艺术可以是一切东西，但毕竟趋向于肯定这样的观点：艺术的现实变得太混杂了，以至于古老的范畴已经过时，迫切需要呼唤其他观念。艺术家令人气馁的态度是一回事，理论家卑微的工作又是一回事。但这总是意味着考虑一种艺术形式的总体理论，使那些非经典的个案能够被整合进去，而且这一举措不包含反形而上学的先决条件。一场艺术革命并不要求与之相宜的哲学发明。它只是扩展了可达到的解决办法的范围，必要时还会改变参照系。20世纪80～90年代的概念艺术正是如此。美学从形而上学思考中借来的范畴遭到了悬置。遗憾的是，人们却只抓住了这一现象的消极方面。这是思想贫乏且目光短浅的结果，因为它常常流为描述性不可知论的展示平台。

另外，不应该忘记这个事实：在同一时期，艺术家屈服于极难理解的玄理奥义的诱惑。马列维奇（Malévitch）是乌斯本斯基（Ouspenski）著作的勤奋读者，康定斯基（Kandinsky）希望布拉瓦茨基夫人（Mme Blavatsky）主持的神智学协会（Société de Théosophie）有助于走出20世纪的"灵性暗夜"，蒙德里安（Mondrian）从其同胞肖恩马克（Schoenmakers）的《造型数学原理》（1916）一书中寻求灵感。受到数学家莫里斯·普林赛（Maurice Princet）的鼓励，杜尚与立体派执着于对第四维度的追求而被搞得晕头转向。这一切之所以发生，似乎是风格形式主义和对自己的艺术尝试进行理论化的雄心，助长了对一种"长久有效的哲学"（philosophia perennis）的补偿要求。他们的艺术设想是作为神秘领悟的方案，而不是作为观念化的工具。如果说对深奥的形而上学的抛弃，得到的结果却是天真地赞同其最令人生疑的副产品，人们不仅要问：这样做的正面收获在哪里？这是我的谨慎结论：合适的做法是，对于艺术在美学摆脱形而上学束缚的过程中所起的作用，不要做过高的估计；它更多的是一种模棱两可的后果或借口，而不是积极的手段。

---

❶ A. 丹托：《艺术终结之后》，瑟伊出版社1996年版，特别是第20页。（A. Danto, *Après la fin de l'art*, Éd. du Seuil, 1996, not. p. 20.）

第二，一个极为严肃的理由可能在人文科学的强力崛起现象中找得到。这主要是指结构主义运动和"法国理论"。面对理想美的自负，总是有一种受到实证主义启发的保留态度，而且反过来有一种对于"科学"实验的从属欲望。欧仁·维隆的《美学》（1878）❶ 就是有说服力的例证。它所宣示的更多是自然化的现存形式。结构主义所做的就是对严格的方法论的苛求。它着迷的是语言学，更进一步来说，是20世纪初期发生的语言学革命。在写于1945年的论述《结构分析》的著名文章里，列维—斯特劳斯毫不犹豫地写道："对于社会科学来说，音位学不能在扮演创新角色时缺席，这就好比原子物理学对于整体的精密科学所起的作用。"❷ 他的自信立足于摆脱了一切特殊内涵的方法类比。这使他能够在另一个现实之中重新发现同类型的现象。如果说列维—斯特劳斯给出了有关亲属关系或神话的一些著名例证，那么引人注目的是他在美学现象面前出人意料的保留态度。原因也许在于他对于人类学的一往情深和他对当代艺术的全无兴趣。无论如何，他对艺术的看法具有普遍意义，虽然在《神话学》里，音乐形式变成了哲学言说的独特建构方式。另一方面，对结构主义观念的生搬硬套产生了大量不知所云的文章。对于被审视的对象而言，这些文章缺乏任何建设性意义。

布尔迪厄把重要性赋予了"象征物的市场"和应用于艺术生产的领域逻辑。这同样有助于把"纯"美学的观念解构掉。他分析了两类例证：一类是福楼拜的文学美学——事实上，他对风格的痴迷与"职业化大艺术家"这类人物的出现不是没有关系；另一类是康德主义的哲学美学——康德哲学展开分析，它"不知道将个案普遍化，因此（造成）一种个别经验，位置和时间都确切的艺术作品，却又符合一切美感的超历

---

❶ E. 维隆：《美学》，弗林出版社2007年版，《艺术与哲学丛书》。（［E. Véron, *L'esthétique*, réédition Vrin, Essais d'art et de philosophie, 2007.）

❷ 克洛德·列维-斯特劳斯：《结构分析》，见《结构人类学》，普隆出版社1958年版，第39页。（Cl. Lévi-Strauss, 《*L'analyse structurale*》 dans Anthropologie structurale, Plon, 1958 ［cit. p. 39］.）

史规范"。❶ 在分析本质、幻想绝对时的那些观点，对于康德的意图来说是否中肯，人们可以有不同看法。但是，这并不解决这个问题：被指责为威胁艺术特性和审美愉悦的社会学分析，是否最有资格靠一己之力来承担所谓的"对理解之理解"。另一方面，结构主义时代把心理学边缘化了，而后者还只是处于认知革命的边缘。在美学领域，这一情形体现了这种特殊性：事实上存在一种完全不同的作者们都宣称的"艺术心理学"。一方面的代表人物是贡布里奇（E. H. Gombrich）。他是吉布森（Gibson）、格雷高里（Gregory）和科勒（Köhler）的朋友。对他来说，图画所表现的观念只有通过对感觉的分析才能恰当地予以说明。这使他成为当代有关描绘问题的先驱者。另一方面的代表人物是马尔罗（Malraux）。他构建了一个关于去情境化艺术形式的巨大梦想。在其中，心理学被参考，作为精神性的寓意——人类普遍价值的载体——之中介者。

　　第三，最后一方面直接关联于美学和哲学的关系。19世纪的主导倾向是断然排斥非美学的艺术理论，甚至到了悖论性地担当"艺术"之名的程度。故此，在黑格尔的《美学》里，他拒绝包括自然美的问题，因为只有精神产品才具备必要的尊严，能够有效适用美学的言说。艺术通向绝对精神（其最低程度如此），但相关联的是，根据吉拉尔·勒布伦（Gérard Lebrun）的说法，黑格尔艺术体系缩减成了一本"贴着美的祈祷书"。在黑格尔之前20年，谢林已经轻蔑地用"食谱或菜谱"来指称18世纪的美学论著。❷ 在我看来，"艺术哲学就是在艺术的力量下展示的普遍哲学"。它没有也不需要合乎规则的对象，因为美根本就不是感性的，其意图是表现宇宙本身。艺术是"绝对者的现实表现"。也就是说，它是以理想化的方式，对于神的属性所作的个别体现。❸ 它的真正

---

❶ 布尔迪厄：《艺术规则：文学场的生发及其结构》，瑟伊出版社1992年版，焦点丛书1998年再版，第188页及第466页。（P. Bourdieu, *Les règles de l'art. Genèse et structure du champ littéraire*, Éd. du Seuil, 1992, rééd. Points, 1998 [cit. p. 188 et 466].）

❷ [德] 谢林：《艺术哲学》，J. 米利翁出版社1999年版，第53页。（Schelling, *Philosophie de l'art*, Éd. J. Million, 1999 [cit. p. 53].）

❸ 同上书，第168页、第149页。

题材是神话（这一视角有谢林思想的现实延续），而艺术负责为其确定形式。显然，19世纪下半期德国唯心主义的"破产"，使那些曾经对一流创作者起过决定性影响的观念遭到贬损。以普鲁斯特为例，现在对《追忆逝水年华》作者的各种解读都强调符号学和叙事学的方面，而其本人的哲学关切在这种研究中几乎不起作用。在我看来，这种反美学传统传达的是一种内在历史和发展逻辑的观念。它抗拒现实性和原创性的风险，甚至理论名家也是如此，因为在格林堡（Greenberg）和丹托的著作里，几乎全是反对意见。结果，现代思想就纠结于难以和谐的两种倾向之间：一方面是越来越得到确认的焦虑，要把独特性强加给每一件作品，从中披露出特殊的意图，使其成为对存在的有意义挑战；另一方面是把作品归入一个框架的必要性，它全然超越作品，但作品的个性在很大程度上有赖于它。

根据我的判断，当我们着眼于形而上学与美学的相互影响时，会发现这两个学科之间的关系处于不确定状态。并不出人意料的是，那些决定性参数变成了作品的本体论特性的决定性因素。这些都是艺术本体论的探究材料，并不在于其个别内容，而在于它们的存在方式。询问一件艺术品是什么或者寓意什么，并不是阐释。这首先是将其归类，使其与其他对象产生关联或脱离关系。

二

美学上的本体论复兴表现为两个显著特征。（1）建构一种存在本体论的意愿。其目标是选择某一特定实体的有意义属性以及在人们试图认识其特性时呈现出的潜力之等级。这种意图不要求依靠一种形而上学体系，或者一种历史性命运。前者是叔本华式的——对他来说，对音乐的考察从属于这样的认识：意愿与康德的物自体同一。它也不自我局限于接替一种形式本体论来建立逻辑的或先验范畴的结构。它力求勾勒出一种平常类别对象的本体论特性。在这个意义上，罗杰·普伊维的说法是有道理的:"艺术作品本体论揭示的是应用本体论。"❶ 这并非由于它是从更广泛的理论之中推理出来,而是由于它调动了本体论资源,以服务于一上来就不一致的对象整体,因为"艺术品"这个术语以明显的方式反照极端混杂的现实。(2) 坚决的修正主义取向。确实,有一些作者使用描述性本体论,总的来说是在有限范围内(音乐以及有音乐形式的作品)。但是,近年来在美学领域里做本体论反思的大多数哲学家,对于人们面对作品时的常识或自发的直觉,毫不犹豫地保持了距离。他们优先考虑的不是给我们的自然信仰提供一个证明,而是要让最合适的——最有效或最经济的——解决办法占上风,以便考虑到这一领域——可能的话,是一个单元——的一个特性。下面,我将提出三个意见:一元论的报复、本体论基础的多样化以及柏拉图式现实主义的上升。

(一) 一元论的报复

我想,所有人都接受这种说法:常识自动地是二元论的。作品以相互对比的两种形式呈现,这被认为是自然的事情。(1) 那些具有数字特性,在有形物中体现出来的作品,比如固定在布料上的画、与一块大理石或铸材融为一体的雕塑,等等;(2) 那些具有生成特性的作品,其样品特质能够被人领会的结果具有偶然性,最常见的两个例子是需要表演的作品(音乐、戏剧等)以及经得起无限复制的作品(比如文学)。当然,两相混合或彼此相切的例子比比皆是。在某种程度上,艺术创造的合乎规则就是将其无限增多。

人们会注意到许多一流的理论家,比如沃海姆(Wollheim)或古德曼(Goodman),即使他们与常识的其他要点保持距离,但都接受这种二元论立场,因而在修正主义的决定面前也不退后。另一方面,投入本体论研究的大部分哲学家则加入了对一元论的辩护:一切艺术品,无论其形式如何,都源于独一的类别。但是哪一类别?作品构成的凌乱整体归结于什么极点:应该使作品都带上作者亲笔签名,也就是说使其个性

---

❶ R. 普伊维:《艺术作品本体论导论》,J. 尚本出版社 1999 年版,第 15 页。(R. Pouivet, *L'ontologie de l'uvre d'art*, *une introduction*, Éd. J. Chambon, 1999 [cit. p. 15].)

化，或者相反，把它们都抬高到一个正体的各种变体的程度？

乍一看来，似乎更容易去设想艺术品都具有标记（tokens）特性。无论如何，对一首奏鸣曲的每一种演奏，每一次都会产生既不同又独到的声音结果。这或者是由于演奏者的明确决定（对某一乐器、演奏速度的选择等），或者是由于特定条件的作用，比如演奏厅的音响效果或钢琴师的身体状态。然而，要从这一几乎没有争议的判断过渡到理论性判定，则会让人重新认为：关于作品的传统观点不再只是一个约定俗成的标签，用来把各种作品都归拢到一起，就像严格的唯名论者所主张的那样。在这种情况下，就很难说我们听过贝多芬的奏鸣曲《热情》，因为与乐谱一致的事实，使质的一切方面都抽象化了，而它们在聆听体验中占据了首要地位，更何况在没有即兴作品之时，演奏者拥有变奏的余地（比如在一首协奏曲中对某一节奏的选择）。也没有人接受这样的说法：阅读一本袖珍版图书——更不必说聆听一盘预先录制的磁带了——而不是经典的版本，我没有获得同一个作品。事实上，很容易肯定说，这些差异只影响那些构成文学现实的外在偶然属性（比如其"拼写"特点或实施特征），而那些具有限定性的价值（比如包含五幕、用 G 小调写成等）则不受影响。

因此，我们就被打发到交替出现的另一极：如果所有的作品都出于同类，它们就都是典型。那么，这次就应该证明，即使是各种图画也都受惠于一个变异的原型。其中，艾迪·泽迈克就发起挑战，赞同说所有的作品都是既具体又重复的。对于音乐或诗歌来说，这种状况是很平常的。在他看来，对于一个造型作品——可以在不止一个地方重新露面的具体物品——来说，情形更是如此，比如，一件复制或复印的物品。与人们可能趋向的想法相反，这绝不意味着所谓"作品"不再只是隐蔽思想的一个简单图解，更可能适当的做法是借鉴物质或物种，以修正具体事物的惯常主体论。从特性的抽象整体意义上来说，水或北极熊都不能被看作是普遍的。它们都是在多个地点，不同呈现的生物现实，但是涉及重复的同一物体,同一物种的一员。❶ 物种变化受制于自然选择法则。与此相似,对于艺术品而言,对其包容则受限于鉴定与阐释的规则(从何时起,一个变异成了另一个作品)。

为了详述他的观念,泽迈克借用了彼得·吉奇(Peter Geach)的"相对特性"提法。对于吉奇来说,公式"a = b"根本就不完整,因为它没有说明这个比较是透过什么样的视角进行的。实际上,有可能出现这样的情况:a 和 b 都与 F 相同,但都不同于 G。恰当的做法是:与 b 相较,a 与 F 或 G 相同。因此,泽迈克认为,一幅画的特性是相对的。一方面,它对于一个典型而言是相对的,因为只有当两个复制品在彼此相关的所有情境中都一致时,它们才是同一个作品。另一方面,对于作品目录来说它是相对的,因为"两个并非处处同一的物品,终究可能在某个时间或地点里同一,它们可以重叠。因此,油画 P 与画布 T 可能在此时此地是同一的,但在另一个时间(T 上面的颜料将会发黑)或另一个场合(P 被复制到另一块画布上),P 与 T 就不是同一的了"。❷ 因而,如果把绘画作品的鉴定标准缩减到对其物理承载体的判定(根据罗西里茨 [Rochlitz] 的说法),则一切理论都是误导,不能回答老化或修复这样的具体问题。要到制约我们与艺术的关系之美学背景里,首先是真实性被公认的重要性里,去寻找抵制前面说法的缘由。正是它激励我们相信:独特的艺术存在,它们阻止我们把所有艺术"例子数量增加的假设"(hypothèse de la multiplicité d'instances,在居里 [Currie] 的术语中缩写为 IMH)太当回事。泽迈克毫不犹豫地把那些偏爱原作而排斥能使人理解作品内容的复制品的人,定性为拜物教信徒。他建议说:"对每一幅画作的鉴定条件都有赖于使其审美有效的因素。这就是为什么其中不能有没有评价的鉴定。"❸ 这个结论值得强调,因为它表明:与表面现象相反,美学与本体论之间的关联要比它与符号学或社会学的关联更加

---

    ❶ [英] E. 泽迈克:"绘画是怎样的?",载《英国美学杂志》1989 年第 29 期,尤其是第 69 页。(E. Zemach, *How Paintings Are*, British Journal of Aesthetics, 29, 1989, not. p. 69.)
    ❷ 同上书,第 66 页。
    ❸ 同上书,第 68 页。

密切。

(二) 本体论基础的多样化

即便作品都是典型，无论它们表现什么，终究还是不能解决这个问题：能够最好地担负起本体论基础是哪一个？三种答案都曾被人支持：物质的、心智的（mentale）和事件的（événementielle）基础。

早在 1900 年，克罗齐就提倡一种心智主义本体论。他认为艺术品的现实不在于物理的或感官的物质性，而在于主导艺术品创作的精神状态，它还可能在接受者的精神里面重新活跃起来。1938 年，柯林伍德为这种主张赋予了经典形式。他的支持意见是："严格意义上的作品不是被看到、听到的某个事物，而是被想象的某个事物。"❶ 他的理论是对几个简单观点的衔接：关于意向性事物——虽然没有时空定位，但在艺术家与观赏者的精神之间担负起通道的作用；关于表现（expression）作为意识生活所固有的（艺术家为那些体现在不可分割的独有经验中的情绪赋予形式，比如画与看），尤其是即使在极为普通的水平，也构成主要官能的想象（柯林伍德写道：当人不刻意自欺时，一切的发生就好像是"我们每一个人所讲的每句话、所做的每个姿势都是一件艺术品"❷）。但是，在赋予想象物以存在的推动力之人消失之后，当另一个人体验它时，它是否有能力幸存下来并保持其特性？

相反，泽迈克选择了一种物质的但开放和渐进的本体论。世界是一个由许多事物构成的整体。它们在本体论意义上是不确定的，在某种程度上相互重叠。某些事物是模糊的，这并非以绝对的方式体现出来，而是因为它们可以涵盖其他事物。故此，"'马'就比'白马'涵盖（overlaps）了更多的事物。'马'含有不是白色的状况，而'白马'却不能。因此，'白马'寓于（nested）'马'之中"。❸ 泽迈克提供了一个绝佳

---

❶ [英] R. G. 柯林伍德：《艺术原理》，牛津大学出版社 1958 年版，第 142 页。(R. G. Collingwood, *The Principles of Art*, Oxford University Press, 1958[cit. p. 142].)

❷ [英] R. G. 柯林伍德：《艺术原理》，牛津大学出版社 1958 年版，第 285 页。(R. G. Collingwood, *The Principles of Art*, Oxford University Press, 1958 [cit. p. 285].)

❸ [英] E. 泽迈克：《类型——形而上学随笔集》，E. J. 布里尔出版社 1992 年版。(E. Zemach, *Types. Essays in Metaphysics*, E. J. Brill, 1992, p. 2.)

的音乐例证,在其中演奏复归于详细说明:"最被限定的事物寓于最模糊的事物之中。只有当一个事物寓于另一个事物之中时,它才是对后者的阐释:对巴赫的《尊主颂》(*Magnificat*)每一个演奏都是这首乐曲的一种实例,(因为)存在着与之不同的其他实例。"❶ 这位以色列哲学家运用了一种精妙的理论,它返照的是一种"实体(substance)哲学",即一种将一切断言都抽象化的考虑。本体论的获胜并非同样明显地伴随着一种美学的获胜,因为它所导向的美学属性的现实主义,在其他理论中能够以更自然的方式自我表达出来。

剩下的选项就是被格里高利·居里辩护的事件基础论(1989)。❷ 2004年,大卫·戴维斯在这一理论的新版本中放弃了对典型的参照。❸ 他为这样的观点辩护:作品被理解就如同一个行动,而不是简单地像是一个行动的结果。它造成的是真假对错之外的第三种可能性。作品是一种特别的动作艺术,它只是在使其得到表现的事件中拥有本质。比如,在音乐上,乐队按照规划以启动事件性典型"演奏声音结构 S"。这之所以成为可能,是因为作曲家已经预先按照规划启动了事件性典型"通过探索性的 H 来选择 S",也就是说他自置于一个背景之中,使这种结构成为一个对他的艺术设想来说恰切的提案。如果说居里所要求的好处是呼唤一个大家都熟悉的本体论范畴,即行动范畴,人们却相反,使其变成了一种对创造者和接受者来说都相当难以理解的方式。对背景依赖性的强调,使我们有可能超越美学经验主义的诸种局限。面对沃尔顿风格作品(如《格尔尼卡》等)❹ 的模态论证时,美学经验主义的描述主义导向几乎给不出答案,而是像泽迈克那样,对评价的使用不是以有结

---

❶ [英] E. 泽迈克:《类型——形而上学随笔集》,E. J. 布里尔出版社 1992 年版。(E. Zemach, *Types. Essays in Metaphysics*, E. J. Brill, 1992, p. 3.)

❷ [英] G. 居里:《一种艺术本体论》,麦克米伦出版社 1989 年版。(G. Currie, *An Ontology of Art*, Macmillan Press, 1989.)

❸ [英] D. 戴维斯:《作为表演的艺术》,布兰克威尔出版社,2004 年版。(D. Davies, *Art as Performance*, Blackwell, 2004.)

❹ [英] K. 沃尔顿:《艺术的范畴》,见 G. 热奈特主编:《焦点丛书·美学与诗学》,瑟伊出版社 1992 年版。(K. Walton, *Catégories de l'art* dans G. Genette [éd.], *Esthétique et poétique*, Points Seuil, 1992.)

构的方式展现的。与此对照,戴维斯的"鉴赏场所"(foyer d'appréciation)观念显得更具有操作性,因为它被定义为从"被分享的理解之形式"出发的行为(doing)。这更好地考虑到了一种集体建构的方案。

(三)结构现实主义或美学柏拉图主义

本体论的最后一个成就,表现为一种极端现实主义的强力回归,因为它无关乎美学属性的特性,而在于作品本身的现实性。这种结构现实主义自我赋予了一个形式的基础,作品如同结构,而阐释者则像是一个永恒、纯粹和不变的客体,即柏拉图意义上的形式。一个现实主义数学家会把数字视为非物质的实体,其属性独立于人类精神之外,即使人对之毫无察觉也仍然存在。同理,为这种形式的现实主义辩护的美学家,如基维(Kivy)、沃特斯托夫(Wolterstorff)、J. 多德(J. Dodd),都支持说作品"既不来到存在也不能来到存在,既不灭亡也不能灭亡"[1]。它们是非时间性的,是不能被定位的,也脱离一切的物理变化:即使总谱消失了,也不等于音乐作品被毁灭了,而是我们不再有任何手段来进入与它的联系之中;它完全就像是一个我们失去了联络地址的人。它是这种情形:我们知道题目却不了解内容,它只是同样多的纯粹"可能"(possibilia),因为存在无数的作品,事实上也就有同样无数可以想象的结构。

这种柏拉图式或结构式理论表现了周而复始的多种异议。第一种反对意见是:如果作品是普遍性的,它就不能拥有任何实在的或知觉的属性,其结果是我们既不能看它,也不能听它。说我们不能感知一个数字无伤大雅,说我们不能感知一个艺术作品则似乎让人绝难接受!我们在音乐会上听声音,在画布上看颜色,这似乎并非幻觉或对作品不着边际。根据艺术作品与自然物种在分享类型与样本之间的指陈时的相似性,沃特斯托夫给出的答案无疑是最有说服力的。我们这样说恐怕没有

---

[1] [英]基维:《重复的美术》,剑桥大学出版社1973年版,第67页。(P. Kivy, *The Fine Art of Repetition*, Cambridge University Press, 1993, p. 67.)

人会感到惊讶：美洲大褐熊会发出咕噜声，那么，只有这一物种的成员能够如此发声并且表现出这一物种的特点。同样，作品与对它的各种演奏也分享可定义价值的品质（以 D 大调演奏、有三个乐章、只使用弦乐器或木乐器，等等），而其他则只是一场演奏所特有的（由某个乐团在某个日子演奏等）。在沃特斯托夫的语汇里，作品是一个标准化的种类。如此说来，某些实例是正确的因而是合法的，其他则不是（比如采用了一个不合适的速度或者以非有意的方式取得了结果）。因此，通过对其令人信服的实现，我听到了音乐作品。

另一种在美学上令人不舒服的反对意见是：结构现实主义与创造的观念不相兼容。要去思考说数字是被发现的，对大多数人几乎没有什么困难，即使是在不易理解的超级复杂数字的情形中，比如哈密顿（W. R. Hamilton，1805～1865）的四元数或凯莱（Arthur Cayley，1821～1895）的八元数。相反，认为歌剧或水彩画永远等待着一个有才智的人来挑选它们，这样的观点是极可争论的；认为即使莫扎特从来没有创作过《女人心》(Cosi fan tutte)，它也存在，这样的观点实在是怪诞的。沃特斯托夫断言道："作曲不是将存在赋予我们正在写作的；它是使某种事物成为作品的行动。"❶ 被写出来的不是一个作品而是一个标记（token），它分享作品的许多特点。但是，这样具体能够说什么呢？如果我们说作曲家拥有主动性来选择一个调性（比如 D 大调）或一个顺序（比如《特里斯坦与伊瑟》的和弦），他不应该做这样的选择而自己没有成为作品本身的一个所有物。这就回到了承认说，在这一点上，在发现与创造之间没有大的区别。归根结底，斯克鲁顿指出："种类的历史是其实例的历史。对于生态学家来说，这将是一个拙劣的安慰：知道老虎永恒存在，因而无须做任何事情来确保其幸存。很简单，类型的永恒自然在于这个事实：作为类型来被考虑，那些临时的决定并不与之相干。这并不牵涉它先于其第一次出现，因为只有透过其多次出现，它

---

❶ [英] N. 沃特斯托夫：《艺术作品及其世界》，克拉伦登出版社 1980 年版，第 89 页。(N. Wolterstorff, *Works and Worlds of Art*, Clarenden Press, 1980, p. 89.)

才能先于或承袭某个事物。"[1] 这促使将基于结构性复件（皮埃尔·梅纳尔类型）的争论之意义相对化了，然而，是否应该走到抛弃现实主义导向的地步？

　　J. 列文森提出了一个折中的术语，一个适度的现实主义理论。它保留了这个观点：作曲家对乐曲的意义施加一种指示行动，在其中设定了游戏规则：演奏肖邦的《玛祖卡》作品第 17 号第四首，要从 F 大调的变音和弦开始，然后跟随总谱上所做的其他所有标记。[2] 与纯粹的结构不同，被指定的结构是混杂的存在物，半抽象半具体，因为它们与最个人化、最情境化要求的多方面结构性因素融为一体（对乐器的使用，比如在钢琴发明之前，"槌子键琴"奏鸣曲是不可能被构思出来的）。类型本身是入门，也就是说它可以在历史上的特定时刻出现，接着对于以后的时期产生影响。为了理解在作为主导行动的创造（使……涌现出来，即拉丁文的"ex nihilo"）的与简单的创造性（使独创性得以证明）之间的中介层面，他提议使用"可创造性"（créatibilité）这个术语，意即在完全沉湎于历史——它将种种限制强加给我们，也提供了余地使我们得到自由——的情况下，我们能够创造。[3] 在与日常美学经验相似的意义上，我们走了一大步，但却是以本体论对象的发明为代价，从多方面看其可靠性依然是相当成问题的。

---

[1] R. 斯克鲁顿：《音乐美学》，牛津大学出版社 1999 年版，第 114 页。(R. Scruton, *The Aesthetics of Music*, Oxford University Press, 1999, p. 114.)

[2] J. 列文森：《在哪些方面音乐与文学作品是被指定的结构？》，见 J. 莫里佐与 R. 普伊维主编：《美学与艺术哲学辞典》，阿尔芒·科林出版社 2007 年版，第 416~419 页。(J. Levinson, En quoi les uvres musicales et littéraires sont-elles des structures indiquées, dans J. Morizot et R. Pouivet (éds), *Dictionnaire d'esthétique et de philosophie de l'art*, Armand Colin, 2007, pp. 416 – 419.)

[3] 有人为文学给出了一个平行的答案，见阿米·托马逊：《小说与形而上学》，剑桥大学出版社 2008 年版。(Amie Thomasson, *Fiction and Metaphysics*, Cambridge University Press, 2008.)

三

如何思考本体论在美学领域中地位的这种突然提升？我们能够至少被保证说本体论游戏值得蹿升？它是一项惬意的智识性消遣、一个业余爱好者寻求展示概念的精湛技巧的游戏，或者是表现了深层次某种最根本东西的运动迹象？在这里，它无关乎把本体论作为一个学科来评价，被评价的毋宁是其针对性或其在某个特定领域里的贡献。如果我们对一个相当普通的方式——比如风格——提出询问，本体论可以提供什么？我们在两个相反的答案之间摇摆，其中一个是积极乐观的，另一个则是谨慎的甚至有保留的。

积极的答案断言说："本体论在最近的突飞猛进，与人们良好的健康状况以及对知识与学问的热情之爆发有关。"[1] 鉴于艺术作品是人工制品和社会性物品，即使是从其中最迷人的作品的数目而言，也使人会非常自然地认为本体论考察将带来可能是富有成果的启发。在艺术领域，它的好处至少表现让人在大范围来考虑各种可能性，而常识则停留在被黏滞于最熟悉的境遇之中，并且寻求在习惯中得到坚固。在一种最认识论的意义上，它也有助于阐明各种理论的前提及其要求联结的类型。与那些在日常生活中遇见的情形相反，美学的对象常常是本质上更加复杂或更难以理解的。因此，对它们的重视，总的来说，对于对象可能是富有成果的。再者，并不罕见的是，艺术本体论的辩护者们认为其真正的益处不只在于结果的针对性，毋宁在于这个事实：美学变成哲学的实验室，就像微观物理学的对象可以是巴什拉尔（Bachelard）或德斯巴亚（Bernard d'Espagnat）的认识论对象那样。古德曼以同样的态度来为象征化作辩护。反过来看，这种观念很容易使人屈服于一种本体论的陶醉，在一种极诡辩之能事的理论建构中看到一个自我满足的目的。更加

---

[1] F. 奈夫：《面向非哲学家（及哲学家）的本体论短论》，伽利马出版社2009年版，第33页。(F. Nef, *Traité d'ontologie pour les non-philosophes* [*et les philosophes*], Folio-essais, Gallimard, 2009, p. 33.)

诱人的是，当代艺术充斥着悖论的对象，其逻辑在于制造出与已知范畴相抵触的事物。我们甚至可以想到，众多作品的艺术兴趣接近于零，但其本体论兴趣却不可估量。剩下来的是弄明白，认为艺术的角色就是服务于本体论实验的想法是否令人满意。这是"普伊维原理"中可能包含的教训：不要从有问题的个案出发，不要看重例外，也不要自我局限于一个特别的（ad hoc）子集，无论其如何使人感兴趣。[1]

有保留的答案在于逻辑性地让人注意：艺术本体论对艺术中一切不是美学的东西都感兴趣。它指责人们常常求教于历史学家或心理学家，而这两类人的兴趣在于形象所带来的大量信息，并不关心它是名家杰作还是无名小画。在哲学里，阿隆·利德勒是最清楚地表述了这种保留态度的人之一。他说："如果我们从事美学研究，本体论问题最多只占据次要位置。"[2] 因为对于经验的品质和作品的价值来说，它们是无关紧要的。这并不导致本体论研究被大规模贬值的结果，它毋宁是一种有选择的态度，在不同记录或层次之间寻求取舍。因此，罗杰·普伊维将其对摇滚乐的分析，完全建立在音乐本体论突变的存在之上；与此同时，他又很严厉地批评这样的提议：制造越来越普遍化的理论，以不断涵盖与此前的那些理论不相符合的例子。本体论所发生的现象，也曾在几十年前寻求艺术定义时发生过：把不可预料的创新置入艺术实践的连续性之中的一种绝望企图。在本体论里，这种做法未必就更有说服力。

这些人为构想的一揽子理论想要消化可能出现的一切形式的反例。要从中作出选择，肯定在于选取描写主义的视角。它有最适度的雄心来包容某一类作品的特殊性，比如大众艺术、即席创作或数字化图像。它可以把对不变事物的寻求与对差异的关注联合起来。这会导致伴随着艺术创造性的观念更新。在这一方案中，没有什么来替代本体论研究角

---

[1] 魁北克哲学协会编辑：《哲学的》第 32 卷第 1 期（2005 年），在关于 D. 戴维斯著作的精彩档案中，尤其是第 215 页。（*Philosophiques*, vol. 32/ n°1, 2005, Société de philosophie du Québec, dans l'excellent dossier relatif à l'ouvrage de D. Davies [not. p. 215].）

[2] A. 利德勒：《音乐哲学》，爱丁堡大学出版社 2004 年版，第 114 页。（A. Ridley, *The Philosophy of Music*, Edinburgh University Press, 2004, p. 114.）

度——它提供了既严格又灵活的盔甲。这就是为什么应该为它辩护：既是为了方法，也是为了其美学暗示，因为这样局部化的理论同样适合于一种"应用美学"的实验前景。我从中看到了这种可能性：使对作品的理解与评价的构成参数屈服于规定，并研究从每一个变奏中引出来的后果。相对于伦理学而言，这一类型的分析在美学中甚至更容易实施，而且可以提供比社会心理学的评估可能更有说服力的结果。如果说本体论与实验可能没有共同的边界，那么至少存在一些区域，在其中分析带着一种关涉两者的含义。一些具体的问题，比如建筑物的修复、黑白电影的上色、设计图的地位或者一部戏剧的几个舞台演出版本之间可接受的变化之余地，都以不可分割的方式提出问题，它们关联的是作品的同一性及其个人或社会的接受。在这些地方，本体论的提问与实践的情况不停地相互作用，最终实践来确定实际的效果。

　　最后一点，即使我毫无困难地承认本体论的诸多优点，而一旦将它相对化到那些明确划定界限的部门之中，我无论如何还是认为等待美学的大挑战在于归化（naturalisation）问题。眼下，神经美学似乎还没有产生什么决定性的东西。与此相反，达尔文化美学的视角在短期内更让人对其寄予希望。这种迂回让人看到了本体论与进化论产生交叉的可能性，然而几乎一切都还没有展开。如果可能的话，要避免两种反复出现的危险：一种是我们弃置一旁并且错误地忽视了的东西，另一种是那些被夸大了重要性并激增了无价值讨论的东西。

娱乐理论与悲剧思想
——巴洛克与启蒙时代之间的新伊壁鸠鲁美学元素[*]

[法] 让－夏尔·达尔蒙[**] 文
史文心[***] 译

【内容提要】 圣—埃弗尔蒙并非正统的新伊壁鸠鲁主义学者，但他的思想在 17 世纪下半叶的艺术批评中具有独特意义。本文从他对拉辛《亚历山大大帝》一剧的批评入手，探索其思想中美学、道德、政治层面的复杂考量，挖掘其中的新伊壁鸠鲁主义特质，并试图勾勒出他对杜博斯美学思想的影响以及同尼采悲剧理论的遥相呼应。

【关键词】 新伊壁鸠鲁主义　悲剧　亚历山大大帝　净化说

如果论及 17 世纪下半叶的文学创作和美学思考中愈来愈强烈的伊壁鸠鲁主义影响，就必须意识到其中的悖论：一切已知的哲学流派之中，罕有某个流派如同"正统"的伊壁鸠鲁学派一般，指责诗人皆致力

---

[*] 本文法文标题为 "Théorie du divertissement et pensée de la tragédie: éléments d'esthétique néoépicurienne entre Age Baroque et Lumières"。

[**] 让－夏尔·达尔蒙（Jeans-Charles Darmon），巴黎法国高等师范学校教授。

[***] 史文心，北京外国语大学法语系学士，欧盟 Eramus Mundus 人文学科硕士。

于培养欲望和激情，故而引发对于虚构诗歌的强烈疑虑。❶

相比其他作者，圣—埃弗尔蒙（Saint-Évremond）❷ 在伊壁鸠鲁学派内部开辟了歧路偏途，尤以娱乐思想著称：他为娱乐辩护，认为必须"出离自我"才能充分地表达可能的自我；在他的娱乐思想之中，想象甚至其"谬误"和幻觉，皆有着人类学上的优先意义。圣—埃弗尔蒙帮助我们认识到，伊壁鸠鲁主义的某些异端形态，可以或切近或遥远地参与对于审美愉悦的分析，令其精纯而多样。审美的愉悦与烦闷的体验，二者有何关联？对于我们的想象力而言，为何某些作品比其他作品不但更能娱乐解闷，也更富于趣味和激情？

题为《论古代与现代悲剧》（*Sur la Tragédie antique et moderne*）的论

---

❶ 马塞尔·孔齐（Marcel Conche, 1922~）提醒我们，伊壁鸠鲁主义虽然传统上将"审美欲望（我们理解为：同美带来的愉悦相关的欲望）"列入自然的、非必需的欲望，但它并不一成不变地谴责诗歌，仅是谴责某些类型的诗歌所产生的某些类型的激情而已——在这一点上，荷马和卢克莱修之间的对立可谓范例："伊壁鸠鲁主义者对荷马的诗歌抱有敌意，将其比作塞壬，靠近之时，应当如同奥德修斯的随从一般，堵起耳朵，满帆驶过（Plut.：163 Us.；cf. 229 Us.）。类如荷马所作的诗歌是堕落的学堂：首先因为其中欺诈的神话，其次在于它以诱人的方式描绘人类的激情……诗歌并不因其自身而受到斥责：只要它不歌颂谬误，不展现激情的诱人方面便可。某些伊壁鸠鲁主义者亦是诗人……普鲁塔克曾说，伊壁鸠鲁'向我们展现了一位喜爱演出、并在音乐排演和大酒神节的戏剧表演之中与其他人同样地欣喜的哲人'（20 Us.），而第欧根尼（X，120）则'在演出中享有胜过他人的愉悦'。"参见马塞尔·孔齐：《伊壁鸠鲁书信与箴言》（*Lettres et Maximes d'Épicure*）"前言"，Presse universitaires de France 出版，Épiméthée 丛书，第 67 页。德·库图尔（Jacques Parrain Des Coutures, 1645~1702）近年来参照普鲁塔克和伽桑狄之后，表现出对于该悖论较为敏锐的洞察，意图对这一传统上同伊壁鸠鲁主义联系起来的立场作出微妙改变：

我们在先前的沉思录中已引用过的普鲁塔克的这段话，使得科利乌斯·罗迪基努斯（Cœlius Rodiginus，原名 Ludovico Celio Ricchieri, 1469~1525——译者注）以及其后的伽桑狄，皆声称伊壁鸠鲁主义者对于诗歌几乎毫无敬意，因其对道德操行毫无益处，反而危险有害。这便是误解了伊壁鸠鲁及其学派门徒的观点，他们本是认同柏拉图的，而后者向我们指出，这门美妙艺术的好坏，取决于如何使用它……

在据称出自伊壁鸠鲁学派哲人的第三十三条箴言"他不可读虚构诗，亦不可作"（Il ne lira point de fictions poëtiques, et n'en fera point）的注解中，德·库图尔又发表了如下观点：

此条箴言之中，伊壁鸠鲁意图谈及那些纯粹出于想象，毫无可靠基础的作品。其实质堪比做云中之风，其表达堪比作辉煌的云聚霞光，仅可悦目而已……这位哲学家作此言时，绝不包括阐释物理之奥妙，或道德之功用的诗歌……

❷ 夏尔·德·圣—埃弗尔蒙（Charles de Saint-Évremond, 1616~1703）全名为 Charles de Marguetel de Saint-Denis, Seigneur de Saint-Évremond，法国作家、文学批评家。——译者注

文以及其他论述体裁诗学的文本，共同揭示了新伊壁鸠鲁主义伦理同精微的美学思想之间、古代学者与现代学者之间，可能存在的多种渗透影响。其中，对于花园学派❶（伊壁鸠鲁、卢克莱修、贺拉斯或伽桑狄❷）的参照征引，往往同时结合于以下几个方面：

（1）对过多法则的批判；这些法则自认为普适而恒久，意图建立一种虚幻的完美——然而，诗学的法则只可能是"愉悦的法则"，屈从于审美趣味与知识的历史演变。

（2）对过多的古今幻想传奇（Merveilleux）和寓言奇谈（Fable）的批判，因其包含的信念既有害于道德风化，也有损于审美愉悦的强度。

（3）将"疏隔的艺术"（托马斯·帕维尔❸语）和审美体验中自我在场的要求的巧妙结合；后者使得伊壁鸠鲁主义的审美趣味被视作一种"现代"的趣味，不过，此处的"现代"一词并非"古今之争"❹的某些参与者赋予它的含义。

笔者曾将新伊壁鸠鲁主义传统称为"不完美的现代花园学派"（Le Jardin imparfait des Mondernes）。❺ 对于这一传统，伊壁鸠鲁主义对于通过古代诗歌和戏剧遗留下来的传奇作品进行的批判，既不应囊括全部，也不可整齐划一。某些传奇具有启发性，有助于娱乐的主体更好地认知和思考；另一些则相反，它们激发了主体的情绪和心理表象，有碍于想象力认知的丰富产出。某些故事具有道德意义，真正地、积极地调动主

---

❶ 花园学派（le Jardin 或 l'école du Jardin），伊壁鸠鲁学派的别称，因伊壁鸠鲁曾在一所花园里办学而得名。——译者注

❷ 伽桑狄（Pierre Gassendi，1592~1655），法国数学家、哲学家、物理学家。——译者注

❸ 托马斯·帕维尔（Thomas Pavel，1941~），文学理论家、评论家，现任教于芝加哥大学。——译者注

❹ 原文"la Querelle"指"la Querelle des Anciens et des Modernes"，古今之争，又译作"古今之辩""古典派与现代派之争"，是17世纪末由法兰西学院发起的一场文化和艺术领域的激烈争论。——译者注

❺ 让-夏尔·达尔蒙（Jean-Charles Darmon）：《娱乐的哲学：不完美的现代花园学派》（Philosophies du divertissement. Le Jardin imparfait des Modernes），（巴黎）Desjonquères 出版社 2009 年版。

体的想象，利于其追求更好的生命；❶另一些作品则与他当下经历的想象和"情感"的状态如此格格不入，竟只能产生烦闷，或是纯粹单一的憎恶之感，更有甚者，对于此种娱乐的沉迷，竟会使得自身的趣味不免堕坏。

我们下面将首先讨论的这一领域，表面看来并不在伊壁鸠鲁主义直白论述的范围之内，而是距其极为遥远，然而，圣—埃弗尔蒙的娱乐思想对其作出了间接、繁复而富于成果的阐述：对于拉辛《亚历山大大帝》（Alexandre le Grand）一剧的批评❷。其中，对于悲剧舞台上激情的表达的思考，同新伊壁鸠鲁主义对美学领域整体的考察方法密不可分。❸

---

❶ 我们知道，拉封丹曾以何种微妙的手法，将伊壁鸠鲁主义的主题编织入《普绪喀与丘比特的爱情》（Les Amours de Psyché et de Cupidon）的寓言、诗歌部分及其间杂的对话之中，尤其当谈及审美娱乐的道德价值之时。于是，喜剧的拥护者阿利斯特（Ariste）运用了类似某些形态的伊壁鸠鲁主义的论据，批判悲剧的痛苦激情以及悲剧表现的束缚力量。然而，在阿利斯特和吉拉斯特（Gélaste）辩论喜剧和悲剧各自的优点时，吉拉斯特并不满足于采取对手所谴责的柏拉图主义的立场；面对阿利斯特提出的伊壁鸠鲁主义的抗辩，关于观者体验到的同情之情，他以新伊壁鸠鲁主义的理念进行反驳，将同情归纳入人所能体会的种种愉悦的结构之内，合乎卢克莱修的"海之涨也甘美"（suave mari magno）的模式："……您的谬论源于您将此种情绪同痛苦相混淆。我比您更恐惧痛苦；而另一者（此处指同情——译者注），则是愉悦，是极大的愉悦。……我们对国王产生同情，便将自身置于国王之上，与其相比较，我们成了神灵，从安宁之处观望着他们的困境，他们的悲苦，他们的厄运；比起那些从奥林匹斯山上端详可悲的人类的神灵，不多不少，恰恰相同。"让·德·拉封丹（Jean de La Fontaine）：《普绪喀与丘比特的爱情》（Les Amours de Psyché et de Cupidon），Michel Jeanneret 编：Le Livre de Poche 丛书，第 128~129 页。

❷ 该篇批评题为《论题为〈亚历山大大帝〉的拉辛悲剧》（Dissertation sur la tragédie de Racine, intitulée: Alexandre le Grand），撰于 1666 年，修订于 1668 年。下文中简称为《论亚历山大大帝》。——译者注

❸ 其后的论述综合了先前著作中初步勾勒的分析。尤可参看《在伊壁鸠鲁主义道德思想和美学评判之间：圣—埃弗尔蒙对戏剧激情表达的观点变化》（Entre épicurisme moral et jugement esthétique: les variations de Saint-Évremond sur l'expression des passions au théâtre），载《十八世纪》（Dix-Huitième siècle），第 35 期（2003 年）；A. Deneys-Tunney, P.-F. Moreau 编纂：《启蒙时代的伊壁鸠鲁主义》（l'épicurisme des Lumières），第 113~139 页。

一、审美愉悦与悲剧激情：拉辛或高乃依？

圣—埃弗尔蒙对《亚历山大大帝》的批评，频见于引述。❶ 长期以来，拉辛的评论者若是研究其早期作品的接受，皆不免引用他的观点。高乃依与拉辛的并列比较乃是惯见，新近的学生论文中也有论及，而圣—埃弗尔蒙的评论依然在选择中占据一席。引用者往往将其切分摘述，以为其含义完整独立，却使之孤立于上下文之外。笔者试图以圣—埃弗尔蒙的角度思考这一批评，并叩问其独特之处。如何将其置于其全部作品的背景之下，并勾勒出它同这一独特思想的关联？在圣—埃弗尔蒙的思想中，美学、道德和政治角度的考量紧密交织，而历史则具有越来越重要的作用（这一批评与作者的《关于罗马人民多种禀质的思考》❷ 撰写于同一时期）。

这一批评提供了侧面的视角，令我们得以获知某些张力、甚至危机，它们深刻地影响了拉辛的该部作品当时被理解的视野：英雄观念的危机（何为悲剧的英雄、何种"特质"令其得到认同）、戏剧中的激情的危机（我们知道，这是古典戏剧史中的一个关键问题，圣—埃弗尔蒙的批评包含的某些元素，预先论证了下一个世纪从杜·博斯❸、到休谟及伏尔泰等人作出的许多分析）、悲剧及其意图的一致性的危机（应当期待悲剧对观者产生何种作用）。

圣—埃弗尔蒙的"论文"列述了几种不同的批评：

——批评了与英雄性格相关的激情（拉辛"并不知晓亚历山大和波拉斯（Porus）的性格"，高乃依本可能对此有所了解）；

---

❶ 本文此后参照的版本为 René Ternois：《圣—埃弗尔蒙散文及信札集》（*Œuvres en prose et des Lettres* de Saint-Evremond），（巴黎）Didier 出版社1962年版。以罗马数字标注卷数，阿拉伯语数字标注页码。

❷ 这部著作的完整标题为《关于罗马共和国不同时期罗马人民多种秉质的思考》（*Réflexions sur les divers génies du peuple romain dans les divers temps de la république*）。——译者注

❸ 让-巴蒂斯特·杜·博斯（Jean-Baptiste Du Bos, 1670～1742），人称杜博斯神父（Abbé Du Bos），法国思想家、外交家、历史学家。——译者注

——批评了与人物间的关系及他们面临的戏剧性处境相关的激情——圣—埃弗尔蒙尤其提及了拉辛作品中的政治激情和爱情的彼此弱化（绝非将爱情排除在外，而是重新定义它的位置以及它同其他激情的布局关系）。在《亚历山大大帝》中，风流雅致的（galant）甚至称得上传奇浪漫的（romanesque）爱情占据主导地位，圣—埃弗尔蒙因而惋惜其他激情的潜质表现不足（波拉斯），连爱情本身也是如此（因为它缺乏同英雄和政治等其他层面之间的张力），故而爱情和整体悲剧均缺乏表现力。❶

——批评了差异的价值观，它影响着激情的表现力（若是缺乏强大的差异价值观，悲剧表现的激情将无法热烈地激发观者的情绪；虽然对于小说等其他体裁，情况完全不同）。

将写出《索福尼斯巴》（Sophonisbe）和《庞贝之死》（La Mort de Pompée）等作品的高乃依同拉辛互相比较时，圣—艾弗尔蒙不似一位悲剧诗学家，而更似一位随笔作者，思考着读者或观者的想象，也思考着

---

❶ 在《诗歌与绘画的批评思考》（Réflexions critique sur la poésie et la peinture）一书中，杜博斯神父发展了圣—埃弗尔蒙的论述，他并未直接提及后者，而是谈起了在英国较普遍的一种对于法国悲剧的批评：在第17节（"若谈及将爱情放入悲剧"）和第18节（"我们的邻人称，我们的诗人过多地将爱情放入悲剧"），可以发现圣—埃弗尔蒙对拉辛的批评的影响及其在英国的接受所留下的持久痕迹之一处："我们的诗人……过度地迎合他们时代的趣味，或者更准确地说，正是他们自身以过度的卑怯挑唆着这种趣味。他们互相赶超，将悲剧舞台变成了一条窄巷。拉辛在作品中比高乃依放入了更多的爱情，而继拉辛以来的多数人，发觉他的弱点比它处更易于模仿，便在错误的道路上走得比他更远。"（Abbé Du Bos, Réflexions critiques sur la poésie et sur la peinture. Préface de Dominique Désirat, Collection Beaux-arts histoire, École nationale des Beaux-Arts, Paris, 1993. p. 44–45）在第19节中，杜博斯沿袭威廉·沃顿（William Wotton, 1666~1727）《论古今知识》（Sur le savoir des Anciens et des Moderens）第四章的思路，强调了"风流情爱"会造成的"乏味"效果："回到风流情爱上来，仅表现一笔，便常会将诗歌中最为悲怆的部分削弱，使人们对人物产生的钟爱之情暂时中止……"第20节（"处理悲剧主体时需要遵照的准则"）中，杜博斯再次涉及圣—埃弗尔蒙对拉辛的批评中的重要主题：疏隔的艺术的不足，观众所产生的钦慕的程度也因而不足，在重要英雄的悲剧处境中为"风流"情爱保留了过多的位置："对于悲剧诗人而言，重要之处在于要令我们对人物产生钦慕之情，为他们的厄运付出眼泪，如此悲剧才能成功。然而，情爱的弱点使得英雄的性格大为逊色，这些性格若是不因此类弱点而贬低，本可引发我们的崇拜。强迫诗人们不得令爱情过度支配英雄的道理，也应当同样地使他们着手从同当今有一定距离的时代之中选择英雄。……若不是从一定距离之外观看，此人便无法这般值得仰慕。……英雄仅可通过历史学家的记述而为人所知，便每每愈发显出优点。"

种种想象、激情、印象、道德影响及其形成的审美之间的关联。这般比较之中,格外引起他的兴致的,在于重新获取作为动态的想象体验的悲剧体验以及这一体验生发出的思想和愉悦的种类。然而,圣—艾弗尔蒙认为,高乃依的悲剧等作品使得悲剧的体验朝向想象开放,而拉辛在《亚历山大大帝》中处理激情的手法,却缩减了这一体验的领域。故而,我们将在下文中简述与此相关的两点评论。

(一) 亚历山大大帝的激情:在道德评价与美学评价之间

在此语境中,亚历山大大帝这一人物本身绝非无足轻重。亚历山大大帝象征着"宏大无垠"(vaste)和夸张无度,是典型的反伊壁鸠鲁主义人物,[1] 也是圣—艾弗尔蒙的道德思考中反复涉及的形象。

在别文之中,圣—艾弗尔蒙以道德家的口吻强调了亚历山大大帝"性格"之中的种种无度:不仅如此,亚历山大大帝也出现在《论"宏大无垠"一词》(la Dissertation sur le mot de vaste)之中。这篇兼有词汇学、道德、美学、政治等多角度的考量的奇异的杂糅之作,将他列入了阐明"宏大无垠"一词应有的负面内涵的范例。[2] 在本篇批评之中,圣—艾弗尔蒙却从评论家的角度呼吁,应当通过其激情的无度,恢复亚历山大大帝的形象。

从许多角度而言,应当采取对待奥古斯丁主义[3]的常见做法,将该世纪下半叶中新伊壁鸠鲁主义的发展归入英雄主义价值观的气脉衰微之中:圣—艾弗尔蒙相当一部分的批评都指向这一方向(同样,对于如普鲁塔克般地赋予伟大人物以斯多葛式的美德的做法,他坚持不懈地消解其神秘性)。然而,圣—艾弗尔蒙指责拉辛之处恰恰在于,后者将种种

---

[1] 关于古代伊壁鸠鲁主义传统中对于亚历山大大帝的典型批评的分析,可参看 Jean Salem:《神在人间应如是——伊壁鸠鲁伦理学》(Tel un dieu parmi les hommes. L'éthique d'Épicure),(巴黎)Vrin 出版社 1989 年版,第 65~69 页。

[2] "这种宏大无垠也延伸及他的悲痛,当他出于悲痛而以整个的民族向赫菲斯定(Ephestion,前 356~前 324 年,亚历山大的右辅大臣及密友——译者注)的亡灵献祭。宏大无垠的他,启动了前往印度的征程……于是他重返巴比伦,忧愁、混乱、犹疑、藐视神灵,也藐视人类。这便是亚历山大大帝宏大无垠的性格的卓越结果。"(Ⅲ,391)

[3] 奥古斯丁主义(augustinisme),以圣奥古斯丁(Augustin d'Hippone,人称 saint Augustin,354~430)的思想为基础的神学学派。——译者注

英雄激情过于平均地附着于亚历山大大帝的人物形象之上。如何理解美学价值（表现激情的戏剧场面）和道德价值（自我塑造❶的戏剧场面）之间的此种断裂？这一问题暂且按下不表。

（二）"调动激情"的表达以及娱乐理论：如何"引发观者的自爱"（amour propre）

这一批评从属于尚在建构之中的更为广阔的人类学思考（将人类视做娱乐的生物），而这一思考本身则极为切近地关联于一种表达理论，对此，前文中已作论述。娱乐具有启发性的积极作用：出离自我，才能更好地回归自我，认识自我，或再度认识自我。娱乐也具有道德上的积极作用：出离自我的过程，可以澄明自我之中运动着的、阴暗而常常有害的力量。

在《致德·克雷基元帅❷，他在 15 或 16 年前曾询问我精神境况如何以及我对一切事物持何观点》（Monsieur le maréchal de Créqui qui me demandait il y a quinze ou seize ans en quelle situation était mon esprit et ce que je pensais sur toutes choses）的鸿篇书信之中，这段关于娱乐的著名分析，部分地关涉到对表达的沉思，也即将表达视作迂回（détour）、回返（retour），并再度迂回的过程（相对于自我贫瘠而空泛的思想构成静态关系）。

此外，关于我们自身德行的令人得意的想法一旦出现，就会损失其一半的魅力，而自爱的满足感则随之难以觉察地消逝，只为我们留下因其甜美而产生的厌恶感以及对狂热怀有虚荣心的羞耻感。（IV，118）

在这段离题的阐述之后，作者随即提及了高乃依，作为笔者在别文中称为"借由表达而获知"（savoir par expression）的典型范例。其原因首先在于他令观众得以表达出的"情感"（II，119~120）。其次，略为出人意料地，他被视作对话（Conversation）的表达力量的最佳说明。仿佛此时戏剧表达仅仅是对话范畴的非凡延伸以及出离自我的能力的延

---

❶ 自我塑造，原文作 la technique de soi。——译者注
❷ 弗朗索瓦·德·克雷基（François de Créquy，人称 maréchal de Créqui，1629~1687），路易十四时期著名军事将领。——译者注

伸，这一出离的目的在于令自身之中最为"高贵"之处得以显现。高乃依，或最佳对话者，可谓某种既属想象又属语言的力量的卓越范式。此种力量能够产生极致的疏隔，且令人能够由自我对自我进行区别，在自我与自我之间进行区别，并取得丰富的成效。与之对照的是拉辛，或至少写下《亚历山大大帝》的那位风流的拉辛，其"疏隔的艺术"有所匮乏，且同时缺少区别的力量。在圣—艾弗尔蒙眼中，拉辛便是悲剧表现力缺失的征兆。

借由这封写给德·克雷基的书信，论文中某些突出的观点或许得以彰显，且稍得脱离于高乃依的拥护者与反对者的争论，而重新纳入圣—艾弗尔蒙本人对于激情和表达之间关系的思考。

那么，究竟是何者使得激情较为具有表现力，又令表达较为能够调动激情？

事实上，圣—艾弗尔蒙的论述首要立足于想象的领域。圣—艾弗尔蒙多年流亡，辗转于荷兰和伦敦，始终体验着异者（l'étrange）和他乡。在他看来，拉辛作为一位新作者，象征着横扫一切的新趋势，也恰好体现了圣—艾弗尔蒙曾多次揭示的法国劣根性之一——以自身作为一切的中心。

我们国家最大的缺陷之一，就是以自身作为一切的中心，甚至于在自己的国度之内，也要将那些对于它的态度和它的方式所未能体现者，称为异类。由是，人们指责我们仅可依据事物同我们之间的关系来对其作出评价，高乃依曾在《索福尼斯巴》之中，有失公正而令人气恼地遭受过这种指责。(III, 91)。

恰于此时此处，拉辛放弃了戏剧中构成想象的力量及乐趣的相当一部分。此分析回响于以下几个层面：

——悲剧与历史的关系（甚至悲剧与地理的关系）：此为第一处疏隔不足。圣—艾弗尔蒙正是在这一时期，力图于多篇著述中勾勒出激情的地理政治观念。

——疏隔不足的情况同样影响着英雄之间的关系（因此，依他看来，波拉斯和亚历山大大帝各自的秉质并未体现足够的差异）。此类悲剧英雄因何，或因何种"思想"，才能使人辨认？他对我们记忆和想象中的何种先天观念，造成了挑战和争议？以上一切都在拉辛的作品中含混不清：类型单一的激情，此处即风流雅致的爱情，使得种种人物的"性格"同质化。

——更为本质的一点，疏隔不足似乎从整体上扰乱了悲剧的接受美学：笔者感到极富趣味之处在于，圣—艾弗尔蒙在此处分析的扰乱，涉及的乃是利益，甚至略显出人意料地，乃是自爱。

……这些古代的伟大人物不仅在他们的时代声名卓著，在当今甚至比在世者更为我们所熟知，亚历山大大帝、西庇阿和恺撒诸君，其性格决不可在我们的手中抹杀。即便最不细腻的观众也会因此感到不快，倘若我们给他们安排本不具有的缺陷，或是剥夺其本已在观众的心灵中留有怡人印象的美德。这些美德一旦在我们之中树立，便会如同我们真实的德行一般，*引发我们的自爱之心*。对其作出任何极为细微的改动，都定然令我们强烈地觉察这一变化。（Ⅱ，95. 斜体强调系笔者所加）

在《论亚历山大大帝》一文中的核心部分，"引发自爱"这一表述令我们感到惊异，甚至有些晦涩，它因为暗示着种种的预设条件而显得十分简省。仿佛引发观者自爱的条件，是"亚历山大大帝、西庇阿和恺撒诸君"的性格并未在新作者的"手中"抹杀；仿佛他们的"美德一旦在我们之中树立"，就从此成为某种道德遗产（patrimoine moral）的一部分，关涉着象征意义上我们自身的利益（我们的利益在于他们保留自身的性格，正是这一点使得他们从美学和符号学的角度对我们具有意义）以及我们的德行，也即圣—艾弗尔蒙笔下的我们"真实的德行"；仿佛亚历山大大帝、西庇阿和恺撒的形象所包含和允许的道德建构，能够以某种方式鉴别和占有。其措辞不也有些模棱两可吗？——"这些美德一旦在我们之中树立"，此语指向的与其说是所表现的美德的真实性，倒不如说是美德的表现者和乐享者的利益，难道不是吗？

而矛盾之处在于——谴责拉辛笔下的亚历山大大帝的意义也恰在于此，为了让这些关乎我们的利益、我们的"自爱"、我们的"德行"的鉴别及占有的过程切实地发生，必须在悲剧娱乐的体验之中，保有一定的距离，令其横亘于我们当今的利益和英雄的利益之间，于我们利益的表现和亚历山大大帝、西庇阿和恺撒的利益在我们心中产生的印象之间。对于渴求美德、渴求我们寄托其上的"德行"，这一象征性的距离是不可或缺的；而风流爱情过多地投射于这些英雄身上，则会不可避免地减损这一距离，在拉辛的作品中便是如此，令英雄同我们自身过于相似。

在圣—艾弗尔蒙对于《亚历山大大帝》的批评之中，历史的重要意义并非源自某位博学的狂热拥护者，关注恢复一种由历史学家（对于当前情形，也即库尔提乌斯[1]）的文本所保存的过去，或者说真相。其历史维度实则指向一种对当下的思考，准确地说，思考的对象是，历史提供的领域深度使得现代悲剧既体现着、也引发着的种种激情所具有的当下的程度和表现力的程度：借用俄国形式主义学家的术语，我们可以称其为某种"去熟悉化"的潜质。

圣—艾弗尔蒙的论述有时会被缩归于贺拉斯有关规矩（bienséance）的传统之中：贺拉斯在写给皮索父子的长信《诗艺》里，隐约表明，应在决定人物性格和语言的要素中（性别、社会地位、地理出身）补充一项"人物的公论"（la renommée du personnage），指人们依据历史文献或神话传统而通常对其进行的讲述和了解（"以书写传统来遵循传统，或组构其具有的特质。若是您要将盛名常在的阿喀琉斯再次搬上舞台，那就要让他从不倦怠、暴躁易怒、严酷无情、炽热似火，让他蔑视既有法则，以武力取得一切。"［v. 119～124］）[2] 斯卡利杰等诠释者对贺拉斯的这一补充再度进行扩展，英雄的"性格"应当不仅符合其公论，也符合他生活的时代和地点。让人惊异的是，这一传统在 17 世纪的法国已

---

[1] 库尔提乌斯（Rufus Quintus Curtius，法文作 Quinte-Curce），古罗马历史学家。——译者注

[2] 据皮埃尔·帕斯其埃（Pierre Pasquier）引述，见《戏剧美学中的模仿》（*La Mimèsis dans l'esthétique théâtrale*），Klincksieck 出版社，第 84 页。

不复存在,❶尽管高乃依在《剧诗三论》❷中似乎对其进行了些许延伸。

关于历史以及历史产生的距离的分析,抽离于文本语境时,便过于频繁地被简化为"规矩"和"逼真"的问题,这一分析实则印证于更为深刻的核心,即人类学和美学层面的核心问题。

二、愉悦与钦慕——新伊壁鸠鲁主义对净化的批评要素

我之所以并不执着于确切的批评,是因为我无意于检视戏剧的细节,而更愿意铺张笔墨以讨论英雄开口讲话时,我们应当保有的规矩;讨论他们性格的差异之中,我们应当具有的辨别;讨论悲剧之中是否合宜地运用爱的柔情,那些将一切倾注于同情和恐惧情绪的人过于严苛地弃绝它们,而那些只偏好此类情感的人则未免对其作出过度精微的探寻。(II, 102)

以上便是《论亚历山大大帝》的文末数行。在这段文字与别段论述之中,此文指向了圣—艾弗尔蒙一脉的重要思路。他在其他著述中对其进行了发展,尤其在《论古今悲剧》(*De la tragédie ancienne et moderne*,1705 年由 Desmaizeau 出版社于伦敦发行)中,引出了在现代悲剧中对钦慕(admiration)的再度提倡(高乃依为其灵感来源和范本)。同时,它也指向对于净化(catharsis)的某些原有的古老形式的贬抑。

在 17 世纪有关净化(catharsis)的一切可能的批评之中,新伊壁鸠鲁主义并非特质足够明确的组成部分。圣—艾弗尔蒙对其勾勒出了几条

---

❶ 皮埃尔·帕斯其埃指出:"令戏剧中的人物和行为较为严格地符合于地点和时代,此种观点在 17 世纪的法国几乎并未引发人们的兴趣,尽管斯卡利杰(Joseph Juste Scaliger,1540~1609,法国历史学家、文献学家——译者注)在此方面享有盛名。但这一观点令悲剧得以追求更严谨的历史精确度,并拓展其模仿的领域(champs mimétique)。然而,似乎并没有任何一位具影响力的理论学者支持斯卡利杰的思想,直到 17 世纪 70 年代,圣—埃弗尔蒙和布瓦洛(Nicolas Boileau-Despréaux,1636~1711,法国作家、文艺批评家——译者注)等人重新继承其思想,且并未过度狂热于斯。"(Ibid)

❷《论悲剧及依照逼真和必要的悲剧处理手法——戏剧诗歌三论》(*Discours de la tragédie et des moyens de la traiter selon le vraisemblable et le nécessaire. Trois discours sur le poème dramatique*),下文简称为《剧诗三论》。——译者注

重要的轮廓。这并非意味着他在伽桑狄的作品中,或是在伊壁鸠鲁、卢克莱修等人的评论中找到对亚里士多德理论的驳斥;而是说,多种元素共同促使他在《论古今悲剧》一文中讨论净化时,表现出了伊壁鸠鲁式的论调,对亚里士多德的根本文本提出了生理、道德,甚至政治层面的质疑。

关于净化"过程"的本质,圣—艾弗尔蒙并未耗费气力对其进行大量迂回的阐释;他既未征引任何"权威",也未提及法国或意大利的任何具体的评论家,而高乃依本人所撰的《剧诗三论》则不然。

高乃依在1660年版的这部著述中,这般谈及"此种哲学的评论者":"他们为这一过程困扰不安,莫衷一是,保尔·贝尼(Paul Beni)竟然在指明了十二三种不同观点之后,才向我们给出了他本人的看法……"❶高乃依选出一种对于"净化"较为中肯的阐释之后,讽刺地质疑了其切实有效性,甚至其"真实性":"我要进一步坦言。倘若悲剧之中,激情的净泻(purgation)可以发生,则我坚持认为这种净泻必得以我所解释的方式进行;然而,我怀疑它究竟是否会发生,甚至对于那些符合亚里士多德所要求的条件的激情也是如此。这些激情交会于《熙德》之中,并引起了巨大的成功。"❷

而圣—艾弗尔蒙则以极为轻率的方式选择了一种可能的阐释,仅一种而已。此种阐释便是"顺势疗法"说,主张以混乱本身来治疗混乱。

---

❶ 高乃依:《论悲剧及依照逼真和必要的悲剧处理手法——戏剧诗歌三论》(*Discours de la tragédie et des moyens de la traiter selon le vraisemblable et le nécessaire. Trois discours sur le poème dramatique*),Bénédicte Louvat 及 Marc Escola 编,GF 出版社,第 97 页。

❷ 高乃依,前文所引版本,第 99 页。

他将其作为抨击的对象。❶

对于净化的这一批判，具有极为明显的"生理"维度：为治愈致病的情感，而采用更为极端的病原情感来治疗，这一疗法在伊壁鸠鲁、卢克莱修、伽桑狄的忠实读者看来，自然晦涩难懂。置身于花园学派的理论视域中，单是净化的概念本身也多半比别处更难以理解。如何通过表现，令悲伤的情感卸除痛苦与混乱的潜质？圣—艾弗尔蒙对这一著名的秘奥予以嘲讽：

因为怎会有如此荒谬之事，创造一种确定无疑地致病的技艺，却只是为了创立另一种未必能将其治愈的技艺？或是向心灵中引入纷扰，却只是为了随后通过它对自己所处的可耻境地被迫进行的反思，力图将其平息？(II, 178)

(一) 论圣—艾弗尔蒙与杜·博斯之间的几点呼应

圣—艾弗尔蒙常被视作杜博斯美学思想的来源之一。最为显著之处在于后者同圣—艾弗尔蒙共同持有的某种关于娱乐的人类学观点，这种观点植根于一切主体皆有的愉悦与烦闷自然交替的特征之中；在人类可能进行的娱乐的范围之中，审美体验的能量观念（conception énergétique）——这一能量依据不同体裁而变化。

让-巴蒂斯特·杜·博斯在众多方面都与圣—艾弗尔蒙极为相近，其《诗歌与绘画的批评思考》（*Réflexions critiques sur la poésie et sur la peinture*）一书的立足点在于自然主义地恢复娱乐的地位。一切人类都天

---

❶ 圣—埃弗尔蒙所理解的《亚历山大大帝》的作者拉辛，同拉辛的友人、拉潘神父（René Rapin，人称 Père Rapin，1621~1687，法国神学家、耶稣会士——译者注）在《诗学思考》（*Réflexions sur la Poétique*）中为悲剧指定的纲领丝毫不相符："悲剧采用历史所能够提供的最为动人和最为骇人的事件，为了在心灵中激发种种它企图引发的情绪，以求治愈精神，令其免于那些可能惊扰之的无意义的惊惧以及那些可能令其柔弱的愚蠢的同情……"转引自乔治·佛莱斯蒂耶（Georges Forestier）：《悲剧激情与古典法则——论法国悲剧》（*Passions tragiques et règles classiques. Essai sur la tragédie française*），（巴黎）PUF 出版社 2003 年版，第148页。圣—埃弗尔蒙讽刺地背离了悲剧疗法的可能性，继许多前人之后，拉潘也对具有道德目标的"顺势疗法"进行了描述：乔治·佛莱斯蒂耶评述道，对于拉潘而言，"悲剧艺术的目的永远在于纠正人类（而拉辛并未这样说过）。只是此种疗法不再具有对抗法的性质（将惊恐和同情作为与其相反的、互补的、最终所有的激情的疗药）；它的性质乃属于顺势疗法：唤醒惊恐和同情，以减免其过度，即消除观者惊恐中的虚无之处，及同情中令人萎靡之处。"（Ibid.）

然地倾向于烦闷，故而一切心灵都自然地寻求娱乐：

　　……灵魂如同身体一样有着自己的需求，而人类最大的需求之一便是令精神被占据的需求。因灵魂闲散无为而随即出现的烦闷，对于人类是如此痛苦的烦恼，以至于他常常从事极为艰难的工作，只求摆脱这种折磨。❶

　　《对诗歌与绘画的批评思考》一书的最初几页，可以视作圣—艾弗尔蒙的许多主题的综合重现，甚至出现了某些其钟爱的用语，如有关"精神境况"（la situation de l'esprit）的用语。在写给克雷基元帅的著名长信的题目中，已可见出这一措辞的重要性。关于那些将自身庇护于"内在生活"和"同自我进行的对话"之中者，杜博斯表示：

　　此种同自我进行的对话，令那些做得到的人免于遭受我们上文提及的颓丧和不幸的状况。然而，如我所言，血液里毫无戾气、性情中绝无恶意，故而命中注定内在生活如此平和的人少之又少。*他们的精神境况，甚至无法为众人所知*。因为后者通过自己所遭受的孤独感，判定其他人定然也应如此，便认为孤独对于一切人都是痛苦的烦恼。❷

　　在这样的整体语境下，杜博斯以具有强烈意味的姿态，一举提出了伊壁鸠鲁主义和娱乐之间的一致性以及卢克莱修恰好切题的诗句"海之涨也甘美"（Suave mari magno）所代表的退避远观，与杜博斯本人的"动人"（touchant）美学之间的一致性（杜·博斯将卢克莱修的"甘美"在相同语境下译成"动人"，可谓典型表征）。

　　正是同样的吸引力，令人们喜爱他人遭遇的灾祸所造成的忧患和惊恐，且又事不关己。卢克莱修曾言，在岸边观看一艘船只同意图吞噬它的恶浪搏斗，如同安稳地远观一场混乱的战争，皆是动人之事："在无垠的海上，风掀起了波浪，于陆上旁观他人严峻的厄运，可谓甘美。……观看战时平原上排兵布阵、大动干戈，而不必亲身涉险，亦可

---

　　❶ 杜·博斯：《对诗歌与绘画的批评思考》（*Réflexions critique sur la poésie et la peinture*），1719 年；（巴黎）ENSB-A 出版社 1993 年再版，第 2~3 页。
　　❷ 同上书，第 3 页（斜体强调系笔者所加）。

谓甘美。"❶

然而，无论二者间可能的相似与影响如何，在圣—艾弗尔蒙论述的"不完美的花园学派"的人类学中，并无可能赋予净化以杜·博斯延续前人而给予它的道德和治疗功用。后者连缀了种种极为传统的论据，尤其在第44节，即题为"令戏剧诗歌净泻激情"（Que les poèmes dramatiques purgent les passions）的段落中，他将这些论据结合于自己的摹仿与"浅层情感"（émotions superficielles）理论。依据这一理论，通过舞台上表达的激情而完成的审美迂回，使得主体在回归于自身之时，得以更好地避免真正有害的后果。

杜·博斯确实对净化进行了重新思考，将其视作娱乐的计策，令观者体验"浅层情感"，在过渡中使其免受真实激情的风险。

"此种因摹仿而产生的浅层印象，在消失之时不会引起持久的后果，正如画家或诗人摹仿的事物造成的印象一样。……某些事物本可能在我们身上引起一些为现实所载负的激情，但我们看到画家和诗人对于这些事物的摹仿时所感受到的愉悦，是一种纯净的愉悦。同样的事物可能引发真确的情绪，随之产生种种烦恼，但这种愉悦之后，它们并不会接随而至"。❷ 在圣—艾弗尔蒙看来，它或许仅仅对于"模范观众"（public modèle）有意义，而这样的"模范观众"根本不存在。对于他在别文中称为"普通人"的观众，表现出的混乱便会引发混乱，表现出的激情便会引发激情。杜博斯区分了审美体验引起的"浅层情感"以及真实生活中相似事件所激发的情感，而在圣—艾弗尔蒙看来，此种区分绝非可靠。

他对于净化的批评不仅针对其内在逻辑，也同样针对人们赋予这一现象的道德功效。即便假设这一奇怪的过程确实能够发生，它也仅对个别人有效而已。仅对个别"哲人"（Philosophe）有效，圣—艾弗尔蒙写

---

❶ 杜·博斯：《对诗歌与绘画的批评思考》（*Réflexions critique sur la poésie et la peinture*），1719年；（巴黎）ENSB-A 出版社 1993 年再版，第 5 页。

❷ 同上书，第 10 页。

道——其他人依然会为舞台表现的强烈激情所煽动与困扰。❶

随后的一段用于将哲人与庸人作出此种特定的分别：

在一千个观看戏剧的人之中，或许有六个哲人，他们能够借助睿智而有益的沉思归于平静。然而，大众无法进行这般理智的思考，我们甚至能够断定，通过在戏剧中所见之事形成的习惯，人们也会形成一种对于这些不幸情感的习惯。

换个角度来看，此处再次出现了某些在别文中得到阐述的新伊壁鸠鲁主题：智人（Sapiens）与其他人的对立；一个出自普鲁塔克以及第欧根尼·拉尔修（Diogène Laërce）的第十卷、❷ 并经伽桑狄于《我见》（*Animadversiones*）❸ 中评述的主题，也即智者在戏剧中获得的愉悦远胜于其他观者。如同我们前面所提及，正是在同一时期，布里斯·帕兰·德·库蒂尔（Brice Parain Des Coutures）在他的《斯多葛的道德》*Morale d'Epicure* 中对此予以呼应。

对净化的批评因而具有了道德维度：对于惊惧的批评，乃是伊壁鸠鲁主义对于迷信（superstitiones）的分析的延伸（悲剧的滥用只会夸大民族的迷信特质）。而在此之上，又加以对于同情的批评；圣—艾弗尔蒙同拉罗什富科（La Rochefoucauld）一样，巧妙地消解了同情的神秘性。对亚里士多德理论的此种貌似通俗的"约简"（réduction），于过程中实则伴有一定的贵族式的轻蔑，即不屑于令净化成立的那些认定的效

---

❶ 同是在这段年代中，德·库图尔（Des Coutures）所著的《伊壁鸠鲁道义》（*La Morale d'Epicure*）中却可以读到：

第二十五条箴言

智者观看演出而得到的愉悦，远多于他人。

思考

定然，智者的满足感源自心灵的平衡；他若置身于公共娱乐之间，岂能不体味到思考最为精妙之处；他在其间看见一切观众的不同样貌；他从他们的面容上端详那鼓动着他们的激情的效果，混乱主导着此种场所，也更强大地主导着这些嘈杂聚会的组成者的内心，在这混乱之中，他是仅有的平静之人。（前文所引版本，第106~107页）

❷ 十卷《哲人言行录》（Βιοι και γνώμαι των εν φιλοσοφια ευδοκιμησαντων）之末卷。该卷专述伊壁鸠鲁的言行。——译者注

❸《第欧根尼·拉尔修的第十卷之我见》（*Animadversiones in librum X Diogenis Laertii*）一书。——译者注

果；也伴有对于这些效果最初象征和预示之事的贬抑：灵魂的萎靡化（affaiblissement），即雅典人民的堕落。

（二）论圣—艾弗尔蒙与尼采之间的几处遥相呼应

阅读这些语句，会令人想起曾大量阅读拉罗什富科等法国道德家（moraliste）的尼采所表达过的对于同情的评价："情感上可耻的柔弱化"（une honteuse effémination du sentiment）❶……我们不禁受到强烈的诱惑，将在圣—艾弗尔蒙对净化过程的批评与尼采对此的批评之间，凸显二者遥相呼应的共性。多半是在《反基督》（L'Antechrist）的第7段中，尼采以最为严厉的方式陈述了对于同情以及亚里士多德的悲剧净化说的道德批评：

众所周知，亚里士多德早已看到，同情不过是一种病态而危险的状态，人们必须好好地用泻药彻底加以清除。他认为，悲剧就是这样一种泻药。从生命本能的角度出发，事实上人们必须寻求一种方法，以用来刺破这样一种病态而危险的同情的脓包——例如在叔本华那里，就堆积着这种过多病态而危险的同情（不仅如此，很遗憾，无论是俄国的圣彼得堡还是巴黎，无论是托尔斯泰还是瓦格纳，我们整个文学和艺术的颓废也是如此），只有这样，这种同情的脓包才会被刺破。❷❸

此外，在《快乐的科学》（Le Gai Savoir）中，与有力而高贵的表达——即便它处于深渊之畔，激情的混沌之间——给予希腊观众的能量相比较，恐惧和同情获得的优越地位遭到了否认：

他们把戏台建得尽可能的狭窄，禁用深层背景制造效果；……同样，他们也抽掉了激情的深层内容，而只给激情制定高谈阔论的规则，

---

❶ "何为悲剧？——我曾多次感觉到对亚里士多德的强烈蔑视，他自以为在恐惧和同情这两种消沉的情感中认出了悲剧情感。若他是对的，悲剧则成了一门致命的艺术；应当如同提防公共危险和耻辱一般提防它……艺术……在这种情况下，则将服务于堕落，……若是惯性地引发恐惧和同情，便会引发混乱，令人萎靡，气馁沮丧。"见《残篇遗稿》（Fragments posthumes），1888年，第XVI卷，第851节，Bianquis译，转引自S. Kofman, op. cit. 第90页。

❷ 尼采：《反基督》（L'Antechrist），见《全集》（Œuvres），J. Lacoste，J. Le Rider编，（巴黎）Robert Laffont出版社，Bouquins丛书，1993年版，第2卷，第1045页。

❸ 本段译文引自尼采著，陈君华译：《反基督：尼采论宗教文选》，河北教育出版社2003年版，第74页。——译者注

是呀，他们不遗余力这样做，目的就是不让出现恐惧和同情的剧场效果——他们就是不要恐惧和同情啊。这是对亚里士多德的尊崇，无以复加的尊崇！可是，亚氏在谈及希腊悲剧的最终目的时，显然是言不及义的，更谈不上鞭辟入里！让我们来观察一下，希腊悲剧诗人的勤奋、想象力和竞争热情究竟是被什么东西激发起来的呢？肯定不是用艺术效果征服观众的意图。雅典人看戏，目的就是听演员的优美演说！索福克勒斯的一生就是为了写漂亮演说词的！……❶❷

就这一观点，有必要对《论古今悲剧》一文再作长论。其中尤其可见圣—艾弗尔蒙如何以迅捷而乍看肤浅的姿态，历史性地将亚里士多德的净化理论定位为一种"权宜的"（ad hoc）理论，它通过某种含混的花招把戏，对某种现实情境予以最佳地安置。对于悲剧的癖好是丧失能量的征兆，既是整体萎靡的结果，也是其原因；此种整体的萎靡表现于"迷信之心性"（l'esprit de superstition）、"哀叹之心性"（l'esprit de lamentation）和"自哀之欲"（l'envie de se lamenter）的上升。在圣—艾弗尔蒙的笔下，净化理论乃是一种"补救"（remède），日后尼采则称之为"泻药"（purgatif）。

此时触及了这类批评的第三个方面：它不仅处于心理层面和道德层面，也处于政治层面。

我们便要提出这样的问题：因何产生了这一逻辑上可疑、道德上低效的奇异"发明"？答案是该民族在历史中的特定处境。

在净化的理念（concept）下，可疑的力量不断获得更新，从而削弱了雅典民族的能量。而在被描述为一种理论虚构的、净化的过程（processus）中，则可破解更为全局的现象：这一现象嵌于雅典本身的历史以及城邦的衰落之中，普及了"自哀之欲"，令其早于悲剧表演而出现，而又超出了悲剧表演本身。据圣—艾弗尔蒙看来，这种自哀的欲望在一

---

❶ 尼采，同前所引版本，第98页。

❷ 本段译文引自尼采著，黄梅嘉译：《快乐的科学》，漓江出版社2001年版。——译者注

个民族及民族精神经历的某些历史时刻格外强烈。❶

自从在雅典形成这门恐惧和自哀的艺术,人们就将表演中学得的不幸的情感波动用于战争之中。

由是,迷信的心性导致军队溃败;自哀的心性令人们本该寻求补救之时,却仅为巨大的不幸悲泣而已。在这可悲的怜悯学堂之中,人们为何竟不曾学会为自身感到遗憾?其中呈现的,仅仅是极端苦难的例证以及道德平庸的主体。

这便是自哀之欲,人们展露的美德远远少于不幸,唯恐灵魂一旦上升至对英雄的钦慕,便不再宜于倾心同情悲苦之人;为了将恐惧和悲痛之情深铭于观者心中,剧场中永远有孩童、处子、老者组成的合唱队,为每个事件呈献他们的惊恐或泪水。

亚里士多德明知此事对于雅典人的危害,但他相信自己建立的净化说已对其提供了足够的补救。该学说至今无人领悟,据我看来,连他本人也不曾完全理解。因为怎会有如此荒谬之事,创造一种确定无疑地致病的技艺,却只是为了创立另一种未必能将其治愈的技艺?或是向心灵中引入纷扰,却只是为了随后通过它对自己所处的可耻境地被迫进行的反思,力图将其平息?(IV,178~179)

从《悲剧的诞生》(La Naissance de la tragédie)到《偶像的黄昏》(Le crépuscule des idoles),再到《瞧,这个人》(Ecce Homo),尼采从不停息地揭示着亚里士多德悲剧阐释之中的病态特质,料想他对于圣—艾弗尔蒙的评断,当持赞许之意。❷

写下《悲剧的诞生》的哲学家同这位新伊壁鸠鲁主义道德家,虽有诸多相似之处,但尼采的悲剧观念认为"内心的撕裂"(déchirement in-

---

❶ 在一封题为《致一位询问我对于某部女主角只顾自哀自叹的戏剧有何感想的作者》(III,338)的信中,圣—埃弗尔蒙痛斥这种"自哀之欲"是同时代者面对的慢性诱惑,也便意味着悲剧体裁的堕落,而悲剧的高峰从此将同主流趣味格格不入。

❷ 尼采在《反基督》中通过一种奇特的价值翻转(transvaluation),以至于将自己对同情的判断归于亚里士多德,使得后者成为某种"客观盟友"(allié objectif),协助他本人与现代同情价值的提高进行斗争(首要对象是叔本华的门徒),也使得悲剧,依照所谓亚里士多德的观点,是一种对抗同情的泻药。(同前所引版本,第II卷,第1045页)

time）将"在太一怀抱中的最高的原始艺术快乐"❶里获得解决，确乎与圣—艾弗尔蒙的观点毫无相似之处！

圣—艾弗尔蒙指出了现代悲剧舞台上激情表现之中的伦理优势：其代价是对于"恐惧"（crainte）和"同情"（pitié）的重新定义，使其很大程度上远离了亚里士多德所理论化的净化效果。现代的"恐惧"已经区别于"迷信的惊骇"以及对其猛烈抨击的新伊壁鸠鲁主义道德批评："我们的恐惧，多数时候只不过是一种延续于心灵缓滞之中的愉悦的忧虑；这是一种我们的灵魂对于引发其好感的主体的宝贵的兴趣。"（IV,178）

然而真正"剥离"了一切病态衰弱的，是同情——现代趣味重新赋予同情以某种积极特质，据圣—艾弗尔蒙看来，它抵消了致病的后果：

对我们而言，关于同情，也几乎可以同样地采用此种说法。我们将其剥离了一切衰弱，而留下它所具有的一切慈悲的、人性的部分。我喜爱观看一位不幸伟人的厄运；我喜爱他引人同情，不时主宰我们的泪水；然而我希望这些温柔而慷慨的泪水同时关乎其不幸和美德的整体，希望伴着同情的忧伤感情，我们也有着活泼的钦慕，由它在我们的灵魂之中生出某种爱人般的仿效的渴望。（IV，179~180）

在《论亚历山大大帝》一文中，风流传奇悲剧（tragédie galante），或许也包括《昂朵马格》（Andromaque），所产生的效果既处于古代或现代的恐惧和同情之内，又位于此种所谓"活泼的钦慕"之外。在悲剧所调动的激情领域当中，圣—埃弗尔蒙执着地给予"活泼的钦慕"以优先的重要价值。其他文本为这一概念平行提供了历史和政治层面的实质。为了完整地凸显其意义，我们若将拉辛的批评同《关于罗马共和国不同时期罗马人民多种秉质的思考》相互对照，极可能有所获益，后者的某些展开论述可在《论古今悲剧》这篇短论中发现呼应。

圣—埃弗尔蒙通过对罗马历史的重新解读而完成的迂回，或许有助

---

❶ 本段译文引自尼采著，周国平译：《悲剧的诞生：尼采美学文选》，三联书店 1986 年版，第 97 页。——译者注

于更好地理解他关于当时的悲剧而作的文章中，赋予钦慕的功用和价值。其功用和价值乃是至关重要的：高乃依作品中的英雄激发的钦慕之情，以想象的方式，重新为在当时当地，专制制度舞台及随其出现的宫廷社会的舞台上不复可行的"美德"（virtù）的形态赋予了实体。

　　一切钦慕之情都会引发每一位观者的"自爱"，从此意义而言，一切钦慕皆是反射的；然而这种反射性并不直接。（它通过易位和疏隔的微妙效果完成，并从属于想象力和趣味的某种富于激情的练习。）由此，我们起初便觉察却悬而未决的矛盾之处，或许此时便可多理解几分；为何圣—埃弗尔蒙批评拉辛在亚历山大大帝人物美学的某一点上并未足够令其值得钦慕，尽管这一点圣—埃弗尔蒙本人恰恰在别处倾向予以道德上的斥责：一言以蔽之，这便是"宏大无垠"，是欲望和激情的无度，该文的一切读者都应在个人身份中予以警惕避免。简而言之，这便是为何他在道德上的伊壁鸠鲁主义会倾向于将亚历山大大帝作为反面典型，而他对历史中美学愉悦的分析却将其作为英雄主义的想象范本，而认为拉辛未能充分发挥其中的戏剧潜质。

审美与认知的关系

■ [法] 让-马利亚·夏埃菲尔* 文
方丽平 张 弛 译 张新木** 译

【内容提要】 论文讨论了审美与认知以及艺术生产与认知之间的关系,是一篇适合于专业美学研究人员和专业艺术研究人员阅读的文章。
【关键词】 审美 艺术生产 认识 关系

通常,当提到审美与认知的关系时,我们事实上会想到"艺术"与认知所保持的关系。这种发问方式一开始就扭曲了我们的探索。

产生这种联想的根本原因是,艺术的认知特性问题关联着人类"产品"之总体的认知特性。这些产品具有极为多样的本体论和符号学特性:声音流、影像化再现、词语化再现,等等。从历史与跨文化的角度来看,人类产品的功能角色并非不多。在这些功能中,有一个事实是:与其他类型的人类产品相比,这些产品更具有成为一种审美"关系"对象的倾向。从人类产品类型的级别来推断,它们在现代西方社会中,主要或专门成为审美的关系对象。无论其原本的功能特性如何,我们在"艺术"或"艺术"作品的观念下,将其合并到这一类型的关系之中。不管这一推断证明了什么,我们似乎仍然不知道该如何区分涉及某一类对象的"艺术"观念与涉及某一类关系的"审美"观念,即这些对象(当然也包括其他对象)可以进入其中的关系。换句话说,审美和认知

---

* 让-马利亚·夏埃菲尔(Jean-Marie Schaelle),法国高等社会科学研究院教授,法国科研中心研究员,主要研究方向为审美接受和艺术定位。
** 张新木,南京大学外国语学院法语系教授、博士生导师,著述甚丰。

关系的问题并不关涉某一种人类产品的认知特性，而是对世界的某一类关注关系的认知特性：这种关系可以将艺术作品作为对象，也可以表现在没有艺术产品特性的现象、过程和事物上。

康德对艺术生产与审美关系作出了区分。对我们的考察来说，这种区分是残酷的。除了某些例外，康德以后的哲学美学不承认这种二元性，通常认为"美学"一词事实上反映的是艺术作品的某些特殊"属性"。这些艺术——美学的属性是附加到对象上面的，在普通对象的客体属性上浮现出来。对我来说，由于多重原因，这种对美学指陈的"客观"阐释注定要失败。在这里，我只讨论其主要的原因。它具有双面性：一方面，艺术作品不一定涉及美学观点，即使在它作为认知媒介起作用之时；另一方面，引起审美关注的对象未必就是艺术作品。所以，认为某一类人类作品也许就是认知媒介——比如假设在某种程度上，一幅画或一首音乐作品可以"传递"认识，就和一个论点、一个公式或一个解剖描述所表明的一样——这种想法和我们假设的关注类型或关注方式不是一回事——在这种情况下，这种审美关系的对象如同其他引人关注的方式一样"产生"了理解。这并不是说这两个问题之间没有关联。实际上，很多艺术作品（或者说得更准确些，是在"艺术"的观念下，被我们重新划分的作品类型的不同典范）的宗旨是激活与接收者的审美关系以及通过审美激活来起到认知媒介的作用。但是，从分析的角度去看，这一紧密的关系并不影响区分这两个问题，这正是我将要讨论的。

一、认知与审美关系

审美关系与认知之间的联系是什么？为了让审美关系能有一个属于自己的认知功能，我们有时会预先假设我们必须承认存在一种特殊关注的类型，即审美关注。然而，至今无人能够展示与普通的认知关注截然不同的这种关注之存在。事实上，为了能让审美关系作为一种人类的关系或特殊人类行为而存在，我们根本不必去证明特殊关注的存在。我们只需要指出，在某些情况下，关注的实践承受着一种特殊的"回折"，而且这些恰恰是"审美关系"的观念所接收的回折与情形。如此，我的假设是的确不存在特殊的审美关注，然而，审美关系，即特殊的人类行为、与特殊世界的关系，却是真实存在的。这种关系的特点如下：

（1）审美关系是一种关注活动。我们"观看"一幅画或一片风景，"聆听"一首乐曲或鸟鸣，"阅读"一首诗，"触摸"一件雕塑……其首要特点在于这个事实：审美关系是对认知性关注的实际使用，正因为有了审美关系，我们才能得到对现实的认识。在这种意义上，审美与认知的关系问题是平凡的。在一定程度上，在审美关系就是一种关注关系的情况下，它是认知关注的一种方式。但是，并非所有的认知关注都属于对于世界的审美关系。为了能够讨论审美关系，我们还需要一个补充条件。

（2）从根本来看，这个补充条件如下：要使一种认知活动属于审美行为，它的终极目标应该寓于这种活动本身的自我满足之特征。换句话说，为了获得满足，认知关系应该通过其自身实践化而被实施并增值。因此，在审美关系中，关注和欣赏反应形成了一个作用于"反馈"原则上的内部循环。故而，审美关注的命题之所以成立，在于它对自身的更新，就像康德指出的那样：它非常近似于游戏活动。

（3）审美"关系"被定义为就像是一种自动更新的认知关注的自我满足功能，这个事实表现为关注活动的特殊回折。我在这里分析的只是这第三种特点。尽管前两种就其自身来看也值得讨论。

那么，与一般关注比较而言，审美关注的主要回折是什么？被常识认定为审美关注之特点可以至少被归纳为三种类型关注过程的回折：

（1）与自上而下的信息处理相比，关注性的审美回折体现为自下而上（概括性）的信息处理的相对重要性被颠倒了。在审美关系中，就认知过程的自我更新活力而言，依赖于关注（关注驱动）的自上而下信息处理要比自下而上自动性（及概括性）的信息处理更重要一些。所以，在美学里，关注的特点就体现为其反馈活动的重要性。这就让我们弄明白了，为什么在谈到上述第一种情况的"活跃"与第二种情况的"被动"时，人们常常会将审美关注与一般关注对立起来。从字面意义上谈论这种对立是没有意义的:自下而上的关注一点儿都不"被动",因为其不同层次是选择活动的场所,而不是消极记录的场所——只要想想对视觉信号的处理就可理解这一点。但是,我们可以明白为什么会产生这样的印象:自下而上的信息处理具有消极性,而审美性回折的处理则具有积极性。在熟悉的生态学背景下,自下而上且广泛"自动化"类型的信息处理和高度几乎完全是"刺激驱动";而在美学范畴中,信息处理强烈地表现为"关注驱动",其所以如此,在于它牵涉了由欣赏引出的强烈的内生的动机性组成部分。

(2) 自上而下信息处理的重要性降低导致关注阈限降低,因而导致更细致的辨别能力(感知的,但也是范畴与情感的)之发展。因此,审美关注尤其是强烈感知的实习场所,比如在视听领域。阿伊萨尔与霍克斯坦对感知实习(即关注阈限下降)的现象做了特别研究。他们提出这样的假设:在视觉辨别领域里限制天然表现的,并不是由于在未产生影响的事物里相关信息缺少神经元的再现,而是因为它们没有入口。❶

也就是说,同样的视觉刺激在所有事物中大体上都会产生神经元表现,因而,在受刺激物的自下而上信息处理层次上没有区别。它们之间彼此产生区别,只在于其由于自上而下的策略受到关注任务引导的情况下,是否有能力"进到"某一层次的信息处理。所以,等级颠倒的理论提出:要改善感知表现在很大程度上依赖于自上而下的进程,确切地说,要依赖一系列自上而下的转化,它们强化了相关信息并弱化了非相关信息。阿伊萨尔与霍克斯坦对视觉学习的四个阶段进行区分,不过在这里我们只关注其中的两个阶段。

第一个阶段是天然事物。它们的表现受制于视觉层次最高点的关注选择。在高级再现出错或不足时,表现就失败了。正如这两位作者所注意到的,不能理解错了"天然事物"这个措辞:它实际上指的是"常识的行家"。事实上,从生态学意义上标准的视觉景象中,有入口的高

---

❶ 梅拉夫·阿伊萨尔,绍尔·霍克斯坦:"视觉认知学习的等级颠倒理论",载《认知科学趋势》2004年第8卷第10期,第457~464页。

级再现关注性地产生了极快的视觉层次（千分之一百五十秒）。这个速度难以超越。因此，天然的表现事实上是非常专门的表现，它只对经常遇到的受刺激物有效。

一旦正在发生的刺激远离这个共同指标，"自动的"自下而上处理就失败了。这一失败引出了自上而下的处理。在注意力指引下，它接替自上而下的处理，并能够渐渐重塑知觉信息处理中越来越低的层次。两位作者区分了自上而下处理的四个阶段。我们感兴趣的是第三个阶段，它先于新的自动套路之建立，后者则与不能被"传统"套路处理的受刺激物形态相适应。

在这第三阶段的实习过程中，事物能够选择层次来解决加给它们的任务。当条件困难而需要更高的信号或声音关系时，它们的展示就以低级的表现为基础：它对于低层次的方面则是特殊的。我们可以提出假设说，对新颖的刺激（视觉、声音等）所作的常规关注和支持，容易对低级感知的区别倾向产生这样的发展进程。

（3）美学领域探索的特点是横向研究比纵向研究更流行。后者表现为自发的自下而上信息处理，用最简捷的途径来确定信念。这一规则使我们自身的审美关系与非审美的世界区分开来。实际上，在后一种情况下，认知的过程经常是被强烈简化的。具体来说，比如当遇到可感知的刺激时，我们会试着用最简捷的方法获得更多的不出意外的感知。被感知的实体与某个普遍的类型联系起来，随后被赋予该类型的特性，而这些特性是与该类型被承认的样品密切关联的。通过这样的联系，跨感知的类型化成为可能。人们常常用"模板"（"template"，德语为"Sollmuster"或"Superzeichen"）这个术语来描述这种"认知形式"。❶ 它构成"一种常见的阐释，组织得很好，容易记忆，可从极少的迹象入手；它包含一种或几种抵抗变化的原型性例证，等等。"❷ 简而言之，就是在丰富的感知和认知模型化之间的"捷径"。

---

❶ Voir Roy d'Andrade: "Schemas and motivation", in R d'Andrade et C. Strauss (eds): *Human motives and Cultural Models*, Cambridge University Press, 1992.

❷ 同上书，第29页。

感知图式常常是从预关注层次就开始运作。比如,在极为短暂的时间内,人们向我们展示了缺少顶部的三角形,而我们看到的却是一个完整的三角形;也就是说,一种参与机制以被期待的形式代替了实际看到的形状。在概念性质的类别区分的层次上,图式化机制也起了核心作用:在"图式""原型""等待视野"这些不同名称中,它们被认知心理学、社会心理学、知识社会学、描述现象学以及诠释学所研究。在所有情况下,它们的功能都是减少与刺激相关的信息数量,以保证新鲜的刺激能够被尽快地整合到熟悉的刺激贮存之中。与关注在审美关系中的表现不同的是:快速地趋向于普遍性并不是其目的。需要强调的是,这恰好与 R.W. 赫本所说的"背景复杂性"❶ 相反。"背景复杂性"的特点是横向探索比纵向处理更重要。

这并不必然意味着感知领域就比智力辨别更重要,而是说在低层次与高层次之间的关系上,我们更看重的是对多对多(对于多样性图式化的多种刺激)的研究,而不是对多对一(对于一个图式化类型的多种刺激)的研究,因而也就更注重平行研究而非系列整合。

在审美行为的特点中,关注的回折有三个主要认知结果,可以将之比附于纳尔逊·古德曼研究过的审美症候。❷

(1) 认知"饱和":与非审美探索相比,在审美关系中,当探索的层序最大化时,能被感知或被概念化把握的差异易于被激活的数量将多到一个程度,所有事物不再有孰轻孰重之区别。

(2) 认知"致密化":在审美关系的框架内,关注会以更规律和更重要的方式来开发"连续"差异的各种可能性。相反,一般情况下,非审美关注注重的是断续差异。其结果是与简洁原则相反的情境性复杂化。

(3) "例证化"与"表现性":在审美关注中,一个审美对象所拥

---

❶ R.W. 赫本:"对自然的审美欣赏",载《英国美学杂志》1963 年第 3 卷,第 195~209 页。

❷ 纳尔逊·古德曼:《艺术的语言》,(印第安纳波利斯)哈克特出版社 1976 年版,第 252 页及后续诸页。

有的特性易于被激活为例证。因此，全部因素都极易被情感饱和的隐喻化赋予意义（因而获得表现的功能）。正如热奈特（Gérard Genette）展示的那样，在审美关系框架内，例证化可能是审美关注的最有特色的症候。例证化之所以重要，尤其是因为在隐喻性例证化的形式下，它是关注所投入的情感的载体。实际上，情绪的沉浸是在背景之外的认知关注审美模式下，与关注确实有所不同的歧视性一面。

应该弄清楚的是，由于历史时期、文化、环境甚至个人特异体质的差异，关注的审美投入所注重的"实在物"和"人工制品"领域也大相径庭。在人工制品领域，人们对这些差异性已经做了非常细致的研究。在人工制品的类型上，或者打上了社会烙印似乎要用于审美的对象上，它们特别要为跨文化的差异之发生担负责任。在"实在物"（"自然美"）领域，人们较少偏向于变异与恒常。如果动物行为学家在审美的身体特征领域研究了人类学意义上的永恒与文化上的变异性，如果有人研究了西方与远东在自然的审美建构方面的差异，如果在某些极为特殊的领域已经有了研究成果（比如杰克·古迪对花的研究），还应该承认说我们对"实在物"的历史性或文化性恒常与变异的认识仍然是非常不完全的。

二、艺术作品与认知

对"审美关系"与认知之间的关系感兴趣的话，就会去探讨关注之特殊回折的认识论潜力。探讨"艺术作品"与认知之间的关系则是一个更为复杂的问题。的确，作为诗学活动的结果，所有艺术品当然都是一种心智运作的结晶，而这种运作也表现为一种高度的认知合成。作品的"创造"是一种牵涉认知过程的活动。但是，这并不是说创造出来的作品就具有认知载体的功能，或者说作品就是在传递知识。要达到这个目的的话，作品就应该成为严格意义上的关注激活的对象。很明显的是，在被我们归入"艺术作品"的范畴内，大部分或所有作品都易于成为关注激活的对象。我们甚至可以说，它们之中的大部分被构思的目的都是

"为了"被激活。简而言之，它们被构思是为了像再现物或者像信号，因而像认知载体一样起作用。

但是，这到底是哪一种类型的认知载体呢？如果考虑到人们可以通过很多"途径"获得认知，这个问题就不是无关紧要的。有些知识是在预关注水平就可获得，而另一些则是关注过程的结果；某些知识是程序性的，而另一些则是宣告性的；有些是命题性的，而另一些是本领性的，是在实践中获得的……然而，所有这些认知获得的过程和类型都可以被艺术作品所开掘。同样，我们能够获得知识的"领域"也是多种多样的。当我们说艺术品有一种认知维度时，我们是否想到感知才能的发展、世俗的事实性知识的获得、道德性公正的发展、心理的渗透、情绪的敏感度，等等？仅仅在艺术作品里，我们似乎就能在这么多的领域里开掘知识。我使用"仅仅"这个表达法，因为我既不认为有必要，也不期望将艺术的认知领域和认知的获得方式与其他获得知识的途径分开。不管怎样，认知价值的类型根据作品、类型或艺术形式而变化。同样道理，对一个作品的认知价值的评估也不能太绝对，而只能根据获得认识的类型与领域来具体看待。

还有一个问题，即不是所有的艺术作品的认知潜能的激活模式都与审美激活相关。因此，我可以仔细观看一幅图画，因为它带给我一些信息，比如关于文艺复兴时期的服装、荷兰人的室内生活等。举个具体例子，比如圣哲罗姆的一幅画像。它是信息的载体，因为它可能让我知道一些与这位圣人相关的东西，比如他的生活方式或者他的死亡；同时，它也可能让我得到一些错误的东西，比如他的体貌特征。但是，要从这幅画得到知识（与谬误）一点都不需要在审美活动中激活它。假如我想捐点钱来获得圣人的恩宠，只要对画面做自下而上的快速图式化信息处理就足够了——只要我不认错圣人就行。的确，要是我想在画像前面做一次宗教沉思，我们可以假设审美激活能够起到协同增效的作用。但是不论在何种状态，画面中没有任何东西可以让我接受这种态度。所以，在艺术作品中可能存在一种类型的激活，其认知内容并不需要到审美关系中寻找。

这样说来，要是不同意原型艺术作品与人工制品的情形都一样这种看法，也并不是太困难的事情。人工制品所提供的认知关注的审美激活，要么是像重要的终极性，要么是像达到其他终极性的手段。在我后面的意见里，我感兴趣的只是类似的图像案例。可以被生成的认知类型明显地部分依赖于信号的支持，也就是艺术作品的类型。我这里涉及两种极端情况：在第一种情况下，认知的获得水平和领域都是很基本的，产生了一种个体间既基本又很稳定的学习类型；在第二种情况下，生成的认知类型是极其复杂的，然而学习过程同时也是非常偶然的，根据不同个体的能力或其介入到作品提供的认知关系之中的意愿的严肃程度而发生变化。

第一种情况是一个再现性人工制品的展示产生了既是基础性的又是根本性的学习过程，表现为我们的感知分辨能力的展开。以电子游戏为例，人们可以视它为一种"艺术的形式"，因为从诗意生成的角度看，它明显地属于艺术性技术，更确切地说是（视听性）虚构艺术的广阔领域。同时，在关乎认知价值的问题上，视频游戏至少乍看起来像是属于我们可以忽略的活动类型。再加上在我们谈及的个案中，电子游戏都是战争题材，我们就会一致认为，在各种游戏之中，这种类型不仅粗野，而且更容易使人消沉。然而，这种普遍印象也会让人提出问题。或者，如果人们对游戏所呈现的虚拟世界的水平以及打游戏的人为了改变世界而采取的行动（其限制大约是杀死尽可能多的对手）感兴趣时，人们难于争辩的话，则从我们转向再现方式的问题，或者说得更准确一些，转向游戏者与游戏之间"视觉的"互动模式时，这一问题就走向了另一面。

这个观点在 A. S. 肖恩·格林和达芙妮·巴维列的细致研究中被论证过。[1] 两位作者提出了这样的问题：电子游戏的广泛流行是否会在热衷此道者的感知和运动能力上产生后果？事实上，在一般情况下，在不

---

[1] A. S. 肖恩·格林、达芙妮·巴维列："动作游戏改变视觉的选择性关注"，载《自然》第 423 号（2003 年 5 月 29 日出版），第 534~537 页。

断变动的视觉环境中循环播放一个情景，会产生视觉系统中的或多或少的重组，就是我们说的"感知学习"。那为什么电子游戏却不会产生这样的结果呢？格林与巴维列证明这一类游戏可以改变一系列的全面视觉能力。这项研究的创新性和巧妙性在于：两位作者没有为特殊任务而安排专门的训练、进而得出结论，而是把游戏玩家与非玩家直接放在传统的能力测试中，并没有预先进行训练。因此，这项研究可以通过不以获得能力为目的的电子游戏来直接衡量电子游戏对获得能力的影响。也就是说，即使没有明确的目标导向，这些新的能力也可以被我们获得。

格林与巴维列的研究用令人信服的方法表明，从关注性可使用的视觉资源、其激活与透过视觉领域的空间分发的角度以及从时间性整合能力的角度，常常打电子游戏导致一种真正的感知学习。另一方面，在大部分的研究中，人们都看到这一类型的学习仅限于被实施的任务，并不会推广，而这两位作者却证明感知学习在被实施的任务（电子游戏）之外是可以被推广的，并且即使有几个月没有实践也仍然具备操作能力。我们可以总结一下：至少在某些情况下，视觉关注实践能够启动自动学习的过程并达到能力推广的目的；这就是说，它不局限在所启动的任务里。所以，电子游戏有一种不可否认的认知功能，即使这不构成游戏玩家的目的。

有人会立刻提出反对意见，说在视觉辨别的精细层次，认知价值与电子游戏产生的刺激毫不相关。就是说，即使别人允许我说电子游戏可以被当作艺术作品，其产生的效果也明显地与艺术性刺激不沾边。设计非常好的传统实验设置也会导向相同的结果。实际上，这一异议与我所做的假设高度吻合：如果——且在这样的考量中——与其他种类的关注活动激发起来的认知进程相比，一件艺术品具有认知价值的话，它所带来的认知或能力，就与其他引起同样进程的关注活动所带来的认知或能力，是"同一"类型。异议强化了这种假设：不存在专属于艺术作品的脑力处理这样的认知过程，因而不存在有专门的艺术认知。但是相反地，我刚才所讲述的研究也提出说艺术作品"能够"在深层次产生认知的结果，即使其所表明的目的是纯粹娱乐性的。

电子游戏的个案可以被推广到所有艺术作品,而后者的特性完全取决于认知水平,比如绘画艺术或音乐艺术。所有这些艺术都会导致认知效果,而认知很可能就在预关注层次,因而是难以识别的。如此,一幅图画,无论它画的是什么,都首先肯定是一个视错觉。对绘画风格的研究表明,画家使用各种各样的技巧以便使视错觉的功能达到最大化。视错觉的有效性则在于它激发感知过程的能力,而这一过程又服从于感知自下而上处理信息的原动力。这个问题我们在前面已经谈过了。

能够引起此类"自下而上"类型的认知性过分投入的回返性绘画策略,在于创造这样的作品:在一开始的自下而上信息处理层次上,它们令人失望,但它们同时使观赏者产生了(关注性引导的)自上而下的反馈过程。与人们有时候所说的相反,这种策略并不是主要建立在抽象与形象的区别上面。事实上也存在着一些承载了低层次视觉关注的形象作品,比如后印象主义。这一派的作品与形象绘画有关,但为了制造属于自己的效果,通常处于形象和设计之间。我们可以特别联想到马蒂斯和博纳尔(Bonnard)的绘画方式。他们使三维深度原则和表面原则之间产生张力。在视觉信号处理的相对低级层次上,他们的作品让观赏者产生了错觉,使关注持续往复于高层次处理(辨识作品再现的场景)与自上而下的信息反馈之间。结果使欣赏者受到了真实的观看训练,从所谓的"物质性视觉"过渡到"图画性视觉"。通过这样的训练,专心于审美关注的人就发展了其视觉辨别能力。即使这一学习不够清晰,也不产生命题性认知——至少不那么直接,我们还是难以否认在图画艺术的认知功能及其审美吸引力里,有一部分在这一层次上有所表现。

我将在结束时谈谈认知处理光谱的另一极,即对于极其复杂信息的高层次整合。我将以文学性虚构为例。大家都赞同说虚构文学有认知功效,但是,这也要与相关的认知类型相配合才行。

需要首先提醒的是,即使虚构作品不是内叙事的、世俗外延层次上的参照系,它们也并非不可以传递无数的事实性认知。其原因在于,对于真实世界和虚构世界来说,作家所描绘的世界里的家具在相当程度上是共同的。所以,历史小说也常常给我们传递一些可以在事实性文本里找得到的信息。无数小说能够让乡下人或外国人获得有关某个城市的可靠信息，比如巴黎某个街区、火车站的情况等。其实，对于一部虚构作品来说，困难并不在于尽可能多地传递这一类知识，而在于成功地"不"传递这些东西。幻想小说即可为证。它们阻断了对我们生活在其中的世界的事实性信息的参照，其成功在很大程度就归因于这种能力。

既然如此，作为虚构的小说的认知价值肯定不是在事实信息领域。这些信息更像是虚构世界里的非虚构残留物的表达。实际上，为了评估"作为"虚构的小说的认知价值，我们需要关注其特有的接受模式和心智过程。后两者使我们可以进入虚构所创造的世界。所以应该注重浸入和模拟的过程。实际上，我们以浸入模式来体验虚构，这归功于模拟活动。后者将我们置于这样一种情境：文本里的句子或屏幕上的图像在我们的精神中引起对我们所"生活"的、充满了行动与事件的世界的再现。如果小说一定要有其特有的认知价值，就必须与这个过程的特性相联系。

然而，至少在成功的虚构作品中，情况正是如此。虚构的认知是在叙事功能性世界里，在浸入的情境中，在虚拟的例证化模式下的一种被经历的认知。因此，它带给我们的最重要的认知无关乎命题性或陈述性。它们属于技能（savoir-faire, know-how）这一类，是一种实践认知，丰富了世俗境况里我们施动性、明辨性、情绪性和道德性评价储存的广度。我们看一下《追忆似水年华》，在叙述者和书中人物的带领下，透过每个人物细微的情感反应和感情的细微差别，在与他们接触以后，我们在自身的情感和认知领域里获得了敏感性与辨别能力的增加。这种更能在规则或标准的形式上被明确表达的认知，常常表现为实践智慧领域中的一种最强烈的敏感化。换句话说，《追忆似水年华》中的施动性与情绪性境况的聚集，给了我们内在的心智处理的循环，使我们每一次面对类似情境时都可以按照意愿来做出反应，而不管它是一种纯粹的心智情境还是一种真实的反应。因此，通过对我们的心理、关系、情感和道德的技能的补充，虚构模型可以使我们绕开、离开了不合时宜的短暂反应循环，让我们搁置我们的判断，考虑价值性评估，去模拟情感性反应或冲动性约定，而不需使这些实验被现实直接认可或制裁。我觉得这两种情况——感知性学习和通过浸入模拟的学习——至少有一个共同点：它们展现了通过审美途径获得的认知最常出现的特点之一，在于其最广大的资源无关乎叙述或命题层次，而是在较"低"的处理层次，且常常是在预关注或程序层次。如果我们不把人类的认知局限于叙述性认知，艺术就因此无可争议地是一个强大的认知载体。或者说，它可能会成为这样的载体，因为绝不要忘了艺术所追求的目标是多种多样的，而且绝不要忘了，在大部分情况下，无论其所提出是什么样的目标，作品并不能达到。

坠落的人：对破坏图像的破坏[*]

■ ［法］莫罗·卡波内[**] 文
　宋心怡[***] 曹胜超[****] 译

【内容提要】 "9·11"事件后，某些与"坠落的人"相关的图像遭到禁止，本文就围绕这件事情探讨人们应该如何面对创伤记忆，并进而全面地思考我们与世界之间的美学——感性关系所"固有的政治内涵"。对"9·11"图像的禁止属于一种"压抑战略"，是试图"去审美化"的"技术性规划"，然而事实上，我们应该对创伤进行加工而非压抑。在图像的时间逆转的维度之下，创伤才有可能被加工，而某些以"9·11"事件为主题的文学作品——尤其是唐·德里罗的《坠落的人》和弗尔的《特别响，非常近》——也体现出这种机制。

【关键词】 "9·11"事件　坠落的人　图像　破坏图像　压抑战略　时间逆转

　　近四年以前，在"9·11"事件8周年纪念日之际，人们宣布，为世贸大厦遭袭击而建立的"纪念馆和博物馆"将剔除那些记录事件中身

---

[*] 这篇文章选自莫罗·卡波内即将出版的专著《死在一起》（Carbone, Mauro, Etre morts ensemble, Métis Presses, Genève）。
[**] 莫罗·卡波内（Mauro Carbone, 1956～），意大利哲学家，研究领域为美学，长期任教于意大利米兰大学，自2009年起任法国里昂第三大学哲学系教授。
[***] 宋心怡，北京第二外国语学院法意语系学生。
[****] 曹胜超，北京第二外国语学院法意语系教师。

陷火海的人从双子塔跳下的图像。这些图像在我们的脑海中不可避免地留下难以磨灭的印记，但与此同时，它们也成为某种不断增强的"排斥战略"（stratégie de refoulement）的对象：对图像的悄然排斥是这种战略最具说服力的执行。两种行动的强度相同，方向却截然相反。最后，这些图像的影响如此令人难以容忍，以致在袭击发生后不久，针对这样一个以骇人的方式揭开21世纪序幕的事件，有人会对事件的"集体记忆"——或"集体遗忘"，有论者曾经准确指出❶——展开无情的攻击。

　　本文试图追问的，正是这个有意或无意中进行的"破坏图像之破坏"的计划。我一开始的论述虽然与"这些"图像——"跳楼者"（jumpers）的图像，这种称呼的背后明显是一种驯服的企图——本身无关，却把"9·11"事件忠实地引入话题。事情是这样的：在我的一部关于"9·11"事件的著作❷发表之后，许多人反驳我说，"要不是因为那些图像"——图像在这里被一概而论——人们就不会将这一事件看得比其他一些更血腥的悲剧更为严重。图像是相对于现实的"第二物"，❸无论图像被加诸其上，还是被剥离开来，现实都是"同样的现实"——"要不是因为那些图像"，我们能够像柏拉图主义教给我们的那样，真正地继续思考这些吗？显然，如果不是因为这些图像，"9·11"事件将不多不少成为另一个事件。然而这一切的目的并不是要我们去重估事件的严重性，而是要帮助我们去全面地思考我们与世界之间的美学—感性关系所"固有的政治内涵"。这种关系和我们与图像之间的关系别无二致：恰恰是由于这一内涵，柏拉图主义——本质上被一种控制意图所推动——才总想对其"去审美化"（an-esthétiser）。

---

　　❶ ［美］艾伦·费尔德曼："归零地第一点：论历史的电影艺术"，见布鲁斯·卡普费勒主编：《世贸大厦与全球危机》，（纽约）博格汗出版社2004年版，第26页（Feldman, Allen "Ground Zero Point One: on the Cinematics of History" (2002), in Kapferer, Bruce (éd.), *The World Trade Center and Global Crisis. Critical Perspectives*, New York, Berghahn Books, 2004, p. 26）

　　❷ 卡波内，莫罗：《死在一起。9·11事件》（Carbone, Mauro, *Essere morti insieme. L'evento dell'11 settembre 2001*, Torino, Bollati Boringhieri, 2007）。

　　❸ ［法］莫里斯·梅洛－庞蒂：《眼与心》，（巴黎）迦利玛出版社1964年版，第23页（两个中译本中，刘邵涵译为"第二位的东西"[p.132]，杨大春译为"派生物"[p.40]）。

关于这一点，艾伦·费尔德曼（Allen Feldman）曾指出：大众传媒系统也致力于对"9·11"事件引发的全球性创伤进行"去审美化"——这是通过被彼得罗·蒙塔尼（Pietro Montani）称做对事件记忆的"技术性规划"来实现的。❶ 这种"技术性规划"表现为对同一个事件的无休止的重复，也就是说，电影片段所专有的、反复的播放：人们看到，第二架飞机从左侧进入并穿过屏幕，随即撞向南塔并坠毁，迸发出巨大的火球。正像马可·迪诺伊（Marco Dinoi）指出的那样，"即使在事后，在事件纪念日之际，对于大众传媒系统而言，'9·11'事件仍然是这个片段。"❷ 这个片段，恰如费尔德曼对其所作的精妙分析那样，"就好像给大众开出一种时间疗法的处方，使人们一次又一次地见证事件的机械性序列，该序列修复了被恐怖袭击打断的时间线性"。❸

在我看来，这种"去审美化的""对同一序列的强迫式的"❹ 重复，显得与那种进行"破坏图像之破坏"——前文谈及"跳楼者"图像时曾提到——的意图相互补充、融会贯通。我认为，在构造某种关于"9·11"的群体记忆的计划中，这些图像具有一种绊脚石的地位。现在，我想要通过这些图像提出的疑问，恰恰与这种地位不无关系。

我们要提醒的一点是，早在恐怖袭击后的翌日，以这些图像为目标的"压抑战略"就已经露出轮廓。9月12日，在刊登了一幅照片后，一场愤怒和抗议的浪潮淹没了《纽约时报》以及全世界上百家报纸。一

---

❶ ［法］彼得罗·蒙塔尼：《中介的想象：辨识、重塑、见证可视的世界》，第62页（Montani, Pietro, *L'immaginazione intermediale. Perlustrare, rifigurare, testimoniare il mondo visibile*, Rome – Bari, Laterza, 2010, p. 62）。他接着论述说："我们越来越密集地将身体的'被迁移的传感器'功能委托给那些技术义肢。根据一些规则、方法及选择性的引导，后者重新塑造人类的感觉经验的领域——若非直接改变世界的'肉体'的话——"

❷ ［法］马尔科·迪诺伊：《目光与事件：媒体、记忆、电影》，第101页（Dinoi, Marco, *Lo sguardo e l'evento. I media, la memoria, il cinema*, Florence, Le Lettere, 2008, p. 101）。另一部作品主题相同但更专注于摄影画面，即克莱芒·谢鲁的《复视：媒体全球化时代的摄影图像——论9.11》。（Chéroux, Clément, *Diplopie. L'image photographique à l'ère des médias globalisés: essais sur le 11 septembre 2001*, Cherbourg, Le Point du Jour, 2009.）

❸ ［美］费尔德曼："归零地第一点：论历史的电影艺术"，见布鲁斯·卡普费勒主编：《世贸大厦与全球危机》，（纽约）博格汗出版社2004年版，第30页。

❹ 迪诺伊：《目光与时间：媒体、记忆、电影》，第98页。

个人作冲刺状,头朝下,双臂贴着身体,一个膝盖弯曲着——这姿势绝对是摆好的,他的身体完全垂直,正好处于一条直线的对称轴上。这条直线将其中一座塔的阴面和另一座塔的阳面分开,画面的整个背景被双子塔所占据。人们习惯于把那人称为"坠落的人"(Falling Man)。有人认为这张照片只是报纸招徕看客的玩意儿,因此就再也没有被刊登过,至少在美国如此。汤姆·朱诺德(Tom Junod)在《时尚先生》(Esquire)杂志上发表了一篇以这张照片为题的长文,文章开头论述说:"在美国,人们尽力将这张照片从'9·11'事件相关的资料中剔除出去。"❶ 然而,照片拍摄者理查德·德鲁(Richard Drew)回忆道:"这个画面的垂直性和对称性使它在屏幕上十分显眼。"❷ 理查德是职业摄影师,1968年,他曾成功地拍摄到罗伯特·肯尼迪遇刺后数秒内的照片。事实上,照片的非现实的完美呼应了"9·11"事件自身的完美。同时就像菲尔曼指出的那样,与恐怖袭击一样,坠落的人的惊人的非人性既悬置了时间,又颠覆了空间。因此,我们不禁要问,这张照片是尽管其形式的品质仍遭剔除,还是恰恰因为拥有其形式品质才被剔除的?这个合理的疑问表明,美非但不能缓和图像,反而会加强其残酷性。这个疑问在任何情况下都不能让我们忘记一个更为普遍的真理:与"跳楼者"相关的整个图像学遭到与照片"坠落的人"相同的命运,尤其是在美国。《时尚先生》的这篇文章还论述道,"在人类历史上被拍照和录影最多的这一天,'跳楼者'的图像成了唯一的禁忌,人们对此达成了普遍共识"。❸ 剔除照片的首要目的是保护受害者及其家人的隐私。然而,那并不是确保其隐私不受侵犯的最好方法。"保护隐私"之类的辞藻被用来掩饰压抑战略。在"9·11"事件一周年纪念日以前,这一战略并未被人厌弃。而此后,这一战略不仅涉及视觉资料——识别这些跳楼者的身份是一项备受争议的工作,而视觉资料本可以为任何从事这项工作

---

❶ [美]汤姆·朱诺德:"坠落的人",载《时尚先生》杂志 2003 年第 3 期(总第 140 期)。http://www.esquire.com/features/ESQ0903 – SEP_ FALLINGMAN.

❷ 同上。

❸ 同上。

的人所用——也涉及展示"跳楼者"图像的艺术作品。在这种情况下，雕塑家埃里克·菲施尔（Eric Fischl）创作的一座雕塑和艺术家沙伦·帕斯（Sharon Paz）的一幅拼贴画也被迅速转移出它们所在的展览。面对公众的抗议，展览的主办方都以两件作品被借用为借口，将它们剔除。理由与图像事件并无不同：对痛苦的投机。言下之意是："他人"的痛苦。言下之意的言下之意是：私人的痛苦，极其私人的痛苦，因此是不可言喻的痛苦。2006 年出版的《美好生活》（*The Good Life*）是最早以"9·11"事件为主题的小说之一，作者杰伊·麦金纳尼（Jay McInerney）运用的痛苦措辞让人感受到这种做法的结果："除他之外，任何人都不再提起；新闻报道里似乎有一个跳楼者禁令。罗素说他数到 27 就不再数了。"❶ 这是小说里的话。然而，朱诺德明确指出，有消息表明跳楼者的数量超过了 200 人。因此，那是名副其实的"集体自杀"。

因此，对"人类历史上被拍照和录影最多的这一天"的记忆确实被一种悖论性的、破坏圣象的愿望所占据，那愿望是不去展示更不去观看世界在此前从来不曾能够观看的东西：那些死亡，确切地说那些自杀，或者再进一步确切地说那些被判处的自杀，众目睽睽之下的残忍而壮观的自杀。不止是一种"集体自杀"，更是被隔离开的、手足无措的众多个体的自杀。因为这个原因，"跳楼者"的图像才属于那些"9·11"事件的"前所未有的本质"沉淀于其中的东西之列。仿佛在这些图像上，此种本质获得某种如此炫目的透明性，以至于其目光令人难以承受。所以，人们才试图抹去它们，并顺便抹去这种本质中的某种与"9·11"事件以来人们试图建立起来的相关记忆不匹配的东西。正在建立的记忆的关键词之一，就是品质形容词"英雄"。建筑师丹尼尔·里伯斯金德（Daniel Libeskind）在他的"归零地"重建计划中就使用该

---

❶ "他透过窗户观看从塔上跳下的身影——他强调说那身影'不是特别小'——在隔着八个楼群的地方，近得足以分清男人和女人。好像那一点最让他震惊，尽管除他之外，任何人都不再提起；新闻报道里似乎有一个跳楼者禁令。罗素说他数到 27 就不再数了。"（McInerney, Jay, *La belle vie*, Paris, L'Olivier, 2007, pp. 128~129）（*Good Life*, New York, Bloomsbury, 2006）

词，人们也用它形容"9·11"事件中的遇难者，而且是所有遇难者。这个词语明显很冒失，鉴于众多遇难者——实际上是他们中的大多数——仅仅是因为在错误的时间出现在错误的地方而死于非命，如同经常发生的那样。"9·11"事件发生的地方是如此之近——"令人难以置信的近"，乔纳森·萨夫兰·弗尔（Jonathan Safran Foer）的小说以此为题❶——以至于尖端科技能够在现场记录悲剧的过程。然而同时，那地方也无可救药地难以接近，因此才发生许多人被迫"跳楼"的事。要知道，我特别强调的并非展示那些震撼人心的图像，而且也并非暗示应该广泛传播以防人们遗忘。我们都知道，强制的回忆——依据别人制定的方式进行回忆——往往产生与既定目的相反的后果。关键恰恰在于此：以一种不是由别人决定的方式进行回忆。在我看来，抑制创伤而非加工创伤，这是极端危险的做法。正是为此原因，我认为，我们应该从这些图像出发。

如果不考虑麦金纳尼所揭露的"跳楼者禁令"，我们就难以理解唐·德里罗（Don DeLillo）小说中的人物行为。这部出版于2007年的小说题为《坠落的人》，正是理查德·德鲁拍摄的那张令人难以置信的照片的题目。小说虽然与照片同题，却并非照片的翻版。书中的人物十分神秘。接近结尾处，小说的读者才知道，那是"一个街头艺术家"。❷在"9·11"事件后的数个星期里，在一片混乱、渺无希望的曼哈顿，他模仿照片中的庄重场景，选择在城市里人流最密集的地方，身缚一条登山背带，从空中纵身跃下。在书的开头，女主人公第一次看到这个景象："有一个人，头朝下，在马路上方悬着。他穿着传统样式的服装，一条腿在空中蜷曲着，胳膊在身体两侧摇晃。我们几乎看不到他的安全

---

❶ [美] 乔纳森·萨夫兰·弗尔：《特别响，非常近》（Foer, Jonathan Safran, *Extremely Loud and Incredibly Close*, Boston, Houghton Mifflin, 2005；法译本：*Extrêmement fort et incroyablement près*, Paris, L'Olivier, 2006；中译本：《特别响，非常近》，杜先菊译，人民文学出版社2012年版）。

❷ [美] 唐·德里罗：《坠落的人》，法译本，第263页 [DeLillo, Don, *L'homme qui tombe*, Arles, Actes Sud, 2008, p.263. (*Falling Man*, New York, Scribner, 2007；中译本：严忠志译，译林出版社，2010）]。

背带，那背带从他那条伸展的腿上露出来，而另一端被固定在高架桥的斜坡上。"❶ 人们看到他时，会变得如同看到那张照片一样愤怒，"现在，交通真正停滞了。有人看见他，冲他喊着些什么。这个模仿人性绝望的场景把他们激怒了"。❷

读者读完小说的三分之二，才能看到女主人公再次遭遇此人及其动作。德里罗只是在描写女主人公的想法时，才试图用寥寥数语赋予这种行为某种意义："某人当时在坠落。一个正在坠落的人"，她问自己："他的意图是不是'以这种方法传播消息'，用移动电话，以某种私密的方式，就像在双子塔和转弯的飞机里一样？"❸ 所以，为了"传播消息"，为了打破"禁令"，那人就将图像所具有的扰乱能力赋予自己，也就是说成为图像的图像。他以不明晰的方式承认，这个图像并不是"第二物"——按照一种柏拉图式的观念，那种"第二物"从属于被我们称作"第一物"的"现实"，而他的行动仿佛是在庆祝"第二物"无可救药的、致命的消失。通过成为图像的图像，神秘人物承认图像具有一种"让我们以其目光去观看的能力"，图片自己催生我们对世界的目光，因而直接催生出"现实"。照片《坠落的人》和其他"跳楼"图片所沉淀下来的正是这种能力：为此原因，抵制它们的禁令才在纪念馆和博物馆中蔓延开来。报道这则消息的意大利《共和报》的记者喜欢炫耀那种深谙内情者的常理："正是'坠落的人'激发了唐·德里罗的小说创作……但确切地说，这是一部小说，并不是一座陈列苦难的博物馆。"❹ 这里涉及的是阿甘本（Agamben）在论及奥斯维辛时提到的"难以言说之神秘"，只是稍作必要的修改。此处仍然是迪迪-于贝尔曼

---

❶ [美] 唐·德里罗：《坠落的人》，法译本，第263页（DeLillo, Don, *L'homme qui tombe*, Arles, Actes Sud, 2008, p. 263. [*Falling Man*, New York, Scribner, 2007；中译本：严忠志译，译林出版社，2010]）。

❷ 同上。

❸ 同上书，第199页。引号为本文作者添加。

❹ [意] 安杰洛·阿夸罗："通过袭击视频：受难者家庭反对虚拟博物馆"，《共和报》2009年9月12日第15版。（Aquaro Angelo: "Via i video degli attentatori: i familiari delle vittime contro il museo virtuale", *La Repubblica*, 12 septembre 2009, p. 15.）

(Didi-Huberman)在《仍作图像》(Images malgré tout)中所驳斥的"破坏圣像的意愿"在作祟。然而,对于某些图像以其目光不断提出的作证的要求,难道我们真的应该甘心不予回应?

为了不陷入这种弃权,我们必须摈弃艾伦·费尔德曼所揭露的那种以修复线性时间为目的的"时间疗法",而是相反要深化对"时间逆转"(réversions temporelles)旋涡的探索:我们已经看到,这种时间逆转形成某些图像的表面。并且唐·德里罗暗示的答案可能就在于此。仔细思量会发现,他的答案最终与街头艺术家的目标相吻合,并最终引领着小说回归到事件的"从未真正发生的时间",以便"传播消息";小说的最后几句再次紧扣图像《坠落的人》:"这时,他看见空中飘过一件衬衣。他走着,看着它坠落,两袖挥舞,仿佛置身于另外一个世界。"[1]

关于一位"特遣队"——在奥斯维辛,他们受命去"操纵无数同类的生死"[2]——的存世者所描述的画面,迪迪-于贝尔曼写道:"谈起这个图像,我们可能会用'事后'这个词。但前提是要明确,'事后'会即刻形成,并且是画面本身涌现的不可分割的一部分。它将事件的'时间单子'立刻转化成一种复杂的'时间蒙太奇'。这就好像这'事后'与'事中'同时一样"。[3]

与此类似的图像的影响力就在于:穿透见证它们诞生的现实,并将它们的作证要求带到最遥远的未来;借助这种影响力,"包含并承载着"自身再现这一未来,也就是它们自身的"事后"的未来。毫无疑问,这样的一种解读有助于理解、论述照片《坠落的人》和唐·德里罗的小说时提到的时间逆转。

然而,如果真的像刚才指出的那样,"事后"同时于"事中",那么我认为,"事中"同时于"事后"这种观点同样正确,尽管这种时间

---

[1] [美]德里罗:《坠落的人》,见前引著作,第298页。
[2] [法]乔治·迪迪-于贝尔曼:《仍作图像》,(巴黎)子夜出版社2003年版,第13页。(Didi-Huberman, Georges, Images malgré tout, Paris, Minuit, 2003, p. 13.)
[3] 同上书,第45~46页。

逆转——两种时间逆转是互补的——被柏拉图式的传统及其衍生的令人宽慰的"时间疗法"所遮蔽。依据"时间疗法","之后"不可避免地依赖并且来源于"之前"。那种仅将图像视为"第二物"的错误观念也遵循同样的逻辑,这就是我批评它的原因。甚至就总体而言,迪迪-于贝尔曼所描述的时间逆转——图像中事件与其"未来"的同时性——都与这种逻辑相容。然而,如果恰如让·鲍德里亚谈及"9·11"事件时所言,"图像并非事件的重复,而是事件的一部分",❶ 那么图像同样是另一种时间逆转;按照这种时间逆转,我们在事后的时间里与图像的相遇使我们得以遭遇事件本身的发生,与此同时,让我们进入过去的悬置,尽管我们从未实际经历那一过去,却将一直拥有它。换一种更好的说法是,我们将一直归它所有。

梅洛-庞蒂在他的最后一部作品——本文从中受益良多——中提及的可能是一种类似的时间动力学。他把"视见"(vision)描述为"存在之物相对于人们看见与使别人看见的事物、人们看见与使别人看见的事物相对于存在之物的'先行'(précession)"。❷ 这就是说,目光相对于事物以及事物相对于目光的无限提前,想象物相对于实在物以及实在物相对于想象物的无限提前;我们都有过这种"提前"的经验:当我们面对"9·11"事件的图像时,所有人都无法避免地被推向如此多灾难影片中的图像。鲍德里亚也用了"先行"一词来指明这种后屈性的时间动力学。尽管如此,正如他之前曾做的那样,❸ 鲍德里亚同样在谈及关于"9·11"事件时,仍然坚持对"拟像"的先行与"模型"的先行进行

---

❶ [法] 让·鲍德里亚:"自我镜像中的图片报道"("Le photoreportage en son miroir"),载《世界报》2007年3月16日,全文刊载。
❷ [法] 梅洛-庞蒂:《眼与心》,法文本,第87页(此处采用杨大春"先行"的译法,——译者注)。
❸ [法] 鲍德里亚:"拟像的先行",《拟像和仿真》第一章(Baudrillard, Jean, "La précession des simulacres", premier chapitre de *Simulacres et simulation*, Paris, Galilée, 1981)。

区别和对立。❶ 相反，梅洛－庞蒂定义的那种交互的"先行"动力学将我们引入一种非常独特的通向无限的倒退。这种通向无限的倒退无可避免地给我们开启一个时间维度，我们有可能在其间再次遇到某些图像能让我们见证的事件。

值得深思的是，弗尔的小说最后几页里的另一个"坠落的人"——9 岁的男主人公——的画面片段，该片段插入小说最后几页的方式试图动摇一种类似于实在物与想象物之间的交互的"先行"。实在物和想象物一直不停地互相指向对方，同时又无望地保持歧异，唯一与此相似的就是创伤及抹去创伤的难以慰藉的欲望：

最后，我找到了那个正在下落的人体。

那是爸爸吗？

也许吧。

不管他是谁，他是一个人。

我那些纸张从本子里撕了下来。

我把顺序倒了过来，这样最后一页成了第一页，第一页成了最后一页。

快速翻过纸张的时候，感觉那个人是在空中飘升。

如果我还有更多的照片，他便可以飞过一扇窗户，回到大楼里，烟雾会回到飞机将要撞出来的那个大洞里。

爸爸会倒着留言，直到留言机都空了，然后飞机会倒着飞离他身边，一直回到波士顿。

他会坐电梯到一楼，并在那里按下去顶楼的按钮。

他会倒着回到地铁站，列车会倒着开过地道，回到我们这一站。

爸爸会倒着回到十字转门，然后倒着刷他的地铁票，然后一边

---

❶ "恐怖袭击对应着'9·11'事件相对所有阐释模型的先行，而这场愚蠢的军事与技术的战争则对应着模型相对事件的先行"［Baudrillard, Jean, *L'esprit du terrorisme*, Paris, Galilée, 2002, p. 45；中译本（龙冰译）载汪民安主编：《生产》第一辑，pp. 46～73，这里并未采用此译文——译者注］。

从右到左读《纽约时报》，一边倒着走回家。后退着经过地铁口的小门，取回他的地铁卡，回到家并且从右向左阅读《纽约时报》。

他会把咖啡吐回他的杯子里，倒着刷他的牙，然后用剃须刀把胡子再放回他脸上。

他会回到床上，闹钟倒转，鸣响，他会倒着做梦。

然后时间回到最坏一天的前一晚，他会从床上爬起来。

他会倒着走进我的房间，倒着吹《我是一头海象》的口哨。

他会在我身边躺下来。

我们会看着天花板上的星星，星星会从我们眼里拉回它们的光芒。

我会倒着说"没什么"。

他会倒着说："嗯，哥们儿？"

我会倒着说"爸爸（papa）"，于是就变成了"阿啵阿啵（apap）"。

他会给我讲第六区的故事，从结尾的罐头盒里的声音到开头，从"我爱你"到"从前……"

我们无所畏惧。[1]

---

[1] ［美］弗尔著，杜先菊译：《特别响，非常近》，人民文学出版社2012年版，第340~341页。略有改动。

为当代艺术的争论画上句号

■ ［法］娜塔莉·汉妮熙* 文
　 许一明** 译

【内容提要】 "当代艺术"自其诞生之日起便备受争议。争议的根源在于，"当代艺术"往往被当做艺术发展的一个阶段，而不是一种具有独立地位的类型。同时，在一个价值体系多元化的境况下，"当代艺术"的定义也是不确定的，种种将"范式"等同于"类型"的艺术评估方式不再适应评价当代艺术。为此，需要打破艺术界的等级制，建立一种新的分类方式，以适应艺术界多元化的现状，为"当代艺术"正名。本文从美学、社会学的角度出发，提出以"类型"代替"范式"，将分类标准和价值评估标准相分离，为传统的、以时代先后为区分的"古典—现代—当代"的三分法赋予新的含义。这种新的三分法虽有缺陷，但是比传统的分类法更宽容，有助于接受艺术创作方式的多样性。

【关键词】 论战　当代艺术　范式　三分法

在《当代艺术的三重游戏》一书中，我曾提出如下观点：对目前所

---

* 娜塔莉·汉妮熙（Nathalie Heinich, 1955 ~ ），法国社会学家，1981 年于法国社会科学高等学院（EHESS）取得博士学位，现任法国国家科学研究院（CNRS）研究员、法国高等社会科学研究学院艺术与语言研究中心（CRAL-EHESS）成员、人类学与文化机构史实验室（LAHIC-CNRS）委员，主要研究方向为当代艺术、艺术社会学、美学欣赏与接受、文化价值观流变等；发表论文数十篇，出版专著近二十部，在法国当代艺术研究领域具有重要影响。本文是作者改写自牛津大学研讨会上的学术报告，载《辩论》杂志第 104 期，1999 年 3 ~ 4 月。

** 许一明，1990 年生，华东师范大学法语系研究生；主要研究方向：法国文学。

称的"当代艺术",与其将它看作艺术发展的一个阶段,与某段时间相对应,不如看作一种"类型",与古典时代的历史画置于同等地位。既然在音乐界"当代音乐"被看做一种音乐类型,与其他音乐类型并存,其地位毋庸置疑;那么,在当今艺术创作中,同样可以把"当代艺术"作为一种艺术类型来看待,与其他艺术类型具有同等地位。

通过书中的讨论,我确信这一观点是科学、恰当的,尽管它引起了诸多理由充分的反驳;我同时确信它所具有的实际意义。若干年来,人们围绕当代艺术的问题展开论战,在我看来这种观点正是瓦解了招致论战的基础,使其言之无物,从而可以把我们的精力投入到更为实际的问题中;所以接下来我将从批评者的角度出发,论证我的观点。我希望能够尽可能多地找出被误读的部分,哪怕仅此一次,以凸显批评的建设性。❶

一、打破等级制

与 19 世纪的各种争论相比,现状的特殊性在于,一个单一的艺术"界"(正如独立艺术家沙龙所展示的)以及对于什么是,或者什么应该是艺术的单一定义不复存在:定义是多元的、复数的。评判不同的艺术创作方式的标准不再被置于一个轴线的上下两级之间,而是同时置于几个轴之上。因此,争论不再仅仅局限于审美评价的问题(类似于"好看""画得不错"一类的评价)和品味问题("喜欢"与否),而扩展到本体论问题,比如分类(这究竟是不是艺术)、比如接纳或者排斥

---

❶ 我将当代艺术作为"类型"的想法是受了赫克托·奥巴克的启发,虽然他的观点与我相异。他认为,"当代艺术"作为艺术类型而存在的本质在于多种学科的混合——视觉艺术、音乐、文学、电影和视频的混合;在我看来,如果打破界限是"当代"特点的一个层面,学科边界依然有效地限制了艺术实践,导致以各种方式所表现的"当代性"都有不同程度的削弱。但我认为,与我们在文中主要讨论的将当代艺术作为类型考虑的观点相比,这个问题是次要的。在很大程度上,我的观点发展要归功于所有为我提供了宝贵建议的人(无论支持还是反对的),特别要感谢让-玛丽·谢费尔、多米尼克·夏多和莱纳·罗希里茨。

（是否应当接受其作为艺术作品）。一个典型的例子：杜尚❶的画画得好还是不好并不是问题（印象派画家常常受到这样的指责），而在于他的创作既不是画，也不是雕塑，而是被称为艺术作品。

我们不再依照一个连续、规范性的且以此为基础建立了审美价值等级的逻辑展开研究，而是遵循一种不连贯的、分类的逻辑，以便给作品分门别类。然而，一个很重要的问题是，在当今社会，所谓"艺术"被给予了宽泛且实在的价值，积分和排名相当于一种积极的评价；相反的，当说"这不是艺术"时，体现的是一种否定其价值的倾向，而不是客观的描述。借用吉尔伯特·底斯坡的话来讲，这不是"观察员的评价"，而是"估价者的评价"，甚至是一种"推荐者的评价"；一旦掌握了这种思考方式，我们便自认为从中了解了如何正确欣赏艺术以及可能带来的结果。❷

这就是围绕当代艺术展开的大多数论战的立足点，我在对反对意见的分析中已对其说明：美的问题很少被关注，这的确有利于欣赏者对所看到的东西的本质提出疑问（是真正的艺术，还是"垃圾""骗人的""随便什么东西"），也有利于伦理性评价——或是针对艺术家行为价值（他在何种程度上真正投入创作了、他是真诚的还是愤世嫉俗的），或是针对他的作品（图像、动作等是否违反道德价值），问题甚至可以是政治性的，比如针对公共权力支持程度（是否应该资助或展示这种或那种作品）。

因此，艺术爱好者们，甚至是普通的、没有特权或对艺术没有特别兴趣的人，往往会被以上言论引导而否定某一作品价值；不是因为作品质量低劣，或者未能让他们产生共鸣，而是因为被贴上了"非艺术"的标签。这样一来，他们从来没有或者很少感到自己作出的评价是低级的、不合理的。如果当代艺术的业内人士认为他们无能、无知甚至卑

---

❶ 杜尚（Marcel Duchamp，1887~1968），法国艺术家，达达主义和超现实主义代表人物，"实物艺术"创始者。
❷ ［法］G. 底斯坡（G. Dispaux）：《逻辑与日常生活，一种论证机制的对话体分析》，（巴黎）子夜出版社1984年版。

鄙，在大多数情况下，他们往往会自认为完全有权站在自己的立场上表达愤慨。不是艺术欣赏能力的差别造就了这一问题，而是因为"何为艺术"这一概念本身是多重的。一些人认为是合理的东西在另一群人看来就是不合理的，反之亦然；同样，统治地位和参与者借以发展的价值领域紧密相关：如果汉斯·哈克❶在他的作品中抨击跨国公司的统治地位，他这样做是由于他处于当代艺术统领地位，艺术的世界也是他自己的世界，这一点可以从他频繁出现在当代艺术的各个机构得到证明。总而言之，我们生活在一个多元化的系统之中，等级原则是双重乃至多重的。

二、三种范式或三种类型的艺术

可以由此区分出当今流行的三种迥异的看待艺术的方式——三种同样流行的艺术"范式"，却因受众不同而得到不平等的评价。借用托马斯·库恩研究科学史的术语，可以说这是三种"范式"，也就是作为一种定义常态的方式，一种集体的、无意识的先验结构模式——即使在某些情况下可能是有意识的。❷

换言之，这三种"类型"的艺术、三种迥异的类别，每种都有自己的标准和特点，且包含不同的"子类"。正如我们将看到的，类型分类的好处在于允许多元化和（层次化）的共存，而范式的概念，排除一切不正常的范畴，是排他的，因而是不可兼容的，当然在某些危机时刻也会有相异的范式并存，而且至少有两个并存——因为范式一定处于不断发展变化之中。然而这正是现今当代艺术所面临的局面：范式危机时期，错综复杂的状况——因为并存的范式不是两个，而是三个。

当今并存的三类艺术"范式"可被称为古典艺术、现代艺术和当代艺术。试图确定三种分类标准之前，首先需要指出这种分类并不以先验理论构建为基础（对于之前论战中支持一方或另一方观点的人来说，也

---

❶ 汉斯·哈克（1936~），德国艺术家，从事意念艺术创作。
❷ [美] 托马斯·库恩：《科学发展的结构》，（巴黎）法拉玛丽雍出版社1972年版。

许是"范式"问题；或者对于旁观者而言，是"类型"问题），而是从经验观察推论出来的结果，特别是观察一些特定商业行为，或是影响作品是否被购买，或是影响艺术家能否获得公共机构资助。换句话说，不存在先验的规范的标准，存在的是归纳的描述性标准。如此说来，我们探讨的问题是一个美学问题，更是属于社会学关注的范畴。

三、古典、现代、当代

第一类：古典艺术，以表现为基础，遵循学院派规则，忠实反映真实。当代从事这一类型创作的画家很少（巴尔图斯[1]可能是最接近的）。在静物画、肖像画或者在众多小画廊里展出的风景画（特别是外省的）中，古典艺术的痕迹最为浓重。画这种画的人往往只在当地小范围内出名（但在古典主义时代，错视画、宗教画或者还愿画画家也是同样的情况）。

第二类：现代艺术，与古典艺术一样崇尚传统素材（在画布上用画刷绘画，在座石上雕刻等），但是同时又与之保持距离，因为现代艺术的基础是艺术家对内心的表达。这种内在性代表了什么？内在性的第一层含义是指个人的、主观的：印象派、野兽派、立体主义，甚至空想主义，都在表面上形象地展示了艺术家如何看待世界；而超现实主义用梦幻的方式，展示了内在世界的景象。在这个意义上，现代艺术和古典艺术产生分歧，缘于后者始终将个人化置于次要地位，或者说要"去个人化"，处于首要地位的始终是"再现"的标准和共同的参照物。

作品反映作者内心的尺度却往往是朦胧模糊的，因为无法确定是作者本人有意为之（主观意图层面），还是观赏者解读的结果（客观感受层面）：是画家本人通过画作传达"自我表达"的需要，还是我们自己希望通过解读画作来窥视画家内心的想法呢？为了拨开迷雾，需要引入

---

[1] 巴尔图斯（Balthus，1908~2001），原名 Balthasar Kl ossowski，波兰裔法国具象派画家。

第三个参考维度,即内在性,作为客体的层面。所谓"内在性",其实受到主观映像和真实性要求的双重限制;作品须从思想、感受乃至手势呈现作者主体与创作之间的联系。然而,现代艺术中继续采用古典主义素材,画笔(或者铅笔、炭笔等)饱蘸颜料,在画布上涂抹,雕塑家亲手把粗糙的材料打磨成型,通过这种方式,作者主体和创作之间的联系得以保留。

诚然,这种连续性并不意味着即时性,即作品并不直截了当地表达艺术家心中所想。简单来讲,如何联结内心所想和外在表达,这本身就是内在的思考(参考造型、思维定式、知识框架、常规手势、形体习惯),然而在当代艺术中,这些思考被提到明面上来,因为我们即将看到当代艺术完全是另一种情况。因此,由于内在性的"真实"维度不同,当代艺术和现代艺术分道扬镳;同样,"主观性"是区分古典艺术和现代艺术的标准。需要注意的是,对于艺术内在性的需求已深深植根在我们的文化中:我们往往难以理解和接受并非出自艺术家身心的艺术作品。这种需求已经成为范式——现代范式,总而言之,这种观点占统治地位差不多一个半世纪了。

要说明现代艺术的分类,用已逝画家的名字是无用的,虽然他们人数众多、大名鼎鼎:他们代表了那个孕育了我们当今文化的时代,尽管这种范式与另一种更加新颖的范式并存。作为尚在世的伟大的现代派画家,其中最伟大的如让·克莱尔[1]之前提过的马塔[2]、弗洛伊德[3]、森·山方[4]或者基塔伊[5]等人,近年来也都转向从事被认为低一等的现代艺术创作,更接近于当代艺术。至于依然活跃的不太出名的现代派画家则不胜枚举,在外省、巴黎圣日耳曼德佩区或者圣奥诺雷郊区的美术沙龙和画廊,均可看到他们的作品——不论好坏与否,他们都继承了"巴黎

---

[1] 让·克莱尔(Jean Clair),1940 年生于法国巴黎,20 世纪 90 年代法国最重要的艺术批评家。
[2] 马塔(Roberto Matta, 1911~2002),智利画家。
[3] 弗洛伊德(Lucien Freud, 1922~2011),心理学家弗洛伊德的孙子,英国艺术家。
[4] 森·山方(Sam Szafran, 1934~),法国现代具象画家。
[5] 基塔伊(Ronald Kitaj, 1932~2007),美国艺术家。

学院"的传统、抽象技法,甚至吸收了印象派和超现实主义风格,或者说是自我试验,或者说是进一步解构传统意义上的形象或者主题的合理性。

他们所做的工作可以被称为"回归",但这并不是毫无作为,而是对他人开创的道路的深化和发展。这似乎是当今艺术的大势所趋,特别对于日薄西山的现代艺术而言。但是,无论现代还是当代,激进的先锋者们总有他们自己的一套计划。在第二次世界大战之后,产生了一种新的趋势,不是"回归"而是"进化",❶ 即走前人未走之路、破除陈腐旧套。马塞尔·杜尚是先行者,伊夫·克莱因❷则是先锋之一:他们用单色表现主观,用人体测量表现真实;与古典和现代画一样,在画布和裸露的人体上作画是其重要组成部分,然而并不经过艺术家之手处理,以此在两个层面上满足当代艺术对内在性的要求。于是现在就诞生了一种新的艺术范式,正如其支持者所愿,被称为"当代艺术"。

今天所说的"第三类视觉艺术"植根于反叛的理念,而且是对所有既定艺术规则的系统性反叛,无论是古典艺术传统还是现代,乃至当代。在这种意义上,它彻底与古典艺术决裂,但是仍然与现代艺术有着千丝万缕的联系,因为后者曾经有过一系列具体的、对于传统艺术"规矩"的反叛。❸ 然而,当代艺术与现代艺术之间依然存在鸿沟,因为反叛不仅在美学范围(按弗兰克·斯特拉❹的原则,取其字面含义)而且在学科范围内进行(融合了造型艺术、文学、戏剧、音乐、影视的表现力),甚至涉及道德或者法律层面。关系到素材本身时,这种反叛特别明显,和布景、表现或者艺术视频的情况一样。

当代艺术立足于各种形式的决裂——和所有旧事物的决裂,然而需要具体问题具体分析。当这种决裂关系到重大的颠覆时,通常被认为是

---

❶ 此处借用了让·德·卢瓦奇的术语"回归"和"进化"。
❷ 伊夫·克莱因(Yves Klein, 1928~1962),法国艺术家,新现实主义先锋,行为艺术最早的推动者,同时也被视为极简主义和波普艺术的先驱。——译者注
❸ 关于这些浪潮的介绍及其后果,详见《当代艺术的三重游戏》一书前言。
❹ 弗兰克·斯特拉(1936~),美国极简抽象主义画家。

积极的；如果这种决裂是因为时尚风向变化，或是因为无论如何都要与众不同的欲望，或者企图以最小的代价出名，那么这是消极的、不应提倡的。打破常规从未如此艰难，因为这触及了现代艺术的基础，即表达的主观性（如极简主义艺术和概念艺术）和真实性（如在布景和表演领域，借助大众传媒宣传艺术家本人和艺术成果之间的关系，利用自然或者工业产品，或者是通过照片和视频）。更何况，当代艺术试图从根本上改变艺术价值观，即从关注作品本身到关注作为媒介的作品及其衍生物，艺术家和欣赏者可借此进行对话；然而这使得当代艺术更加难以被接受。不论是创作札记，还是传记题词、成就记录，或者复杂的关系网、多样的解读，乃至被迫接受这些作品的长墙和博物馆，是它们为"作品"的产生作出了贡献，甚至是主要的贡献，作品本身的物质性并不重要。因此，杜尚作品《喷泉》的价值并不在于1917年在独立艺术家沙龙展出的那个小便池（何况它已经消失了），而是在于由杜尚的创造精神而不断产生的所有事物，比如他后来的演讲、举止还有画作。

古典、现代、当代艺术，每一类型之下都包括不同的分支或称为"子类"。古典艺术是传统的"类型"，包括历史画（尽管当今作品很少以此为题材）、肖像画、风景画、风俗画以及静物画。现代艺术则是代代相传的各种"潮流"或者"流派"，例如，印象派、野兽派、立体派、超现实主义、空想主义等。当代艺术是一盘各种"运动"的大杂烩，成功地将"风格"上升为"类型"，正如丹尼·里佑为定义单色画所做的区分（一种类型可以被模仿，而不会被抄袭，❶风格却相反）：从单色画到动力艺术、新现实主义、大众艺术、超写实主义、意念艺术、新形象主义、波普艺术，"坏画"，等等。

四、一种矛盾的分类法

在接受这种观点之前显然需要了解的是，在"当代艺术"这个术语

---

❶ [法] D. 里佑：《单色画，一种类型的历史与探究》，（尼姆）J. 尚伯出版社 1996年版。

中,"当代"实际上并不对应一个纵向、具体的断代(涵盖某一时代所有的生产),而是横向的属性和类型(涵盖所有具有美学或者非美学共性的事物)。从这个角度来看,杜尚的艺术品(不是他的画)或马列维奇❶的单色画虽然是在现代艺术背景下创作的,但它们属于当代艺术,而今天创作的许多作品却不属于当代艺术。

因此这种分类法存在三方面悖论。第一,它假设存在共性思维标准,这与偏好流动、独立和出人意料的艺术世界观相抵触。每种分类法都会被人认为有封闭落后、乱贴标签、"戴帽子"的嫌疑——从原则上对艺术自由造成威胁。我们在此不讨论共同标准的哲学辩论,但若没有一个共同的标准,便不会有自由,更不会有所谓的发展;我们只想指出,并不是要对这种分类法的价值大肆吹捧,而是要描述其功能。这种描述,原则上是可商榷的,也接受批评,但其效果不是本文要讨论的问题。此外,这种分类方法一点也不排斥其他的估价性的或者解释性的分类方法,后者甚至是评论艺术的最好方法。但是社会学和艺术本身并没有必然联系(除了从事艺术批评或者艺术史研究之外):社会学所关注的是艺术的功能,即什么造就了艺术,艺术又造就了什么。每个人都有评判"有趣"或者"无趣"的自由——只要不是试图让一家之言代替全部,以掌握所谓霸权。

第二,这种分类法会与"当代"一词的通常含义,即"当今时代"发生冲突。美学分类法几乎总是具有多义性,从纵向断代到横向分类:"巴洛克"可以指"巴洛克时代的",也可以指"巴洛克风格的"(然而这两者有很大差异:巴洛克时代的建筑物外观庄严,近乎古板,而巴洛克风格的装饰极尽奢华,两者形成鲜明对比)。在这种情况下,使用"古典""现代"和"当代"等字眼可能会与它们通常所对应的年代意义发生混淆;但是生造出新的名称又会切断与通常含义的联系,况且分类法功能的多样性及其导致的模糊性已经重新构建了这种意义。所以,

---

❶ 马列维奇(Kazimir Severinovitch Malevitch, 1878~1935),俄国至上主义倡导者,构成主义、几何抽象派画家。

要根据经验选择最接近的字眼,尽管这在语义上并不精确。

第三,这种三分法意味着否认以历史的眼光看待艺术,即艺术的发展是线性的,跟随革新或者"先锋"的潮流,由一个单一的价值体系评判。"创新",甚至对传统的反叛,一定等同于"优质",而试图走前人之路的则被批评为"平庸"(艺术界有这样一句格言:"越新,越好",以讽刺的手法对此加以总结)。这种历史主义的态度和前文所说的将"当代"仅仅等同于时间概念的做法是一脉相承的,也就是说不论给予"当代艺术"多大的弹性,当代的作品就属于当代艺术。大多数当代艺术专家都支持上述观点,或许是因为这种思路有利于他们从时间的、客观的标准出发来为美学选择辩护,这是他们的特权;这当然有利于活跃当今艺术创作或者鼓励艺术家。然而,问题在于这种观点并不适合"当代艺术"这一指称的真实功能,也不适合当今艺术所做出的真实选择。

接下来,面对这三重阻碍——以反统一性、时序性、历史性的眼光看待艺术,我会尽量用一个多元的等级准则为这种分类法辩护,因为在我看来这既是一个很好的描述现状的工具,也有助于解决冲突。为此,在介绍它的优势之前,我需要先阐明它的缺陷所在。

五、三分法的缺陷

与所有的分类法一样,这种三分法首先将面临界限如何划分的问题,而这将从根本上动摇其合理性。因为类型不会总是以理想、典型的状态出现:干扰和杂质始终存在,尤其是在当代艺术这样一个本身就孕育着反叛既定类型和逾越界限的萌芽的领域,由审美内容来定义边界未免受到阻碍;这种方式做出的定义注定会被颠覆,因此由所处的境况来定义也许更合适,也就是我前面试图定义的反叛的境况。

话虽这么说,但是所谓的"经典"也曾经处于边界状态,或者说曾被边缘化：克劳德·洛林❶同时擅长历史画和风景画，乔治·德拉图尔❷的风俗画和历史画均活灵活现；马奈处于古典向现代的转折阶段，而波洛克❸则处于现代（由其题材和作品表现力可见）和当代（他不再使用画刷和铅笔）之间，集中代表了英美国家称之为"刃口"的先锋流派。然而，现代和当代艺术之间的分化问题尤其严重。在反叛传统题材方面，这种分化很明显：布置和表现的差异、图像和视频技术支持的加入，无疑属于一个特定的类别范围，以至于一些人质疑这些作品是否属于视觉艺术。同样，用平庸的艺术素材（新现实主义）或主题（流行艺术、超现实主义），甚至表达方式（概念主义、极简主义）进行游戏，这明晰地勾勒出现代艺术传统的局限。

然而，因为反叛的对象是当代艺术本身已经具有的倾向性，当代艺术的特征更难确立。有些当代艺术家重拾现代艺术传统，在画布上作画，在座石上雕刻，不论是形象（比如不同的神态，这使得前三十年的造型艺术作品风采多姿），还是抽象（回忆一下"坏画"或者意大利超先锋派的作品）。有些人甚至完全复古，比如马歇尔·雷斯❹和杰拉德·加鲁斯特❺在法国国家新图书馆的墙壁上创作具有现代风格的作品，一定程度上秉承了历史画的传统。

这种次生的反叛，即当代艺术中的反叛因素被再次反叛的情形，越来越常见，因为所有的准则都不可避免地走向衰亡，当代艺术因而呈现出一种折中主义的倾向。存在这样两个阶层：第一级代表古典或现代传统，第二级代表当代艺术；就作品本身而言，无法在两个等级之间做出决断。因此，需要参考外围因素来定位作品类型，具体来讲就是它是否

---

❶ 克劳德·洛林（Claude Gellée，约 1600~1682），又名 Le Lorrain，法国巴洛克时期风景画家，主要活跃在意大利。

❷ 乔治·德拉图尔（Georges de la Tour, 1593~1652），法国巴洛克时代画家，生于洛林，以绘画烛光作为光源的晚景闻名，题材主要为宗教画和风俗画。

❸ 波洛克（Jackson Pollock, 1912~1956），美国画家，抽象表现主义运动的主要倡导者。

❹ 马歇尔·雷斯（Martial Raysse, 1936~ ），法国艺术家，是一位接近波普艺术的新现实主义者。

❺ 加鲁斯特（Gérard Garouste, 1946~ ），当代法国画家、雕塑家。

能够被归类于当代艺术范畴，要看收藏家和相关机构是否愿意接受和购买。

外围因素可以是实在的，如作品的规格（如一个很大的作品，像基弗❶的那样，倾向于被认为体现了当代特征，但也有尺寸非常小的，比如法维耶❷的作品），或者仅仅关注作品创作的日期（如琼·米切尔❸的画是当代艺术，杰克逊·波洛克是现代艺术）。很多时候艺术家的创作历程也很重要，特别是他的言论——专家常常借此来评判他的作品是否在当代艺术演变中占有一席之地。这意味着在很大程度上，确立当代艺术成员资格的标准取决于"社会"的准则。换言之，所关注的更多是作为"人"的艺术家，或者是他的创作背景，而不是其作品所呈现的造型特点。如果把现代艺术作为艺术融合能力的表现，将其看作一种实用社会学也就不足为奇了，确切地说，明白这一点并不是为它辩护：我们每个人都是自由的，或者表示喜欢或者对其嗤之以鼻。

六、三分法的优势

尽管这种三分法存在灰色地带和不确定性，在我看来它仍然有两个主要的优点。

首先它有助于了解当代艺术引起的争论有多么激烈：问题不再是同一轴线上品味差异或质量高低，而是范式的问题，即艺术的定义。因此在范式之外的就会被认为是不合理的，应该被摒弃——这就是大部分当代艺术遭到摒弃的境况。

另外，既然我们不再对当代艺术所产生的后果进行描述性分析，而是在标准层面说明已存在的各种观念和行为，那么这种观点有利于缓和冲突，至少让冲突变得有用。这的确使得我们更容易接受从事艺术创作

---

❶ 基弗（Anselm Kiefer, 1945~），20世纪80年代德国"新表现主义"画家。
❷ 法维耶（Philippe Favier, 1957~），法国艺术家，长于创作黑白色系的小尺寸艺术品。
❸ 琼·米歇尔（Joan Mitchell, 1925~1992），美国女画家、艺术家，抽象表现主义第二次浪潮代表人物。

方式的多样性，因为这种多样性的存在造就了多种方式的"干"与"看"的共存。"干"与"看"的关系从逻辑上讲是互相排斥的关系，这就是通常所讲的宽容。正是因为这个缘故，艺术分类不应当被看做"范式"，因为"范式"是绝对排他的（因为在逻辑上"范式"只允许存在一种标准）；而是看做"类型"，类型之间和谐相处，地位平等。

事实就是这样：当今艺术由这三大"种类"构成，每一种都包括若干"子类"。问题是，标准层面上有效的多样性是等级分明的：艺术机构现在对当代艺术青眼有加（至少在法国是这样），正如19世纪他们对待历史画的态度一样（另一方面，当代艺术和历史画都和演讲有关）。重点在于，因为未能认识到这些类型的存在，往往混淆归类标准（判断属于现代艺术或者当代艺术）和评估标准（在每个种类之内评判质量高低）。因此，借口某个作品的反叛性（归类标准）来评判它有趣（当代艺术拥护者的观点）或者无趣（反对者观点），然而双方都忘记了阐明用于维护或者反对当代艺术的美学标准。当停留在人与人之间的争论时，关系的混乱造成混淆（正如雅斯米娜·雷扎❶的戏剧《艺术》中所表现的）；但是既然已经将争论提升到制度决策层面（采购、展览、赞助），政策的混乱则浮出水面（布伦❷在大皇宫展出的柱子是最好的例证），因为这些以公民名义作出的决定并没有恰当的解释。

理想的情况是，承认多种类型的存在，并且在各种类型内部建立一套相应的评价标准，以选出最好的作品：每个人的选择都是自由的，可以喜欢这种也可以喜欢那种，甚至都喜欢也无妨。事实的确如此，只有专家才认为折中主义是弊端，因为在他们看来，专注于某一个流派、甚至某一个画家是自己的责任。企图施加单一的价值观，只接受唯一的创作方法，没什么比这更糟糕、更残暴了。不幸的是，不论是当代艺术的支持者还是反对者都倾向于这么做。

这就是为什么在我看来，了解这三种艺术类型不但有利于理解当今

---

❶ 雅斯米娜·雷扎（Yasmina Reza, 1959~），法国女作家，创作类型广泛，涵盖小说、戏剧、剧本等。

❷ 布伦（Daniel Buren, 1938~），法国艺术家，以其极简的8.7厘米的垂直线条著名。

形势，对于走出这种形势也是非常必要的。如此一来，研究者将不再秉承教科书的说法，因为固有范式的危机日益凸显；说得更专业一些，建议从时效性的角度将这些范式归为"类型"。同时，以统一标准和价值标准的相互分离为基础，评判标准从单一走向多元。总而言之，这就是我们在何种意义上要承担风险参与"辩论"以及这种做法的原因所在。

诗学研究

文学有批评权吗？

[法] 让·贝西埃* 文
鹿一琳** 译

【内容提要】 本文通过若干批评思潮与文学作品的联系，以说明文学是否有批评权和文学是否具有批评性质的问题。

【关键词】 文学 批评权

我要作的报告为《文学有批评权吗？》。报告尝试把一定数量的文学和当代批评的主题重新置于文学批评权力视野范围之内。四五十年前，文学批评权力一直处于争论中心，在 20 世纪七八十年代依然如此，时至今日才略有平息。这些争论与结构主义及随之出现的文学批评的意识形态密不可分。

一、论文学、文学批评在当代的不确定性及应对之策

开始我的报告之前，我想简要回答弗洛朗·科斯特（Florent Coste）在此次会议报告中提出的问题。这些即兴回答也许会对明确文学批评的地位有所帮助。弗洛朗·科斯特提出的问题可以归纳为以下几点：文学

---

* 让·贝西埃（Jean Berieire），法国巴黎新索邦大学比较文学教授，国际比较文学学会荣誉会长，著名文学批评家和理论家。

** 鹿一琳：女，广西民族大学外语学院副教授，博士研究生。

批评的理论统一有何神秘之处，结构主义还剩下什么，如何应对结构主义的退潮和形式各异的流派的出现。

结构主义热潮 40 年后的今天，我们得以对其进行审视。必须强调这个时间跨度。我作一个虚拟的比较。比如，1968 年（为了选取一个距 2008 年整数的年份），当时结构主义参照已经占据优势地位，人们总是选择 1928 年作为参照，这看上去难免有点奇怪。在当代，以相对恒定的方法，取旧时主题来参照，是文学研究的必然特征。这里的旧不是贬义，而是指这些题材一定是取自几十年前。更需强调的是，参照法在很大程度上定义了文学研究的性质。关于我的虚拟比较还要补充一点，这种参照法和定义法在某种程度上略显奇怪。然而有一些简单的方法可以消除这种奇异感。对弗洛朗·科斯特问题的回答可以快速描绘这种过渡。

根据完全传统的方法，当代文学批评可以分为以下几个领域：作者参照极、读者参照极、客体参照极（作品/对象）、文本参照极。这四极对应着 40 年来文学批评的主要方向：

（1）与作品及作者相关的问题（作者的消失、死亡，等等）；
（2）读者、阅读及接受研究；
（3）引发大量批评作品的、与文学再现相关的问题；
（4）关注文本的形式主义与结构主义。

这一批评格局的显著特征是文本被极简化，这一点是悖论性的。为了证实这一论断，举一个我常引用的极简化的例子，如热拉尔·热奈特（Gérard Genette）对《追忆似水年华》（*A la recherche du temps perdu*）第三卷的叙述学研究。无论是明指还是暗指，支撑这项研究的叙述之定义，不是针对文学叙述，而是针对叙述整体来定义。——如果我是叙述者，当我讲述今天、昨天、前天甚至更早发生的事情，我可以是昨日所发事件的施动者或非施动者。❶《追忆似水年华》中的此类布局并不是纯文学布局。热拉尔·热奈特用长篇分析将其布局概括为"可"（peut）

---

❶ 这句话的含义还可以扩充为：我可以作为或不作为已发生事件的证人。

文学布局。而文本从形式主义或结构主义的研究角度来看，不一定能按照纯文学来研究和认定。这是一种强烈的悖论。若观察接受研究、接受美学研究，无论接受研究的方式或类型如何，也都是悖论性的。再举一个例子。由沃尔夫冈·伊瑟尔（Wolfgang Iser，1985）明确发展的阐释学视野是从文本的适应角度而非回归文本的"客体的"（objectif）角度出发的。我们还可以补充很多这样的例子。文学批评的现状再一次呈现出悖论性。接受研究并不要求文学客体像那样准确定性。唯一依靠文学客体来定性的是由罗曼·雅各布森（Roman Jakobon）定义的诗性功能。这一定义总体上属于文体学而非诗学的范畴，其中还包括文本弱化的手法。关于文本弱化的现实是：在当代，一方面为确定文学作品的美学而展开广泛讨论；另一方面，并没有给出美学的恒定定义，也没有界定文学客体的稳定特征。

于是文学的去概念化占据了优势。文学批评的去概念化远远晚于艺术批评和艺术史，然而去概念化不排除下列类型：继续创作的作品，自称作家的人，等等。此优势地位使批评的态度夹杂了怀旧和追忆的成分。举一个怀旧的例子。《文学能做些什么？》（*Ce que peut la littérature?*，2006）重新收录了阿兰·芬基尔克劳德（Alain Finkielkraut）导演的法兰西文化节目。在一次关于罗兰·巴特（Roland Barthes）的讨论中，一位辩论家如是说：文学在当代有可能处于一种文化远离和文化曲解的境地，如拉辛的作品。因此，广义的法国文学，尤其是法国当代文学与古典文学如希腊文学和拉丁文学在文化远离方面有了交集。文学呈现出旧事物的面貌，这样的怀旧态度与追忆态度是分不开的；而追忆态度可以轻易地显示出其重要性——无论是过去还是当代的文学。对文学重要性的肯定又夹杂着对文学价值观身份的认同，价值观身份也构成了文学的重要性。追忆态度借助一问一答来体现：当前，如果我代表评论界，如果我是读者，怎样才能得出文学的价值论身份呢？答：通过承认：文学首先认同文学的价值，进而认同所有价值。

当代文学批评的特征及研究方法既包括疑难法，又包括肯定法。我并不是说肯定法是徒劳的，我认为它是一种同义重复，比如"文学就是文学"。即使这样，它也有其意义。当我们面对疑难法、当代文学现状的远距离特征以及结构主义、后结构主义，肯定法是我们在第一时间所能采取的唯一的实用主义态度。需要强调的是，这一态度不一定会生成批评观点，因此人们才会继续探讨或回顾结构主义。

　　那些最初向我提出的问题，针对文本弱化和肯定文学重要性之间的悖论，我已经在《文学理论的原理》（*Principes de la théorie littéraire*, 2005）中尝试进行了简要概括，答案在于，从前文提到的疑难出发，检验当代文学批评的主题是如何重新建构的。建构朝着三个方向发展：第一方向，正视文学作品的定义问题，避开上述双重性；第二方向，明确重新定义文学再现的条件（在过去的50年间主要是中心主题体系的重建）；第三方向，定义或重新思考文学语用学，因为在文学的间接研究方式上，语用学曾经被广泛否认或忽视。

　　说到文学客体的定义，如手写客体、印刷客体等，我建议我们首先记住这样一个悖论，例如我建议大家去读热拉尔·热奈特的《入口》（*Seuils*, 1987）。该作品发展了如下观点：书籍的入口称为副文本（封面、标题页，等等），也是进入书籍之门。热拉尔·热奈特创造了一个核心悖论。一方面，副文本的特征引出或假设一种唯名论美学：书之所以为书，是因为它写明是书；小说之所以为小说，是因为它以小说术语作为副标题。另一方面，热拉尔·热奈特提出对副文本进行系统性描写。此处的悖论性在于，作品并没有使副文本形式化的系统性描写和带有副文本特征的唯名论区分开来。对悖论的修正可以遵循以下建议。书籍封面将书籍分开并形成一个隔离群。换言之，封面就是文本内容的简介：通过封面的分割和隔离，文本独立出来。这意味着文本脱离了背景分析，既表达自己，又是再现。这些自我表达的阐释应该与下述经验相关联：在文学领域对现象学的思考及阐释学传统，从批评方面简单印证了："作品总是先于自我，无论是雕塑、绘画、戏剧或书籍"。

　　为尽快明确重建再现问题研究的方式，一旦有作品构建了一种再现，我就会想起两个代表着两种批评方向的互补的例子。（我不会在大家熟悉的问题上浪费时间。例如：再现和反再现的关系，对象和对象缺失。)

再现及再现特征的先决条件根据批评视野即批评极而变化,这样我们就回到了我对最初问题的最初答案。因此,阐释学使用的再现方式与诸如罗兰·巴特对现实主义美学的分析不同。如果我以阐释学的方式来读《包法利夫人》(Madame Bovary),需要强调的是,我认为《包法利夫人》中有一定数量的再现;对于这些再现的客观性和有效性,我不想提出质疑,我认为这些再现能够使我鉴别并认定其客体。在此视域下,解读《包法利夫人》回到鉴别小说再现的客体。参照问题没有出现,读者的行为成为唯一的关键:读者按照客体在作品中的再现,依据作品固有的鉴别系统来鉴别作品客体;读者以无时间性的方式形成对客体的观点。相反,如果我决定用现实主义视角去解读《包法利夫人》,我就不再使用鉴别方法,在此我也不予讨论;而是使用作品的认定方法,该方法为我呈现既有效又有参考价值的再现,因为这些再现能够在时空上转换,而不发生走样和变形。在这一点上,于勒·凡尔纳就是一个典型例子。他使知识和客体的再现在其小说空间里循环,无论再现及相关人物怎样移动,这些再现总是真实的。在此意义上,现实主义再现的认定和接受与科学再现的地位密不可分:科学再现要能够循环,而且在循环中,无论在任何地方,都能够客观地被认定,并且被认定是客观的。科学再现并不意味着一定要按照参照方法来检验。在此意义上,《包法利夫人》的现实主义解读并不是根据小说再现的诺曼底地区的真实现状进行,而是根据小说再现(被承认和被接受)的不可篡改性来解读;这些再现无论在任何地方,都应该能够保持客观性,并可被客观地认定。根据人们对文本采取的批评视角的不同,再现的地位也有所不同。没有必要把再现问题绝对化。

如我所述,第三方向更新了批评视野,与文学语用学相关。文学批评传承了近50年,时至今日,似乎不再是那么恰当了,因为我们已经不再赞同它们代表的文学作品的语用学。1950~1970年,我们在文学上坚持的语用学视野与意识形态视野分不开,与作品的形式主义与结构主义的研究方式也分不开。因此,罗兰·巴特以同样的理由看待关于叙事和意识形态背景"形式上"的疑问。意识形态部分与结构主义及形式主义分析不可分割，为作品及批评提供了语用学视野。而且，罗兰·巴特在《文本的快乐》（*Le Plaisir du texte*，1973）中指出，即使假定文本有着根本的非传递性，人们依然保留一种语用学视野：文本本身显示出意识形态的解构。还有许多这样的例子。意识形态和文学批评背景的重要性逐渐减弱，只需提醒"故事结局"的共同点，这是由于历史和政治的原因，同时也是由于当代背景下，意识形态的内涵已经变得非常复杂，以至于意识形态批评的强有力论据在今天看起来似乎也是徒劳的。20 世纪六七十年代批评传承的背景下，人们似乎很难将文学作品分析在语用学上加以延伸。这也解释了接受研究、接受美学研究及文学阐释学研究的成功，所有这些都描绘了作品的影响，尽管它们并没有直接回答文学语义学的问题。在所有语言语义学的发展中，有一种与再现问题紧密联系的答案是可能的，我在我的作品中阐述了这个答案。首先，通过列举自己关于这点疑问的由来，我将答案变得更为直观易懂。我的思索一部分归功于布鲁塞尔自由大学当代哲学家米歇尔·梅耶（Michel Meyer），他将其哲学理论命名为"问题学"（problématologie，1986），并将其置于问题域的影响下。米歇尔·梅耶并没有直接探讨文学语义学，因此我并不进入该哲学的细节，而只是简单研究言语的语义学问题。言语语义学与另外两个问题息息相关：一方面，再现问题；另一方面，所有言语中都涉及的修辞学的认定问题。我从自己的视角依据下列术语重论再现问题：在我表达思想时，我要依据表达的客体自我定位；对环境的认定属于问题域范畴。只要我对客体提问，我就对客体进行了再现。这里运用了语义学手法：客体的再现与我对客体（问题域）的认知反应不可分割。它与对客体的事实认同可以等同，是行为与客体相关联的条件。在这里，修辞学手法带有双重意味：一方面，问题域意味着使用回归手法；另一方面，问题域被轻松直接地传达给了他人（我的读者、听众……）。简而言之，传达疑问比传达结论容易。我尝试着把这些论断转移到更专业的文学批评领域当中去。无论什么样的文学作品，都可能构成一个这样的疑问：从修辞学角度来看是否存在共同之处？

(贝西埃，1933)。这才是文学作品的语义学本质。再加上我已经提过的（文学）碰撞的主体：很显然，这样的疑问起着文学批评的作用。

最后，文学批评之所以难逃艰辛命运，其原因也在于，50年来文学的文化和社会地位已经发生了巨大的改变。文学的稳定性和文化特异性不可避免地变得越来越不确定。例如，大量文学译著的出现使文学客体的文化地位发生了迁移——文学场在国际化过程中不再成为核心，与巴黎始终相信的看法相反。因此，最成功的文学类型、交流方式和当代表达方式使那些曾经是纯文学的疑问发生了迁移或者变得普通。因此，再现手法，诸如对某物的再现、可能是作者本人的主体，在过去被当作文学的特性，在当代已经变得普通。想想网络上的博客就足够了。40年前，文学再现是一个核心问题，因为我们无法将其与一个相对罕见的客体（文学作品）分割开来。文学再现成为除纯文学之外的普遍应用，以至于再现问题有必要重新定义。因此，在当代图书馆，文学书架上陈列的最多的是那些科幻及侦探类作品。这并不会引发公众阅读质量下降的疑问，疑问是当公众阅读大量倾向于此类作品时，它能做些什么。这种倾向性与重新建构再现和文学语义学的必然性相关，在检验文学批评地位时我会回到这一点。

作家也在利用这种不确定性。举一个我经常举的例子，是有关雅克·鲁博（Jaques Roubqud）的《自传第十章》（*Autobiographie chapitre 10*）中的几页。雅克·鲁博在一页中并列了三段引文，记录一起凶杀案中的警方关系。第一段引文用打字文稿的形式排版，第二段用与作品相同的形式排版，第三段用了更为讲究的排版方式。这三种不同方式使文本单凭排版方式就能被鉴别出来。这是文学上一种明显的去定义化手法或反之，完全具体的强调和定义的手法。❶ 此类手法几年前大概还很难定义。文学在此受到已知客体审美的影响，即成品（ready-made）的影响，就在杜尚（Duchamp）创作出自己的第一批成品之后。

以上论断概括为：我们认为拥有一套文学基本原理，这一原理并不

---

❶ 参见罗森博格（Rosenberg, 1992）。

是文学独有的；我们继续相信文学，我们不一定能够在定义文学的时候避免其模糊性。我的回答基本要素如下：文学没有其他，而文学也不是其他随便什么，因此共同语言不是另外一种文学语言，反之亦然。热拉尔·热奈特作品的模糊性正是得出了这样的结论。如果我们不能再讨论文学的基本原理，我们可以尝试通过研究文学言语的差异性来讨论文学的差异性；言语的差异性不是对立的差异性（文学言语对普通言语），而是根据表现手法呈现出的言语的自身差异性——我们只需再看看雅克·鲁博提供的例子。言语的自身差异性可以用代码表示其文学类型，根据修辞（文体学手法、形式上的手法）呈现。差异性手法，首先是极简主义手法，极简主义作家如雅克·鲁博，或模仿的表现手法，如古典主义传统描述的那样，这些表现手法根据我刚才描述的批评特征略微作了修改。文学作品与作者相连，对客体进行认定，使作品整体化。上述每一种表现手法均依据自身的差异性来表现：根据自身而变化。因此，只忠实于多极中的一极，作品可以既是作者的风格，也可以不是其风格；可以承认其风格，也可以改变其风格；可以改变其风格并承认一种事实。这样的变化也是我提过的问题域的建构过程。这是——根据文化的多样性——文学批评漫长的重建过程。

二、文学批评的地位

文学批评的地位依据不同方式定义：意识形态方式（马克思主义批评）、文学内部方式（阿多诺 [Adorno, 1976] 的"形式—意义"探讨的是文本自身的批评特性），最后，为了联系最近的"新批评"（Nouvelle critique）论文及其后续研究，依据文学所赋予的反意识形态能力及意识形态解构能力（的方式）。这就是文学批评能力的定义过程传承下来的基本原则，而这些过程的背景似乎被削弱了：马克思主义的衰退、自阿多诺以来批评理论的衰退，20世纪60年代后"新批评"及其后续研究明显的衰退。

我建议你们在对文学批评能力提出疑问时参考这些衰退。提出疑问前，有必要注意到，文学拥有即时批评的能力而无须给出太多解释，这样的说法依然很普遍。菲利普·穆雷（Philippe Murray, 1999）在其关于19世纪的作品中就阐明了这一点，定期出版的《世界报》（Le Monde）在最后一页刊载的克里斯蒂安·萨尔蒙（Christinan Salmon，最近作品《讲故事》[Storytelling] 的作者，2007）的小文章也是基于同样的观点：有些报纸、电视等可能会传播的一些劣质文章，也有一些针对劣质文章而作的反对文章（contre-récit），换言之，文学性文章。然而，这并不能证明文学拥有批评能力。

我认为40年来，文学批评能力的定义在于两大方向。

第一方向把文学和反言语（contre-discours）进行比较，也就是，所有雅克·德里达（Jacques Derrida, 1985）的能指及广义的写作的概念，或所有吉尔·德勒兹（Gilles Deleuze）的病理写作概念。第二方向代表着相对保守的政治地位，同样引起相当多的注意。它由女历史学家莫纳·奥佐夫（Mona Ozouf）论述19世纪法国小说及论述亨利·詹姆斯（Henry James）的作品阐明。文学的主要特征是其独特性。一部作品是独特的，一个作家是独特的……这种独特性几乎可以看做是绝对的：因为它本身就是一个问题，有着批评的功能。无论是反言语还是独特性，都涉及反复和对差异的重新定义，不必重提适用于60年代的反抗文学（littérature transgressive）的观点。反言语和独特性回答了一个当代压倒性的问题：文学怎样自带一个关于个人和社会、个体和全体的疑问？这个问题引出了一个遥远的间接的再创作，尤其是乔治·卢卡奇（G. Lukács）的《小说理论》（Théorie du roman, 1989）。反言语和独特性以一种更有趣的方式表达了人们对从文学到民主的联系的疑问：作品的独特性怎样能代表全体，或者换一种说法，作品构建的个体展现怎样能被认为有能力以合法的方式代表任何人（你、我、他人）。但愿这些与文学相关的问题能够教会我们，文学既可以被批评，也可以是批评的，而且，在当代视野下，文学与现代历史的眼光，即进步的和自由的视野不可分割。

反言语和独特性与上述问题、与现代历史的眼光及两个视野不可分割，因此，当代文学思索其与历史的关系，反言语和独特性正是以这样的方式展开。正如我在一本小册子《法国作家怎么了?》(*Qu'est-il arrivé aux écrivains français?*, 2006) 中解释的那样，严格意义上的当代文学思索其作品与历史之间关系的方式仍然由 60 年代的先驱者的思想统治着：他们代表着对二三十年代思想的重复。对于先驱者提出的历史认知，文学自治面临着一定的困难。困难引发了当代批评领域关于现代性以及文学与过去和未来的关系的循环争论。困难解释了同样的批评：当它提到文学的批评能力，就回到了马克思主义主题，建构了一种后马克思主义。

关于现代性的循环疑问在无数例证中，通过关于罗兰·巴特的《文学能做些什么?》(*Que peut la littérature?*) 得到说明：罗兰·巴特是具有现代性的吗？回答是肯定的，也是否定的……争论显示了批评要放弃先驱者的史实性纲领的难度。这些在安托万·孔帕尼翁 (Antoine Compagnon) 的《反现代派从约瑟夫·德·迈斯特到罗兰·巴特》(*Les Antimodernes: de Joseph de Maistre à Roland Barthes*) 中同样得到了说明。然而，在争论中很自然地引出一些改变以摆脱过于明显的依赖性。为了忠实于罗兰·巴特，可以找到某个关注点使我们联想到《明室》(*La chambre claire*, 1980)，因为这篇短文类似家庭小说且赋予摄影以时间上的再现能力，恰如为摆脱关于先驱者的史实性争论和再现争论所做的一次尝试，而它本身也和这些争论无法分开。

对马克思主义论据的依赖表现为，尤其在英语国家，这些论据于近期经历了 50~70 年代表现形式上的复兴。关于这场复兴，社会学家娜塔莉·海尼希 (Nathalie Heinich) 最近表示毫无兴趣。同样，阿根廷人欧内斯特·拉克劳 (Ernest Laclau, 1986、1992) 也在社会学和政治视野下为这些传统的复兴做着努力。在美国取得巨大成功的盖娅特丽·C. 斯皮瓦克 (Gayatri Chakravorty Spivak, 1999、2006) 致力于弗洛伊德-马克思主义的复兴，定居美国的意大利人弗朗哥·莫雷萨 (Franco Moretti) 主编的一部小说史 (1999, 2001, 2002a, 2002b, 2003a, 2003b) 选择了马克思主义背景。这些批评即可定义为后马克思主义，又可定义为新马克思主义。他们的文学批评与我所说的社会批评不可分割,也就是说,不是通过文学唤起社会追忆,而是通过系统的文学分析,唤起马克思主义观点。换句话说,在文学批评活动、同时也是社会批评活动中,根据其所处的语境,文学被赋予了批评能力。盖娅特丽·C. 斯皮瓦克认为,在印度社会,批评等同于唤起对属下(subalterne)、下等庶民命运的关注。欧内斯特·拉克劳提出了人民再现的问题。

对文学批评行为的快速检验提出了这样一个问题:说到批评特征,当代文学的贴切性(pertinence)何在?我之所以选择"贴切性"这个术语,是因为欧内斯特·拉克劳、盖娅特丽·C. 斯皮瓦克和弗朗哥·莫雷萨的批评方法并不牵涉作家,也不赋予其政治倾向性或对某种批评哲学表示认同,而批评本身承认这些方法。相反,他们的批评方法假定读者能够在文本阅读的同时将其代入批评视野,这个批评视野由读者来定义,同时它又定义了该文本的批评特征;而批评贴切性由批评特征决定,它不必与文本明确的意识形态视野(赞成或反对)相混淆。

当代文学现状的特殊性及其必要的修正可理解为我在作品中阐述的观点,借用吉奥乔·阿甘本(Giorgio Agamben, 1997)的说法(虽然这个说法并非用于文学),我称之为文学上的"例外法"(statut d'exception,贝西埃,2001)。在司法术语中,存在一种"例外法",即当君主、独裁者、国家首脑中止法律,宣告"我决定这是特殊时期的法则"时,决断善恶、内部及外部、正常或非正常状态属于某个人的自由意志。

与"例外法"概念存在直接联系的是吉奥乔·阿甘本在其作品《牲人》(Homo Sacer)中记录的人类科学领域的思考状态,尽管这种状态似乎是显而易见的,但它并未得到足够重视。20 世纪五六十年代的人类科学(语言科学、人类学,还应该加上文学批评)形成一个简单的论断:世界上的词句比待命名的客体要多。语言总是存在着盈余。其结果是说话人具有充分自由的、不受限制的权利来决定再现及内涵。吉奥乔·阿甘本明确指出"全语言"(tout linguistique)的选择——这也是他的说法之一,假定或赋予说话主体这样的绝对权力。雅克·德里达在

《文字与差异》(*L'Ecriture et la différence*) 中引用了福楼拜 (Flaubert) 的一句话（摘自其书信集），这句话说的恰好是同一回事，并使人联想起同样的现状。亨利·詹姆斯的著名短篇《地毯上的图案》(*L'image dans le tapis*) 以早熟的纯文学的方式（根据作家及批评的观点）阐明了文学被赋予的例外法。这部短篇讲述文学批评如何在文本中寻找作家之秘、其人生之秘以及文学批评何以找不到这个秘密。其简单理据是：在确信存在着秘密但却无法保证抓住文本之秘时，作家的立场及语言的盈余使得批评能够说出作家及文本如此多的信息。秘密的存在及无须找出秘密而得出大量信息，代表了文学上的例外法。在宣称拒绝采取浏览立场的同时，萨特 (Sartre) 定义了文学例外法的反命题，而浏览的立场保证了以自由而系统的方式得到意义。文学历史学提供了大量例外法的例子：埃兹拉·庞德 (Ezra Pound) 和广大美国现代主义作家，五六十年代的阿拉贡 (Aragon) ——《白色或遗忘》(*Blanche ou l'oubli*, 1967) 属于与例外法不可分割的书写立场，以及能指文学 (littérature du signifiant，其论文成为 60 年代的普遍现象）。

作家和文本被赋予的例外法在文学上带来绝对象征权力，相应地，也带来批评权力。文学作品表现得可以批评一切，因为它是所有这一切的重新认定。来自先驱们的史实性视野同样具有这样的性质：该视野以历史结局的重新认定为前提。我提到的所有文学批评特征都是如此。如此，文学批评特征的阅读更为自由，如莫纳·奥佐夫所释：当女历史学家记录下关于亨利·詹姆斯对民主的忧思，其实，她也记录下了文学面对社会和历史极为相似的权力。

例外法同样促使文学批评得以在文本中发现批评权力及批评视野：由此，文学可以有所表达，因为它可以包罗万象；并不是说它可以再现一切，而是指在内涵及再现方面，其语言盈余性可以指代任何地点、任何事物。这样的文学概念并不要求即时明确的、意识形态上的延伸，而是赋予文学一种抽象的权力：文学就是文学，近似福楼拜的方式——一本关于虚无的书同样也是一本包罗万象的书。这类文学上的法则在阐释上有其特有的难度。再以罗兰·巴特为例，这个例子选自《文学能做些什么?》：我们在思索何时罗兰·巴特真正地对社会采取了批评态度，何时能以相对保守的视野来对其解读……这些双重性和疑虑不一定是罗兰·巴特本人的，它们与文学作品和文学批评的法则不可分割；它们要求针对罗兰·巴特的批评要像对《地毯上的图案》作者的批评一样。最终归纳为：通过不断运用丰富的能指，作家可以赋予自己任何立场。

三

今天，我还要提出文学批评权力的其他研究角度。在提议之前，我要提出几个关于现实主义及其参照问题的论断——这是关于文学批评权力的争论焦点——一方面用以说明怎样才能把文学批评权力与例外法区分开来，另一方面，整体阐释我刚才列举的关于文学批评特征和文学例外法之间关系的不同理论。阐释从另一个角度描绘了文学的传递性特征。

在文学思想和文学实践与例外法相关联的范围内，现实主义问题成为焦点的原因有三：现实主义只有在和社会现实相关时才具有文学批评特征；现实主义可体现文本的批评权力，同时也可以是文本依存于现实的标志——这是再现手法自身的双重性——同样的，现实主义可以既是随机运用，又是现实反映。为避免该现象，人们将其称为现实主义批评。尽管如此，现实主义问题还是存在三点疑问。

疑问一：文本能不能以有效的方式再现？既然可参照的积累与其说是鉴别客体，不如说是在语言中寻找定位，那么作家的再现方式可能是有效的，也可能是无效的。语言具有命名和参照的绝对完全可能性。在文学批评权力视野下，再现问题成为核心问题：因为语言能指是有盈余的，因此再现可能是不真实的，可能是意识形态的；又因为语言具有命名和再现的完全可能性，再现也可以在不改变文字的前提下做到真实。

疑问二：此疑问涉及再现的权利——再以福楼拜为例：是什么使对文字掌控游刃有余的作家如现实主义所要求的，在《包法利夫人》中合法地再现诺曼底地区？很显然，该疑问与作家及作品对例外法的假设相关。

疑问三：既然我们探讨的是再现的有效性，既然文学批评权力不必与例外法等同起来，那么我们该以何种方式来定义文学参照的特征？这个特征不可能是统一和恒定的：是根据其语言哲学变化的，如我所言，随其所采取的批评视野的变化而变化。换言之，文学参照的特征不一定要根据作家及作品具备的权力来鉴别，也不一定根据批评权力赋予的多元化阅读来鉴别。

因此，赋予一部作品明确的现实主义法则是否会不可避免地导致参照问题与对作品是否真实、现实主义是否就是幻想（罗兰·巴特在《真实效应》[1968]中探讨的争论）的判断相混淆。更重要的在于决定作品是否提供与客体相关的知识类型，进而保证客体以恒定的方式在时间、地点上进行转换，无论偏见或信仰如何。请看菲利普·阿蒙（1981，1993）对现实主义、自然主义描写的定义。现实主义描写遵循以客体为基础的语义学定义。因此，一把椅子也可能是一个盘子、一份文件、可能有三或四条腿。这构成了对再现客体的可持续转换的认知。再现也可以依据作家的意愿而呈现多样性。然而参照方法存在着一定的局限性。在重建参照问题的视野下，应参考语言能指的书写，这种书写以反再现为特征，进而表现出完全的批评性。尽管读者承认与文本同化的语言能指，也承认反再现特征，却并不一定能自由选择再现，这种再现就是与语言能指同化的文本自身构建的；读者也不一定能够从文本中找到批评的布局。语言能指的书写促使读者采取与时俱进的态度。读者阅读、鉴别、认同文本，通过确认和重复确认语言能指，将所有关于文本的思索及自省性行为都包含在确认过程中。这样，重读文本就像重读一本祈祷书。一种模仿五六十年代说话方式的、使人异化的特征就这样出现在能指文学中，正如现实主义文学也出现过使人异化的特征。为了避免参照问题带来的双重性，应该了解文本的迁移类型及阅读方法所要求的参照类型。迁移是指现实主义文本要求再现的迁移。语言能指的文本意味着对语言能指的认同以及对文本和整个书写的重复认同，因此，认同文本的语言能指也就是认同文章之间的相互联系性。阅读方法是指应该重述我们最初提出的关于再现的观点，相应地，重新采用每次都不相同的个性化参照——这正是《包法利夫人》的现实主义阅读和阐释学阅读所要求的。不难得出结论：承认或是否定再现并没有绝对明确的区分。

事实上，与现实主义评估相关的批评的模糊性带来的影响是20世纪60~80年代文学客体的绝对化，尽管"绝对"这个字眼罕有使用。如菲利普·拉库—拉巴特（Philippe Lacoue-Labarthe）和让-吕克·南希（Jean-Luc Nancy）的《艺术学院》（*L'Atheneum*），而文选《文学上的绝对》（*L'Absolu littéraire*，1978）则更为典型。平行阅读该文选和《艺术学院》合集就会发现，《艺术学院》涵盖的文学上的绝对只不过是象征主义绝对和宗教绝对的准备阶段。文选中涉及的只是狭义的文学绝对。这种文学绝对化以一种无可争议的方式证实了文本的个别性和总体性、个别性和普遍性之间的关系，并以一种文学的观点始终保持该关系的现实性。回到例外法，与文学同化的语言能指的盈余问题即单个文本反映整个语言体系。有了这样的文学认知，创作和阅读都处于文学的持续影响下，例如报纸的文学版面（《费加罗报》《解放报》《世界报》）就证明了这个论断。绝对化和文学认知使文学权力得到构建和保证。两者表现出50~70年代现实主义和参照文学之争以及支持认同语言能指的典型悖论：文学表现得似乎可以脱离社会，或假想一个没有参照的社会。这样的文学一旦试图运用其批评权力，就会表现出相当强烈的悖论。在地点上脱离社会的文学方式也适用于时间方面。这样的文学绝对化解释了五六十年代文学批评特征及理论所主张的一种文学上的广泛的持续性。这在罗兰·巴特和雅克·德里达的总体写作思想中也有涉及：写作无处不在，但个体的写作可以表达也可以不表达见解，可以有也可以没有参照。

现在我提议根据我在某些作品中提出的值得一试的参照方法，重建文学批评能力的研究方式。为了促进文学批评能力的特征重塑，重新审视个体和整体的关系问题是非常有用的。最初我们是在文学批评的当代特征中发现个体和整体这对词组的重要性的。

重新审视个体和整体关系的第一种方式在于明确个体的定义。所有作品和所有书写，可以说都是个性化的。之所以如此，是因为它们使文学对话、文化对话变得独特，形象地表现出个性化。《神曲》(*Divine Comédie*) 对这一点作出了很好的阐释：它再现了同时代的宗教诗歌，同时以但丁的语言展现了诗人的故事及话语。但丁表现出的个性化不应该以传记语言来解读。重要的是研究在何种条件下这样的个性化代表了一种批评能力。

重新审视个体和整体关系的第二种方式在于，重新提出文学作品的传递地位问题以明确整体的概念。50~70年代的文学批评对这一地位提出了质疑，优先考虑非传递性，并认同其批评能力。如此悖论应该引起重视。这意味着文本具有反映社会整体的能力，即使是明确地选择非传递性，也是如此。

个体、个性化：我们使用的不是先前提到的个体和整体这对词组，取而代之的是个性化的说法。为了证实这种替换并由此开始重新审视文学批评能力的决定性因素，我建议重提米歇尔·里法泰尔（Michael Riffaterre，1979、1983）关于文体的观点：文体不是一种偏离，而是在语义语法的百科知识中一种疑问式的特殊记录。米歇尔·里法泰尔称之为语法性缺失（不合语法性）。我们应该使用个性化而不是个体这个词语，因为语法性缺失涉及的是百科知识——百科近似于整体的同义词；同时，只存在百科知识的含义，缺少了从百科知识到语法性缺失之间的明确关系，因而语法性缺失具有个性化。换言之，个性化再现百科知识，但只是涉及，而没有明显的鉴别。这一个性化特征同样适用于社会文化主题及文学作品使用的共有的、集体的再现，适用于个性化特征所反映出的这些再现，但是个性化特征不是这些再现的直接代表，也不能说个性化特征与这些再现相关。这种手法在安地列斯文学中非常明显，例如巴特里克·夏穆瓦佐（Patrick Chamoiseau）和爱德华·格里桑（Edouard Glissant）：借助代表文化整体的人物，两位作家的作品对本民族文化固有的人种学主题均有清晰展现；但人物的展现是特定的，也就是说，个性化的。个性化手法与文章格式及文学样式相关，不必考虑结构要素。一首诗、一出戏剧、一篇文章都有开端有结局。它们被赋予一定的主题：抒情诗主题、叙事主题；一定的客体：该客体不一定是真实客体或真实时间。尽管开端、结局、主题、客体、时间可归之于各自的范式，它们依然是特殊的，因其表达的是个体的开端、主题、客体、时间，在引用其范式时交替出现。这些个体可以视为个性化，因为它们总是与社会行为不可分割：创造、安排开端，鉴别主题、客体，判定时间性。通过个性化本身，所有的诗歌、故事、戏剧、社会对话构成一种对立：一方面是诗歌、故事、戏剧、社会对话内部的相异性；另一方面是在个性化特征问题上的一个真正的问题域——个性化探讨的是其自身地位及所涉关系问题，同时也是百科知识的问题域。这又回到了我们最初关于文学特征的论断，并确定了一种批评视野。

社会整体、共同体：德国社会学家、结构功能主义学家尼克拉斯·卢曼（Niklas Luhmann）认为，社会整体性可概括为三大主题：社会是一个整体，有能力塑造其自身传递性；社会与时间、社会与客体之间的关系及其与"realia"❶间的关系；在社会与社会成员或集群之间存在的对立。在这一点上，应该对我们适才谈到的个性化问题加以补充：诗歌、故事、戏剧通过其多样性、开端、结局、主题、客体、时间，不停地以个性化方式再现社会传递性。

社会传递性的个性化及形象化保证了文学作品的批评特质。个性化既是个性与共性表现手法的形象化，又是该手法的根本相对化，如当代安地列斯文学所展示的那样。个性化的问题域包括自由再现、社会传递性实践以及所有与这些再现和实践发生悖论的问题。社会传递性的个性化及形象化不一定带有特定的政治倾向，而是由作家赋予其政治视野。埃兹拉·庞德（Ezra Pound）的意象派理论就是运用客体的形象化及客观性的鲜明手法，实现了完全政治意义上的复兴——右翼保守党的复兴；《诗章》（*Les Cantos*）的个性化及交替手法包含着历史及政治对话。

社会传递性的个性化及形象化的定义决定了文本属性，借助文学批

---

❶ 指代特定文化事物或观念的一类词。——译者注

评的表现方式确立了文学作品与时间、客体、对立矛盾之间的关系。

所有的文学作品都会安排一个开始，在必要时甚至会创造一个开始，这完全是社会行为。社会对自身历史具有使命感，通过安排历史的开端以再现历史：只有在特定时期、不去纵深地回顾过去，我们才可能发现历史。或者说，只有通过塑造起源并还原过去，历史才是可能存在的和可以理解的。

所有文学作品都有一个或多个客体，同时，排除其他客体的出现。作品要限制所涉客体的数量。文本通过形象化的排他性来塑造现实世界——这也是对社会行为的模仿，并以更特殊的形式展现：只有当现实被视为对可能性的部分消减，或被视为在其他时间或地点对可能性的开放，群体、社会才会以集群的方式活动。尼克拉斯·卢曼引用瓦莱里的话大意如下：对现实的安排等同于可能性的消减；我们需要对现实做出安排，以认同可能性。文本鲜明的现实性正是社会行为的形象化表现：文本描述客体，并由此描绘出现实的界限和局限，安排其他可能性。《包法利夫人》开篇对夏尔·包法利的描写别具匠心。这样的描写看上去非常现实，在一定程度上拒绝了某些可能性，开放了其他可能性。

所有的文学作品都会塑造对立关系——这种塑造可能会与语义或语法悖论相混淆，正如它可以清晰地表达出矛盾的争论。米哈伊尔·巴赫金（Mikhaïl Bakhtine）的对话理论只以一种轻松惬意的方式就完成了社会行为的形象化塑造。唯有展现出分歧并为此而辩，才能构建我们的社会。

以下是几个社会传递性塑造的当代和近代的实例，正是通过社会传递性塑造，作品才表现出批评特征。

起源塑造——当代范例。米歇尔·维勒贝克（Michel Houellebecq）的小说《一个岛的可能性》（*La possibilité d'une île*）作出了一个假设，小说叙述的故事是一段毫无痕迹的历史；如果一定要说这段历史带有痕迹，这些痕迹也是微小的、片段式的。小说由此形成了第一个问题：当我们无法塑造起源的时候，如何叙事？第一个问题又引出第二个问题：在无法掌握一个社会群体起源的情况下，怎样描绘其群体结构？小说是完全悖论性的：小说叙事解构了故事发生的实际条件——不是从叙述学视角而是从时间视角出发。无论维勒贝克的小说具有什么样的政治意识形态，这个疑问都与我们自身的阅读环境相关。

对立——当代范例。瓦莱尔·诺瓦里纳（Valère Novarina）的戏剧《我跟随》（*Je suis*，1991）展现了由最简单的一句话引发的人物之间的冲突："我跟随"。"我跟随"一词是随行述语。❶ 在戏剧中，当演员说出"我跟随"的时候意味着什么？瓦莱尔·诺瓦里纳的戏剧要表达的是定位我的话语及我与他人的冲突的困难性，这样的困难性导致语言丧失：当我说"我跟随"时，已经不知道我说的是关于我自己还是关于他人。

起源塑造——现代范例。艾略特（T. S. Eliot）的长诗《荒原》（*The Waste Land*）的故事发生在"一战"后的英国。作家追述墨守成规的农耕社会时期，正是为了回到严格意义上的当代。对当代性的处理赋予当代一个任意且相当遥远的起源，这样的起源恰恰在长诗中展开了对现实的描绘——以反面的方式。

起源塑造、参照和对立——19世纪范例。福楼拜的《布瓦尔和佩库歇》（*Bouvard et Pécuchet*）以鲜明的方式、按照消减可能性及对立性的原则，塑造起源和处理客体。起源以多元的方法塑造，包括国家的、民族主义的、人类学的、自然主义的视野。对客体的处理体现在抄写活动上：两位主人公越是通过抄写塑造现实世界，越相信拥有未来；然而，生活和历史教给他们的却是，他们越是抄写，越是没有未来。对立的处理与这对抄写员的主题糅合在一起。

这些例子来源于现实，是现代主义在当代的实例，也是认同文学例外法发展的当代实例。通过社会传递性塑造，这些实例提供了解构文学例外法的方式——米歇尔·维勒贝克认为，所有对起源的塑造都是假定的，叙事要根据这个假设来进行；瓦莱尔·诺瓦里纳则认为，"我跟随"一语与文本整体语言一致，相应地，与讲述人的权威方式及例外法一

---

❶ 指说话者在说话时，动词所表示的动作与说话随即完成。——译者注

致，这塑造出话语的对立而不是置于例外法之下的话语的开端。在这两种情况下，社会传递性塑造即文学上最普遍的一种特征批评。最古老的例子中社会传递性塑造方式排除了所有时间上和象征上的综合化——《荒原》的起源塑造因年代相当久远，出现了例外以及对现实的阐释学阅读方式；在《布瓦尔和佩库歇》中，在同一社会中，社会传递性塑造可能具有多样性，这样的多样性彻底排除了综合化。在这两种情况下，文本批评特征的构建依据是拒绝将对社会的全部定义当做是先验的——因此说到起源都很遥远，要以考古学的方式重建；也因此，当代社会只能依据一种水平度来塑造——系列事件的引用、参与者、多元的起源塑造、多元的可能性消减。在米歇尔·维勒贝克和瓦莱尔·诺瓦里纳的作品中，文学都显示出了批评的特征。四部作品中的每一部都在不破坏主题观点的前提下增加了对社会传递性的塑造——这里还要提到《我跟随》这部代表性作品。

　　重申一下文学作品塑造社会传递性的方式，其批评性就在于此。其批评性还在于塑造的结果：否定了社会的整体自我超越。然而，通过这种塑造，文学作品假定一种社会统一性和主题确定性。至此我重新论述了最初提到的对偶词——个体与整体的构思方式。从阅读的影响来看，很容易概括出其特征：形象化使读者能够确认并重新确认其所属集群、共同体的社会传递性。这与菲利普·德斯科拉的观点非常接近。在《自然与文化之外》(*Par-delà nature et culture*, 2005) 中，德斯科拉认为19世纪以来的现代文化自认为以自然主义的本体论为依据。要明确的是，在自然主义范围内，人们认为所有人类都是同种物质构成的，而每一个人是精神和灵魂上的个体。我们的肉体是共性的，头脑是个性化的。在文学实践上，自然主义承认我们身体上的共性和精神上的个性化，并回归到以个性化方式再现世界。这就是个体和整体这对对偶词在本体论及人类学上的重新定义。社会传递性塑造及其批评特征在个体与社会的关系问题上也证明了这一点。

　　在从纯文学及与文学史相关的角度出发，重新定义文学批评特征、否定例外法以及文学自我先验论的基础上，还应该补充一些完全当代的观点；这些观点论述文学、多元文学及当今社会的现状，进一步确认上述否定并赋予社会传递性塑造以新的解读。

博尔赫斯（Borges）所论述的文学的自我先验性证实了文学的绝对性。由于当代文学强烈的异质性，文学自我先验性与例外法对文学的鉴别已经变得无效。随着 700 部小说的出版，在法国，文学的回归正显示出文学的异质性。全球范围内的翻译热潮是这种异质性的又一证明。各国文学领域都迎来了表现别国历史的、历时的文学。异质性得以加速发展，一方面因为全球化及世界性，同时也因为全球化及世界性借助发展中国家的法语、英语、西班牙语、葡萄牙语文学作品，带来了西方文学的复兴。复兴也是本族文学特征在呈现出一种史实性之后，向西方国家的回归。这种史实性对他们来说在很大程度上还是陌生的。此外，复兴呈现出史实多样性及来自西方史实形象塑造的个别性。以上论断还可作如下解释：文学是被创建出来的，文学可归并入史实的多样性当中。

以类似的视角，如科学家所说，发达国家的当代社会是流动型社会，社会不再塑造自身整体性，而是使社会传递性具有多重性。齐格蒙·包曼（Zigmunt Bauman）指出，（文学）主题就像是多重传递性的战利品。社会被认为只是艰难地允许个体存在，其表达遵循菲利普·德斯科拉所描述的社会本体论。面对如此现状，文学的例外法及先验性同样是无效的。

社会传递性很难依据史实多样性来塑造，正如同样很难承认在此条件下，文学的批评特征以稳定的方式在史实多样性环境下显现出来。当社会中的个人置身于社会传递性的多样性中，按照详尽的线性生物特征确定身份；个人虽置身于社会却被象征性地去社会化，这时也很难塑造相同的社会传递性。

值得注意的是，文学类型保证了今天的文学现状，为社会传递性提供特殊形象。同样值得注意的是，这些文学类型在当代的阅读量最大，并被认为是最具创新精神的。

文学批评对流动型社会的反馈体现在这些将社会传递性形象塑造到极致的文学类型上——科幻文学、神怪文学、侦探小说拥有社会传递性的三种方式的形象化塑造，在起源安排、冲突塑造上违反了可允许的常规特征。科幻小说将起源塑造发挥到了极致，在时间的处理上永不涉及当代社会。神怪题材依据与客体的关系将传递性塑造发挥到了极致，主要致力于描写那些不可能存在的客体。侦探小说根据冲突，通过再现凶手将传递性发挥到了极致，颠覆了这个形象所塑造的性格特征。这种极端的手法在文学内部完成了异质性塑造，带来了极端的批评视角，至少在这个时代如此。

由此，借用美国哲学家托马斯·内格尔（Thomas Nagel）的说法，上述每种文学类型都从"无处视野"塑造了社会传递性：非当代性（科幻小说）；不属于现实世界的客体（神怪小说）；绝对反常规，比如谋杀（侦探小说）就是一种反常的社会公共事件。"无处视野"可以有三重理解：社会传递性的常规塑造具有根本外在性；任何人类主题都不能代表这样的视野，这是一种无人称的视野；无人称与无处性还证明，传递性被并入社会现实，并不可避免地被塑造成社会的对立面。借助对话及作品对社会的再现，无处视野将作品置于一种明显的交替手法当中，无论作品代表何种意识形态，其批评特征都因此变得明显：社会传递性的塑造具有非当代性、非现实性、非社会常规性，因为社会不再表现出其自身传递性或交替传递性。然而，虽然自然本体论与文学及社会的自我先验性背道而驰，"无处视野"却是捍卫自然本体论的方法。

面对当代所有后殖民文学表现出的文化异质性和史实多样性，文学批评的回应表现出类似的方式。后殖民主义文学的经典之作都是记录历史和文化片段的传记：从阿玛拉·库鲁玛（Ahmadou Kourouma）的《独立的太阳》（*Les soleils des indépendances*）到萨尔曼·拉什迪的《午夜的孩子们》（*Les enfants de minuit*），当然还有德瑞克·瓦科特（Derek Walcott）、爱德华·格里桑（Edouard Glissant）。在多样性中又体现着独特性，如起源塑造、可能性消减及冲突的独特性。这是无法消除的，并与社会所认同的所有先验性相悖。独特性还可以按照"无处视野"的方式来塑造，如爱德华·格里桑在《缝匠肌》（*Sartorius*）中以巴图多一家（Les Batoutos）为象征体现出的"无处视野"。小说始终塑造了社会的多样性，始终展示了社会传递性塑造与对主题缺失所做的弥补分不开。这是一种社会行为，造成社会的多样性。同样，该社会行为中还包含起源塑造、对整个现实世界的反映以及所有对立的可能性——在对立中也少不了起源塑造和现实反映，而不可避免地使用个性化的文学手法则是塑造多样性的最好方式。

总而言之，当代文学批评的特征在于承认社会是相互关联的，应该重新论证社会传递性。这其中不包含承袭自马克思主义、结构主义和批评理论的视野。

最后回到我对弗洛朗·科斯特的回答上来。弗洛朗·科斯特是游离于文学被赋予的批评视野之外的。从古至今，文学批评特征都与社会传递性塑造相关、与文学作品的特点相符，我归纳为：社会传递性是始终存在的，而其塑造方式是多变的。这些多变的方式包含着一个关于独特性定义的问题域。

值得一提的是，在这次会议之后，用当代术语对文学批评权力进行的重新定义，最大限度地保证了文学作品、批评能力与对社会语言、社会惯例重塑的同一性。显然，重塑在试图打破这些惯例的自我先验的全貌的同时，也重塑了社会整体性。

《宇宙与意象》的四个理论来源

■ 张　鸿*

【内容提要】　本文是对法国文学评论家埃莱娜·蒂泽的《宇宙与意象》进行研究的文章。重点在于总结这部著作的理论来源。《宇宙与意象》涉及众多理论家的理论，可以将其分为四类：科学哲学、宗教神话、诗学以及心理学，而这四个来源的代表分别为柯瓦雷、尼克尔松、罗夫乔伊、伊利亚德、巴什拉尔以及荣格。本文通过陈述以上学者的思想对《宇宙与意象》的影响，以期明了这部著作的理论框架，加深对埃莱娜·蒂泽文学批评方法的理解。

【关键词】　科学哲学　巴门尼德派　赫拉克利特派　意象　宗教学原型

　　《宇宙与意象》是法国文学评论家埃莱娜·蒂泽（Hélène Tuzet）的代表作。蒂泽通常被归为客体意象批评家一派，而这一派批评以加斯东·巴什拉尔（Gaston Bachelard）、让·皮埃尔·里夏尔（Jean-Pierre Richard）、吉尔贝·杜朗（Gilbert Durand）、埃莱娜·蒂泽、诺思罗普·弗莱（Northrop Frye）等为代表，[1]他们的文学批评方法的主要理论依据有现象学、神话学、人类学、精神分析以及原型批评。因为来源广泛，所以形成了这一派宏大的批评视野。作为法国 20 世纪比较文学研

---

* 张鸿，文学博士，西安外国语大学法语学院，教师。
[1]　这种归类方式见于［法］让-伊夫·塔迪埃著，史忠义译：《二十世纪的文学批评》，河南大学出版社 2009 年版，第 87～110 页。

究者，蒂泽以其科学哲学式的文学批评而不同于上述文学研究者。

面对作家作品，文学批评家会有很多评论角度，有人关注作家履历，有人从中看到社会背景和时代精神，还有人着重于作品自然自成、独立不改的整体性结构，而蒂泽看到的是作家对于宇宙的想象。这个视角有四个来源，可以简单地概括为科学哲学、宗教神话、诗学以及心理学。

一

在古希腊时代，哲学可以涵盖几乎所有门类的知识。冯友兰先生认为，希腊哲学有三部分：物理学、伦理学和论理学（逻辑学）。❶ 科学哲学是比较晚近的概念，它具有两个层次的含义，可以简单地概括为由科学观察和研究的成果而产生的哲学或者对科学观念的哲学研究。它给人的错觉在于哲学似乎来源于科学，而从人类知识的发展过程看来，哲学必定远远早于所谓科学（其实科学未尝不是一个门类的哲学）。哲学与科学的关系暂且不论，具体来讲某种科学观念的确会产生某种哲学，至少会引起哲学的变化甚至革命。《宇宙与意象》所涉及的广义的科学包括天文学、物理学、星相学以及炼金术。这几个门类的知识可以统摄在宇宙学之中。作者正是循着从古希腊到20世纪宇宙学的发展历史展开文学评论的，其侧重点在于从封闭世界到无限宇宙。

《从封闭世界到无限宇宙》是亚历山大·柯瓦雷（Alexandre Koyré，1892~1964）关于科学哲学史的著作。柯瓦雷是生于俄罗斯，后移居法国的科学史、哲学史和观念史学家。❷《宇宙与意象》从柯瓦雷著作所借有二：（1）17世纪宇宙学以及哲学之大变革；（2）基本目次。柯瓦雷在《从封闭世界到无限宇宙》的导言中断言：17世纪科学革命归结为"和谐整体宇宙的打碎和空间的几何化……一个有限、有序整体，

---

❶ 冯友兰：《中国哲学史》，华东师范大学出版社2000年版，第3页。
❷ 亚历山大·柯瓦雷的生平见于《伽利略研究》（亚历山大·柯瓦雷著，刘胜利译）之《柯瓦雷的生平与著作》，北京大学出版社2008年版，第403~427页。

其中空间结构体现着完美与价值之等级的世界观念,代之以一个不确定的无限的宇宙观念……一个本质上无限且均匀的广延"❶。这段精辟的论述可用以概括2000多年的宇宙论史,更可用于概括《宇宙与意象》这本著作的纲领。《从封闭世界到无限宇宙》从15世纪开始叙述了产生于17世纪变革的前因后果,所涉及者之顺序为库萨的尼古拉(Nicolas de Cuse)、哥白尼、布鲁诺、开普勒、伽利略、笛卡尔、亨利·摩尔(Henry More)、牛顿、拉弗森(Joseph Raphson)、莱布尼茨等。通观《宇宙与意象》之第一、第二部分,正是按照柯瓦雷著作之目次进行,所不同者在于蒂泽加入古希腊、康德、傅立叶之宇宙哲学,使其更加完整。当然作为一部文学批评著作,作者还大篇幅论及诗人在封闭到无限这一过程中的表现。所谈到的严守"封闭"的代表诗人有帕林吉尔(Palingène)、龙萨(Ronsard)、布坎南(George Buchunan)以及杜莫南(Du Monin)等。其中最重要的代表是保罗·克洛岱尔。诗人面对宇宙学的变革,依然保持对古典宇宙的眷恋。诗人以"地心说"为象征,坚守稳固、安全、和谐、美的信念,这使得诗人在内心里独立于外部世界,这也正是文学之力量与魅力。相反陶醉于无限宇宙的诗人也为数众多,蒂泽提出的典型是弥尔顿、拜伦、爱伦·坡等。这其中的细节异常复杂,比如弥尔顿并没有完全接受"无限",但由于撒旦闯入导致了无限,这是想象"无限"的结果。而在爱伦·坡的作品中无限充盈的原则和"永恒轮回"的观念是并存的。也许这矛盾正说明宇宙论在文学中的张力,截然的分别不可能产生丰富的文学。

然而文学毕竟不是科学,以上从宇宙学角度对诗人的分类并不是逻辑的必然,我们需要一种联系,即在哲学和文学之间建立联系。于是产生了《宇宙与意象》的第二个来源——诗学。

---

❶ [法]亚历山大·柯瓦雷著,邬波涛、张华译:《从封闭世界到无限宇宙》,北京大学出版社2008年版,前言。

二

帮助蒂泽建立这种联系的主要有三个人：尼克尔松（M. H. Nicolson）、罗夫乔伊（A. O. Lovejoy）、巴什拉尔。尼克尔松（1894~1981）是美国的欧洲古典文学评论家，她认为许多大科学家都是诗人，他们的语言就是诗人的语言。[1] 蒂泽深深赞同这一点，这就是在《宇宙与意象》这部文学评论著作中占一半篇幅的是哥白尼、布鲁诺、笛卡尔和牛顿的原因。封闭——无限是宇宙学的一对概念，与之相对的文学概念则是古典——浪漫。蒂泽开宗明义，在第一章就推出了古希腊哲学的两大对立派别——巴门尼德派和赫拉克利特派。作为古希腊哲学的主力，他们分别代表"不变"与"变"两种哲学观念。基于这种区别，在文学上产生了古典与浪漫的对立。提出这种对应观念的是美国哲学家、观念史学家罗夫乔伊。据此罗夫乔伊继续表明：中世纪的宇宙论是古典艺术的产物。[2] 与此同时，尼克尔松也强调巴门尼德派和赫拉克利特派对于后世的深远影响。可以说古典和浪漫的文学意义上的对立在古希腊时就已经埋下了伏笔。从科学哲学观念史到文学，这种过渡和互相证明，是罗夫乔伊写作《万物之链》（*The Great Chain of Being*）、尼克尔松写作《打破圆环》（*The Breaking of Circle*）以及《科学与想象》（*Science and Imagination*）的基本思路。

当然以上两人对于《宇宙与意象》的影响不止于此。比如，罗夫乔伊提出"充盈"（Plenitude）原则，[3] 作为科学家的布鲁诺、作为哲学家的莱布尼茨和作为诗人的爱德华·杨（Edward Young）都体现了这一原则；并且罗夫乔伊认为，布鲁诺的胜利是赫拉克利特派对巴门尼德派的胜利。我们从罗夫乔伊的思想轨迹中发现，从哲学到文学的过渡之所以可能，是因为某种一般世界观或者观念可以统摄所有学科，观念史这门

---

[1] Hélène Tuzet, *Le cosmos et l'imagination*, Corti, 1988, p. 10.
[2] 同上书，第19页，注6。
[3] Lovejoy, A. O., *The Great Chain of Being*, Harvard University Press, 1936.

学科因为其综合性的世界观所以能够建立并独立存在。所以学术界普遍认为罗夫乔伊是观念史学的创始人。观念史虽然只是历史学的分支，包括哲学史、科学史和文学史，但是它的主导思想对于比较文学研究很有启发性，至少它从历史学的角度证明了不同学科汇通的可能性，而学科汇通正是比较文学的基本方法之一。

《宇宙与意象》从具体的方面对尼克尔松进行了借鉴和引用，主要有两类：（1）科学哲学类；（2）文学类。第一类包括牛顿、吉尔伯特（W. Gilbert）、亨利·莫尔等。牛顿对于诗人的意义在于，牛顿宇宙具有无限可能性以及统一于一个超自然力——上帝的双重价值，这种双重性能够同时满足古典派对于完美、安全的需要以及浪漫派对无限制的自由的需要。另外，牛顿的宇宙充满光，这对那些幻想太空旅行的诗人是莫大的鼓励和安慰，因为光代表光明和温暖。吉尔伯特对于文学的意义在于，这位英国物理学家对于中心天体磁力的表达，使他兼具科学家和诗人双重品质，而且他对物体性质的感受超过了职业诗人，所以他比一般诗人更能出色地描写磁性。亨利·莫尔对于诗人的意义在于，由于他是"无限"思想的倡导者，所以他使诗人摆脱了精灵和天使的引导，使诗人直接变成天使。综合以上三个例子，我们确信，科学哲学和诗学本是同源，甚至同一。至于第二类，《宇宙与意象》在论及弥尔顿、帕特莫尔（Coventry Patmore）、布尔奈（Thomas Burnet）、西尔维斯特（Joshuah Sylvester）等诗人时，共同的思路就是对他们进行巴门尼德派和赫拉克利特派的归类，比如，弥尔顿对于"无限"暗暗地顺从，逐渐进入赫拉克利特派的行列；布尔奈追求"中心"的固执使他眷恋巴门尼德派的静止和永恒；西尔维斯特倡导"不变"的美学和伦理学——使人免于恐惧、死亡和危险，他自然成为巴门尼德的追随者。

最后，尼克尔松通过分析显微镜的哲学意义从而建立宏观世界和微观世界之间的存在之链，这与罗夫乔伊的《万物之链》深深契合，他们对于《宇宙与意象》的意义在于，宇宙的有机整体性是"生机论"（vitalisme）发展的必然结果，由此蒂泽在《宇宙与意象》的第三部分专注于生机论哲学或生物学如何进入诗人对宇宙生命的幻想。

至于巴什拉尔对该著作的意义，因为与宗教神话相关，故放至下一节论述。

三

对《宇宙与意象》的三个部分进行总结，我们发现作者宇宙哲学的三个视角：第一部分可称为宇宙体系论，第二部分属于宇宙空间论，第三部分篇幅最长，重点是宇宙本体论。宇宙体系围绕天体分布，轨道形状、中心之有无等问题，正如上文所言诗人们总在封闭和开放之间徘徊；宇宙空间则侧重于空间的状态，例如空间是绝对的虚空乌有，抑或充盈，空间中有无地外生命，最令诗人关注的是空间是否真的是彼岸，面对无限空间地球是孤岛还是天堂，面对无限空间我们是囚徒还是征服者。前两部分皆处于有限和无限的科学哲学或诗学矛盾中。而第三部分的宇宙本体论始终围绕宇宙之发生、发展、有无终结、怎样终结的问题，围绕"树""水""黑暗""火"等宇宙本源和生命的象征。从这些象征我们发现《宇宙与意象》第三个思想来源——宗教神话来源，而提供这一来源的正是著名宗教史学家米尔恰·伊利亚德（Mircea Eliade, 1907～1986）。

伊利亚德出生于罗马尼亚，在印度、法国、葡萄牙居住过，最终定居美国30年，他是比较宗教学的集大成者，他对宗教学的全景式搜集、整理、研究，达到无人能及的程度。从时间上看，他的研究上可至旧石器时代；从空间上看，他的研究甚至广泛而深入地涉及南半球，以至于中国西藏宗教也是他研究的专题。❶伊利亚德重要作品《比较宗教的范型》是理解《宇宙与意象》的金钥匙。在《比较宗教的范型》中可以找到蒂泽所论及的几乎所有意象：中心、树、水、再生。蒂泽不仅借用意象本身，还借鉴了它们的象征意义，她对这些意象的宗教学、神话

---

❶ 关于伊利亚德生平与研究见于《宗教思想史》之《译者的话》。[美] 米尔恰·伊利亚德著，晏可佳等译，上海社会科学院出版社2004年版。

学、文学描述皆不出于伊利亚德的视野。以"中心"意象为例。按照本文第一部分所说现代作家为什么无视科学哲学的最新成果,在无限的宇宙中寻找"中心",按照蒂泽的解释:对于诗人来说,宇宙有无中心并不重要,重要的是许多人在心理上需要一个中心。就像牛顿这样的科学巨人始终需要沐浴在上帝的荣光之下,因为他在心理上需要一个中心。或者像上文所说的诗人克洛岱尔,这个生活在19~20世纪的现代人,依然对一个幻想中的"中心"充满乡愁。这种分析的源头在于伊利亚德对于神圣和世俗关系的洞悉:现代社会是一个"去神圣化"❶的社会,然而宗教和神话永远潜伏于在现代人意识的"暗处"❷。先民建造祭坛、庙宇、圣城,都是建造一个神圣的空间,神在这里显现,这个空间被认为是对世界中心的模仿,先民本能地向往这个中心,因为"上帝从世界之脐开始创造世界"❸,"宇宙被认为是从一个中心点延伸出来的"❹,因为人始终渴望超越人类的地位,在这"中心"获得神圣的状态。诗人就是这样一种渴望神圣的人,所以对于他们,"现代科学似乎根本就没发生过"❺。另外蒂泽对水的意象的解释,即水作为宇宙的源头,分解、使种子生长以及大洪水毁灭脆弱、罪恶的人性,使人类净化、重生,这些都是伊利亚德比较、综合各宗教体系后得出的结论。❻蒂泽在说明宇宙生命的"树"形象征时直接借用了伊利亚德的萨满教研究,❼树与宇宙同一,因为树落叶后再生,这是宇宙无数次再生的象征,树不仅象征宇

---

❶ [美]米尔恰·伊利亚德著,晏可佳等译:《宗教思想史》,上海社会科学院出版社2004年版。

❷ 同上。

❸ [美]米尔恰·伊利亚德著,晏可佳、姚蓓琴译:《神圣的存在——比较宗教的范型》,广西师范大学出版社2008年版,第355页。

❹ 同上。

❺ [法]让-伊夫·塔迪埃著,史忠义译:《二十世纪的文学批评》,河南大学出版社2009年版,第107页。

❻ [美]米尔恰·伊利亚德著,晏可佳、姚蓓琴译:《神圣的存在——比较宗教的范型》,广西师范大学出版社2008年版,第178~200页。

❼ Hélène Tuzet, *Le cosmos et l'imagination*, Corti, 1988, p.389;[美]米尔恰·伊利亚德著,晏可佳、姚蓓琴译:《神圣的存在——比较宗教的范型》,广西师范大学出版社2008年版,第255~306页。

宙，而且成为宇宙的中心，通过这个神圣空间，人可以往来于宇宙三界。

在《宇宙与意象》的宗教神话学来源中，我们应该提到巴什拉尔，因为蒂泽从这位大师那里直接借用了对"火"的宗教神话分析。我们不能详细陈述巴什拉尔怎样分析火，我们的重点是蒂泽从他那里得到什么。蒂泽从《火的精神分析》一书中得到乔治·桑、邓南遮、让－保罗等诗人的具体分析；得到"火""焚尸的柴堆"等意象，得到"恩培多克勒斯情结"。❶

我们认为巴什拉尔对于《宇宙与意象》具有双重意义。除了宗教神话学方面的价值，巴什拉尔对火的精神分析其实也是蒂泽在整本书中使用的方法，因此巴什拉尔是《宇宙与意象》又一诗学来源。可以说蒂泽选择科学哲学作为文学评论的切入点，其实就是在走巴什拉尔的对科学材料进行精神分析的路子。科学材料之所以能成为文学主题，之所以可以对科学进行精神分析，是因为"科学与其说是在实验的基础上，不如说在想象的基础上形成"❷，而文学的原动力也是想象力，在这个意义上，科学和诗具有相同的想象力。科学主题像神话传说一样成为一种"情结"，这情结能够进入诗，是因为"一篇诗作只能从情结中获得自身的一致性。如果没有情结，作品就会枯竭，不再能与无意识相沟通……"❸

四

最后一个来源，即心理学来源是荣格的集体无意识——原型理论。很明显蒂泽从荣格那里至少直接获得了两个意象："母亲"和"大脉动——轮回"。在《宇宙与意象》第三部分第十章的主题是宇宙的原生

---

❶ ［法］加斯东·巴什拉尔："火的精神分析"，见［法］弗朗索瓦·达高涅著，尚衡译：《理性与激情》之《附录》，北京大学出版社 1997 年版。
❷ 同上书，第 106 页。
❸ 同上书，第 104 页。

质（Hylé）、水、星云和母亲，作者借用苏格兰科学家、天文学家科罗尔（James Croll）的观点，认为人类在神话、宗教、宇宙学中不断谈论原生质，这种持久的兴趣不是纯粹的物理学式的兴趣，而是在于原生质的魅力，它是母亲，吸引人不断思考它的形状、温度、体积和性质。这种原生质可以是水，流动的、半明半暗的、温热的，像孕育胎儿的羊水；这原生质也可以是星云，流质的、黑暗的或奶白色的、温柔的，像茧、巢、摇篮；原生质也可以是黑暗，包藏着火，怀抱光明，万物之母。但同时对于法国诗人拉弗格（J. Laforgue），母亲是坟墓，神圣的坟墓，是永恒的静息，是虚无；拉弗格从推崇水的温暖、流动特质变成了沉陷于黑夜的绝望诗人。因此，母亲具有双重性，水一般的母亲可以变为黑夜一般的母亲，从温暖到寒冷，从充盈到虚空，从温柔到冷酷。这一系列的描述反映了人类的两个特点：一是不断追寻原生质，二是母亲具有双重性。我们在荣格的"母亲原型"的分析中找到了完全相同的分析："母亲情结的观测影响以及关于这一主题的神话的所有陈述，归根到底指向作为它们源泉的无意识。"[1] 水、星云或黑暗都是母亲原型的"诸多变体"[2]，因为它们之间具有相似性。追寻宇宙原生质体现了追寻"源泉"的无意识。母亲同时代表富饶、亲切、抚育和支持以及贪婪、诱惑、恐怖和不可逃避。因为"任何一个象征都会有一个积极、满意的意义或者一个消极、邪恶的意义"[3]。

另一个是"大脉动——轮回"意象。出现在《宇宙与意象》第三部分第十三章。其实也不仅限于这一章，只要相信宇宙是一个生命体，那么必然相信宇宙有死也有生，死亡是为了重生，生命发展到极致，就会消亡。所谓"大脉动"就是说宇宙定期向源头回归，回归必经的阶段无非是大洪水和大火。所有其他章节分析宇宙生机论、天体之死、大洪水、焚尸柴堆、凤凰重生、飞蛾扑火，都是基于"轮回"。"轮回"为

---

[1] ［瑞士］卡尔·古斯塔夫·荣格著，徐德林译：《原型与集体无意识》，国际文化出版公司2011年版，第81页。

[2] 同上书，第67页。

[3] 同上。关于这种双重性，荣格在书中有详细分析。

什么会成为文学的主题和不断出现的意象，因为"轮回"在原始人的意识中形成，并成为人类的集体无意识。轮回之所以能在意识中形成，是因为"轮回是一种肯定"[1]，肯定生命，超越生命。

蒂泽从荣格思想中所获得的不只是两个意象，更重要的是一种批评意识。荣格认为原型是"本能行为的模式的"[2]，原型不能后天习得，而是靠遗传，就像本能的遗传。"无止境的重复"把原型"铭刻进了我们的精神构成中"[3]。荣格原型批评的基本概念对于《宇宙与意象》意义重大，它解释了为什么可以对文学进行神话学、科学哲学批评，因为神话和哲学中的观念成为人类无意识中的原型。这本书中的所有意象都可以在神话或古希腊哲学中找到原型。荣格的指导意义甚至可以作用于所有与客体意象有关的批评模式，比如这一派批评的代表人加斯东·巴什拉尔，其所分析的"四元素"（土、火、气、水）都不是元素本身，而是种种原型。

至此，《宇宙与意象》的四个思想来源已论述完毕，蒂泽将这四个方面的理论统一于宇宙论之下，使其融为一体。作者将巴门尼德与赫拉克利特的哲学、宇宙学对立无限延伸，认为哲学、宇宙学"不变"与"变"的对立引发了后世科学哲学的封闭与无限的变革，引发了艺术和诗学的"古典"与"浪漫"观念的对立；而围绕宇宙本体论的观念和意象——生机论、树、水、黑暗、星云、火，又构成文学无穷无尽的主题来源，作者依照宗教学的研究结果，对它们进行客体意象和神话原型批评。作者具有开放性思维，汇通了看似关系疏远的学科，为比较文学研究打开了新局面。蒂泽的思路本身也是一个很妙的比喻，从封闭世界到无限宇宙，这是科学哲学的道路，也是文学批评的历史：文学批评不也是从封闭视野到无限视野的吗？但对于作者思想来源的探究远没有穷尽。以上仅仅是理论的来源，而作为本书具体内容的诗人、诗作又是怎样一种来源？呈现怎样的整体性？这也是值得研究的问题。

---

[1] ［瑞士］卡尔·古斯塔夫·荣格著，徐德林译：《原型与集体无意识》，国际文化出版公司2011年版，第93页。

[2] 同上书，第37页。

[3] 同上书，第41页。

以《生死疲劳》为例谈莫言对马尔克斯的接受与发展

■ 刘一静* 李汶柳**

【内容提要】 马尔克斯的魔幻现实主义代表作《百年孤独》对中国文坛产生了深远影响，莫言是在该影响热潮中成长起来的作家之一，其作品在接受魔幻现实主义的基础上对本土文化进行深入挖掘，形成自己独特的风格。本文主要以《生死疲劳》和《百年孤独》两部作品的比较为切入点，探讨莫言在叙事模式、土著观念以及写实性等方面对马尔克斯魔幻现实主义的接受与发展。

【关键词】 魔幻现实主义　叙事模式　土著观念　写实性　影响

1982年，马尔克斯获诺贝尔文学奖，在中国文坛引起巨大反响。中国文学与马尔克斯为代表的拉美文学有着极为相似的历史文化语境和现实文化境遇。作为同处于第三世界的作家，中国作家和马尔克斯怀着共同的心态，带着复兴民族文化的使命感，希望得到西方文化权利的认可。这一系列的契合因素使马尔克斯在中国产生了强烈的共鸣，其魔幻现实主义代表作《百年孤独》对中国当代文学产生了深远影响。

莫言作为受到魔幻现实主义影响成长起来的当代作家，其创作从早期的《透明的红萝卜》《白狗秋千架》《红高粱家族》，到《金发婴儿》

---

* 刘一静，西安外国语大学，讲师，硕士，主要从事比较文学与世界文学研究。
** 李汶柳，首都师范大学，硕士研究生，研究方向外国文学与文学理论。

《球状闪电》,再到《丰乳肥臀》《檀香刑》《四十一炮》《生死疲劳》,明显体现了魔幻现实主义中国化的过程。《论魔幻现实主义与中国当代小说》认为,莫言最初对魔幻现实主义的"探索是有着明显的模仿印记的,我们可以找到情节上的相似"。例如,《球状闪电》中有长翅膀的老头把蜗牛塞进嘴里的细节描写,而《百年孤独》中雷贝卡也有着生吃泥土和蜗牛的癖好。经过不断的创作,"莫言意识到他如果继续迷恋长翅膀老头坐床单升天之类的鬼奇细节是没有出路时,莫言已经开始从整体上把握魔幻现实主义的真谛了"❶。他逐渐"远离马尔克斯和福克纳这两座灼热的高炉",因为"他们都是形态各异并肩而立的高峰,你只能离他们远远地建立一座自己的山脉"❷,并主张用强大的本我去覆盖学习的对象,表现出对魔幻现实主义文学的主动疏离和有意识的"撤退",最终形成自己独特的创作风格。

本文主要以《生死疲劳》和《百年孤独》的比较分析为切入点,探讨莫言在叙事模式、土著观念运用以及写实性方面对魔幻现实主义的接受与发展。

一、独特的叙事方式及文章结构

《百年孤独》采用了一种独特的叙述方式和结构,它以某一将来做端点,从将来回到过去,小说首句"很多年以后,每当看见行刑队时,奥雷良诺·布恩地亚上校都会回忆起,他父亲领他去见识冰块的遥远的下午"❸便很好地体现了这一点。文中如"很多年之后,这里已经成了一条宽阔的马路"❹,"几年后,他就是穿着这双靴子面对行刑队"❺等描写,通过当下插入后来与此相关的事情的叙述语言在《百年孤独》中

---

❶ 严慧:"论魔幻现实主义与中国当代小说",载《山东文学》2003年第11期
❷ 莫言:"两座灼热的高炉——加西亚·马尔克斯和福克纳",载《世界文学》1986年第3期。
❸ [哥伦比亚]马尔克斯著,潘立民译:《百年孤独》,西苑出版社2003年版,第1页。
❹ 同上书,第11页。
❺ 同上书,第17页。

俯拾即是。这种叙述方式"确立了叙事时间与故事时间之间的循环回返的圆形轨迹,这个循环往复的时间结构使时间和命运交织在一起,人们在时间的年轮中无法摆脱轮回的命运,使小说蒙上不可逃脱的宿命色彩,增加了魔幻色彩,因而为众多中国作家所借用"[1]。从《百年孤独》中,莫言看到了这种颠倒时空秩序,交叉生命世界,极度渲染夸张的艺术手法,并在《生死疲劳》中将这种创作手法进行了体现:"也是许多年之后,我在许多外国电影中,看到这种场面,便会想起,父亲对牛伸出的手"[2],而小说开篇第二句"在此之前两年多的时间里,我在阴曹地府里受尽了人间难以想象的酷刑"[3]则充分表现了马尔克斯式的、立足于现在对以前情景的回忆的叙事手法。

此外,《生死疲劳》在结局的处理上也显示出了《百年孤独》的影响。《百年孤独》的结局是奥雷良诺和自己的姑姑阿玛兰塔·乌苏拉在不知实情的情况下结合后,生下了长着猪尾巴的小孩,而阿玛兰塔·乌苏拉因产后血崩救治无效而死去。在《生死疲劳》中,庞凤凰与蓝开放实为堂兄妹,两人也因不知实情而结合,最后生下了大头儿,且生下来就有怪病,"动辄出血不止",而庞凤凰在生下大头儿之后也死去了。

然而,作为莫言刻意"撤退"后的作品,《生死疲劳》在叙述方式上也进行了创新。小说在内容叙述方式上主要采取了"大头儿蓝千岁"与"蓝解放"对话的方式,并按照中国人惯常接受的时间顺序来排列故事。小说的结尾"我的故事,从一九五〇年一月一日那天讲起……"[4]与小说开头相呼应,以此告诉读者,整部小说是两个人对话的内容,在形式上形成一个叙述的圆圈,颇具新意。同时,莫言还从民间吸取养分,采用中国古典小说最常用的章回体结构,使小说在叙事模式上展现了鲜明的民间色彩和浓厚的民族文化风格。

---

[1] 彭文忠:"《百年孤独》与中国新时期以来文学的魔幻叙事",载《文史博览·理论》2006年第2期。

[2] 莫言:《生死疲劳》,上海文艺出版社2008年版,第93页。

[3] 同上书,第3页。

[4] 同上书,第540页。

二、土著观念的神奇效果

土著观念是指当地人对神话传说、现实、人生、世界等一系列问题的看法。由于科技不发达，早期拉美人便用自己的想象来阐释现实世界中无法解释的事物与现象，逐渐形成其独特的信仰和迷信思想，这种文化传统十分深厚，以至到现在还有许多人信以为真。拉美作家用自己的文章表现了拉美传统的土著观念，把虚幻与现实结合起来，形成拉美特有的魔幻现实主义色彩。

《百年孤独》中表现拉美土著观念的文字更是随处可见。例如，拉美人认为，世界可以分为死人世界和活人世界，而人生仅仅只是一个过渡。《百年孤独》中就有许多关于人和鬼搅在一起的情节，鬼魂可以出入人世，会时隐时现，甚至可以与人对话：被布恩地亚杀死的阿基拉尔的鬼魂夜间出现在他们家，他们夫妻俩都看到过，阿基拉尔有时站在水缸边"用芦草堵住喉头的伤口"，有时在浴室里"用芦草擦洗脖子上的血迹"，有时"在雨中溜达"，而且在第十八章中，墨尔基阿德斯可以死而复活，再次死后还可以与奥雷良诺对话。这种人和鬼、生和死相混淆的表现方法形成一个富有浓厚魔幻色彩的光怪陆离的神奇世界，展现了富有神秘色彩的拉美文化。"以《百年孤独》为代表的拉美魔幻现实主义作品使中国作家看到了一种全新的表现第三世界民族文化和民族心理的方法"，[1]对许多中国作家都产生了深刻的影响，中国新时期的文坛上，出现了莫言的山东高密乡、贾平凹的商周、陈忠实的白鹿原、阿来的西藏等。对此，韩少功说道，"文学之根应该深置于民族文化传统的土壤里，根不深，则叶难茂"，作家有责任"释放现代观念的热能，来重筑和镀亮"民族的自我。中国作家着力于找寻民族文化之根，对拉美魔幻现实主义创作手法进行借鉴，从内容与形式上促进了当代小说的发展。

---

[1] 严慧："论魔幻现实主义与中国当代小说"，载《山东文学》2003 年第 11 期。

莫言并非只简单地对马尔克斯进行模仿和照搬，而是对本民族文化历史传统、思维方式和精神心理状态进行深入思考，创造性地借鉴魔幻现实主义的结果。莫言把这一技巧中国化后主要体现在着重表现具有中华民族特色的信仰和封建迷信思想。中国同拉美一样，都拥有深厚的历史文化背景，先民在早期生活中形成的迷信思想在民间同样根深蒂固。在《生死疲劳》中，作者突出表现的是中国人普遍相信的佛教轮回观念。佛教认为，众生要在三界六道的生死世界流转循环不已，在轮回的过程中，可以是人转世为人或动植物，也可以是动植物投胎为人。《生死疲劳》借助六道轮回之说来进行构思，每部分切分的主要线索是由地主西门闹转世投胎变成的不同动物组成的："驴折腾""牛犟劲""猪撒欢""狗精神"以及最后一部分"结局与开端"中提到的"猴"和仇恨发泄干净后转世为人的"大头儿蓝千岁"。小说主要通过不同动物和蓝解放的视角来讲述高密东北乡50年来的历史变迁，这种轮回转世观念与中国传统的章回体相结合，使人读来有一种亲切感。而小说中出现的"阎王""判官""牛头""马面""孟婆子"等一些为中国人民所熟知的概念也都带有强烈的魔幻色彩。此外，小说在行文中也多次体现"轮回"观念。例如，在第十二章末尾，作者提到蓝脸给蓝解放"讲了几个有关轮回的故事"。蓝脸之所以坚持要买那头由西门闹转世的牛，是因为他觉得"它的眼睛，跟咱们家那头黑驴的眼睛是一模一样的"[1]。蓝脸一直深信轮回转世这一观念，所以他对驴、对牛像对人一样；在他死时，他也知道了那条狗是西门闹转世，并带着狗一起走向坟墓。再如由西门闹转世的驴之所以不怕民兵开枪杀驴是因为"驴是畜生，不懂人事，如果杀一头驴，那开枪者也会成为畜生"[2]。这一点也反映了民间普遍存在的封建迷信思想。

---

[1] 莫言：《生死疲劳》，上海文艺出版社2008年版，第96页。
[2] 同上书，第42页。

三、魔幻现实主义的写实性

"魔幻现实主义是拉美作家经过长期的探索和试验之后创立的一种根植于拉美本土的现代派"❶，被誉为一面现实社会的哈哈镜。"在魔幻现实主义小说中，作者的根本目的是借助魔幻表现现实，而不是把魔幻当成现实来表现，'魔幻'是手法，反映'现实'才是目的"。❷《百年孤独》依循"变现实为幻想而不失其真"的原则，通过布恩地亚家族七代人的命运和马孔多小镇的兴衰消亡的历史，表现了19世纪初到20世纪上半叶，哥伦比亚乃至整个拉丁美洲近百年的历史演变和社会现实。作家在文学谈话录《番石榴飘香》中指出，布恩地亚家族的历史，实际上就是整个拉丁美洲的历史，而作家的职责就在于提醒公众要牢记住这段容易被人忽视和遗忘的历史。作为一部呈现整个拉丁美洲的历史，小说中有关失眠症的部分便有强烈的象征意味。人们因为失眠，渐渐患了健忘症，这种健忘症会让人"逐渐把事物的名称与概念忘掉，最后会连人都认不出来，甚至失去自我意识，变成一个完全忘掉过去的白痴"❸。为了和健忘症作斗争，人们先在物件上写上名称，到后来甚至把物品的功用也标在上面，如"这是牛，每天早晨应挤奶以生产牛奶，牛奶应煮沸后加入咖啡，配制成牛奶咖啡"❹。这显然只是作者的想象，而作者正是想借助魔幻现实主义这面哈哈镜放大被人们忽视的现实，告诉人们民族的历史传统正在被忘记，而忘记历史带来的危险是巨大的。

莫言在《生死疲劳》中叙述了1950~2000年中国农村50年的历史，讲述了中国乡土半个世纪的蜕变与悲欢，并围绕土地这个沉重的话题，阐释了农民与土地的关系。作品中也对中国当代社会中存在的一些

---

❶ 严慧："论魔幻现实主义与中国当代小说"，载《山东文学》2003年第11期。
❷ 杨晓莲："论魔幻现实主义文学的'魔幻'表现手法"，载《渝西学院学报》2002年第1期。
❸ ［哥伦比亚］加西亚·马尔克斯著，潘立民译：《百年孤独》，西苑出版社2003年版，第40页。
❹ 同上书，第42页。

问题进行了反思。在莫言与李敬泽的谈话中,提到了农民逃离土地的问题:"一切来自土地的,最终也回到了土地。可是,现在的农民已经不爱土地了。"而"一切来自土地的都将回归土地",正是小说中蓝脸的碑文。农民不应该逃离土地,否则他们便失去根本,作者在小说结尾就展示逃离土地或背离土地的凄惨景象。莫言通过魔幻现实主义这面哈哈镜,从各种不同动物的荒谬视角为我们展示了一幅广阔而真实的中国历史画卷,有阎罗殿的酷刑逼供,有"文化大革命"中人们的荒谬行为,也有狗跟随蓝解放进城后对城市的某些批判,对官场黑暗的暴露,等等。这些都体现出莫言对魔幻现实主义的借鉴。"现实是魔幻现实主义的基础和根本,离开它就不会有深刻意蕴和厚重的力量,魔幻也就失去了光彩"。[1] 懂得用魔幻来深刻地反映现实而不只局限于描摹具有魔幻色彩的事物,是中国作家学习马尔克斯的一大进步,《生死疲劳》便深刻体现了这一点。

总之,马尔克斯的《百年孤独》对中国当代作家产生了巨大的影响,然而中国文学不可能只靠模仿来立足,中国作家对以《百年孤独》为代表的魔幻现实主义的接受,经历了"一个从形似到形神结合到'离形得似'的过程"[2]。对于作家来说,除了对外国各种表现手法的借鉴,对本土文化的关注及生活本身的思考也是必不可少的。莫言在吸收异域艺术养分的基础上,对魔幻现实主义进行了民族化、中国化的改造,用他人之长开拓了自己的艺术领地和艺术风格,在中国当代文坛走出了一条创新的成功之路。

---

[1] 杨晓莲:"论魔幻现实主义文学的'魔幻'表现手法",载《渝西学院学报》2002年第1期。

[2] 彭文忠:"《百年孤独》与中国新时期以来文学的魔幻叙事",载《文史博览·理论》2006年第2期。

永恒乃是飘逝
——《百年孤独》以冰块包裹激情之叙事[*]

■ 张慧敏[**]

【内容提要】 现代社会，膨胀的激情需要"冰块"，需要"冰块"包裹激情的文学叙事。《百年孤独》文本，别具一格。以冰包裹激情之叙事，正是以辩证思维寓言性写作来警示，或高贵或低俗，或前进或倒退，或生或死，一步之遥，失若千斤，永恒乃是飘逝。

【关键词】 冰块　激情　永恒　飘逝　孤独

传统研究《百年孤独》者多纠结于"魔幻"，即故事情节的表面含义，一个"百年家族"从创建到消亡的故事。虽也会读出某种"魔幻现实主义"的关于族群衍生的象征语义，但笔者认为，并没能揭示此奇幻文本的核心或者说"实质"，也就是说只满足表面故事，并不能穷极作者创作野心。

比如，文本终结处，是读者及研究者都不会忽略的情节，即这个百年家族的第六代奥雷良诺·巴比洛尼，在"译读出全本羊皮书"的时刻，这个"镜子城""幻景城"——更是以"冰"建构的"城市"，会

---

[*] ［哥伦比亚］加西亚·马尔克斯著，黄锦炎等译：《百年孤独》，上海译文出版社1989年版。

[**] 张慧敏，江西景德镇高专，副教授，北京大学硕士，曾任职于中国艺术研究院，执教于美国 The Pacific University。有论著《褪尽铅华》《语言在洞穴中穿行》，主编《女性主义精粹》，在各级刊物发表论文多篇。

随"飓风"消失。好似所有的读者因了如此"消失"的震撼而目瞪口呆,以至于都忽略了作者还有文本的尾巴:"这手稿上所写的事情过去不曾,将来也永远不会重复,因为命中注定要一百年处于孤独的世家不会有出现在世上的第二次机会。"(pp. 385~386)是因为人们太注重这个"世家"的消失,还有"孤独"的自我性情感体验,而忽略了这"唯一不二"之说,乃是文本落幕的重锤鼓点,一锤定音之效。

作者定音,其文本是前无古人后无来者,念天地之悠悠独怆然而涕下的作品。获得诺奖,刮起拉美魔幻的文学飓风,皆属于人们体会了陈子昂诗文的后句,但往往就忽略了陈子昂的前句,关于文学,作者如此宣称,该是何等野心!

首先,文本的生命在于阅读,但是孑然独立于世的文本是世人难以读懂的。早在罗兰·巴尔特的阅读理论创建之前,尼采就警告世间:要把"阅读当成艺术",这需要"技巧",但不幸的是,此阅读"技巧"在现代"失传"了,于是他依旧呼吁,读他文字者,"若要消化它们,人们必须像奶牛一样,而不是像现代人那样,学会反复地咀嚼。"[1] 奥雷良诺·巴比洛尼这个人物符号的创建,绝对不只是仅仅一个家族的"第六代"而已,无论是他的生命创立(携竹篮降临),还是成长(被外祖母菲南达监禁隔世),都与一个家族血统的绵延不搭关系;而且正是家族根本就无意甚至时刻防范着这个血脉,奥雷良诺·巴比洛尼方能超然物外,获得纯粹阅读的时空和可能。虽然近亲情欲诞生了家族第七代"长猪尾巴的孩子",既不具有传代的使命,更不是要以当下世人读解的"猪尾巴"来羞辱和毁灭这个家族,相反,菲南达防御而囚禁外孙的意图,不是预测到乱伦,而是恐惧关于女儿梅梅私生子的流言,是对话语的恐惧。其妙的是,当世人的话语以冰块隔绝的方式冻结起奥雷良诺·巴比洛尼,他反而在如此孤独中获得了某种魔幻性的超阅读能力。此阅读的超能,正是为了衬托绝世的像"羊皮书"那样的超文本——其实也就是《百年孤独》文本自身。之所以故事不是终结在家族的第七代,而

---

[1] [德]尼采著,周红译:《论道德的谱系》,三联书店1992年版,第9页。

一定要终结在这阅读使命的第六代身上,就在于文本创建与阅读之绝世意义。

其次,文本建立,其生命并非是现代假模假式的装帧和摆设,而是口口相传,是看其无形却犹如幽灵般代代延续。作者给予文学无上的尊严。文学也许是关于某个人物某个宗族某段情爱的想象,但作者清楚"生命比想象的还要短暂"(p. 328)。正如似肥沃土地般孕育这百年家族代代相传最后坐在终生的摇椅上死去且神话般伴同世间各色杂物与土壤一起掩埋在"舞池中央"的庞拉·特内拉(p. 369),可谓是"相传"的缩影,尽管其生命长过百年,但与话语故事相较,依旧匆匆不敌。再如文本第 23 章,写到一个并非神秘的"加泰罗尼亚学者",他曾是文字的守护者,以书店的名义;亦是文学的创造者,尽管书写了大半生的"三箱字片"无人能识;还是知晓自圣徒奥古斯丁以来的传译者,他告示:"有朝一日人都坐一等车厢而书却进货物车厢",那么,"世界就遭殃了。"(p. 370)相对于作者心中的文学,百年家族的消失,如同人的死亡,是意料之中的,甚至文学,在书写、阅读和不知之间,亦是以消逝作为形式,而索永恒。当阿尔丰索的翻译手稿"全丢失"时,"博学的祖父知道后,非但没有追究,反而乐不可支地说,这正是文学作品的自然归宿"。(p. 370)什么是文学的自然归宿?这有关传播的问题,正如书中不断重复着重的"时间循环"(p. 315),并以"猪尾巴"孩子来象征。百年前的"猪尾巴"孩子,"在最纯洁的童贞状态中度过了四十二年",结果却被屠夫用肉斧砍掉,血流不止身亡(p. 18)。请注意,此"屠夫"却是以"朋友"叙之,且"斧砍"非习俗不容非法律制裁,似乎近如"朋友"为混沌凿七窍致其亡之寓言。是现实人渐渐对天地灵性的丧失,不知宇宙浑然,而导成悲剧。这亦是文学真谛丧失的根源。百年后的"猪尾巴"孩子却纯空如清风,消逝得透明且不着痕迹。这个有可能是被蚁阵吃去的孩子,也许就是文学传播的变种,一如文本反复吟咏的"没完没了"(p. 371),是灵性的飘逝。一如小说中魔幻性推崇吉卜赛情节,不是在故弄玄虚于"巫术"(这也是"魔幻现实"与当下网络玄幻之本质区别,前者蕴藉文学的灵魂),而是文本开篇第一页,紧随着所有研究者都注意到的特殊句法（——许多年之后，面对行刑队——奥雷良诺上校——"将会"想起——见识冰块的那个遥远的下午）是吉普赛"嘶哑"的喊声："任何东西都有生命"且"一切在于如何唤起它们的灵性。"（p.1）被作者赋予有一定预测能力的奥雷良诺上校，可以预测桌子上的滚烫汤锅掉到地上，但他却始终不能预测自己的死亡。故此文本在开篇第一句必须以一个超然的叙事者来预测生命死亡与冰块的关系，强调的就是文学之灵。此"灵"是老实的记载，一如"墨尔基阿德斯是个老实人"（p.1），"老实"的定位，是魔幻现实文学的根基，如此通灵且又在百年之内不为世人所解之创作，方为文学，通过游吟歌手的吟诵，通过或是"朗诵"或是"喃喃自语"，甚至虽死犹生的墨尔基阿德斯通过与百年间布恩地亚家族的奥雷良诺子孙属灵对话，文学得以传播。如此无穷的意义，方使这个羊皮书上天文书写者墨尔基阿德斯，得到文本中最尊严的殡葬。虽然他天文书的记载如咒语般预测了这个家族的消亡和这个城市的泯灭，但却是百年间，最让人"狂欢"的殡葬（p.65）。不是无知的人们狂欢自己百年后的逝去，而是文学孕育在狂欢中，即使创造者如墓碑上的仅有之字："墨尔基阿德斯"，无须懂更多，客观之在。

　　文学并不虚幻，虚幻的是人的贪婪本性，是欲望，就像霍塞·阿卡迪奥·布恩地亚一定要用吉普赛人的磁铁去开采地下黄金一样。有不少研究者都提到《百年孤独》具有《圣经》创世的结构隐喻，但笔者认为，不只是马贡多这族群的创立，是对事物命名，犹如语言的追踪溯源，更因为欲望未膨胀之初，马贡多是不存在死亡的，不是因为此城镇的年轻，而是因为如伊甸园初始，欲望话语还未发生或者说仅露端倪。欲壑难填方带来生命的终结，故此方需要"冰块"的"时代发明"。不是热带地域需要冰块想象，而是现代社会，膨胀的激情需要"冰块"，需要"冰块"包裹激情的文学叙事，这方使《百年孤独》文本，别具一格，前无古人后无来者。

　　《百年孤独》关于"冰块"与生命的关系，是以开篇定音的奥雷良诺·布恩地亚上校面对死亡行刑的关键时刻作为文本首句点出。而面对

"行刑"这样一个特殊时刻，作为《百年孤独》文本大半本叙事的鼓点，且作为文眼作为指挥音响的核心，提挈叙事延伸。"许多年以后，在正规军官命令行刑队开枪前一分钟，奥雷良诺·布恩地亚上校重温了那个和暖的三月的下午的情景；父亲中断了物理课，一只手悬在空中，两眼一动也不动，呆呆地倾听着远处吉卜赛人吹笛擂鼓"（p. 14）。此鼓点，正将"冰块"与生命导向了叙事。

一如上文所说，马贡多居民给予了吉卜赛吟者墨尔基阿德斯"狂欢"且尊严的殡葬，但是作为这个城镇的创建者，霍塞·阿卡迪奥·布恩地亚与妻子乌苏拉本当得到更加尊重的礼遇。事实却不然。前者阿卡迪奥，虽说尊墨尔基阿德斯为圣，甚至不无现代科技的想象，但终究被困守于现实泥潭，以至于半个世纪被捆绑在橡树底下，被人遗忘而终；后者乌苏拉，这个布恩地亚家族创建维护的顶梁柱，不只是老年受尽生离死别、身体残疾，以至于质问上帝："是不是真的以为人的身体是铁打的，忍受得了这么多的痛苦和折磨。"但此问对叙事者来说，是不问之问，既用不着问号，更连问者自己，"问着问着"，也"糊涂了"。（p. 236）苦难与人生，连体孪生。乌苏拉是象征，"她的身体逐渐萎缩，变成了胎儿，变成了活僵尸。最后的几个月，她竟变成了一只裹在衬衣里的干洋梨，她老是举着的手臂看起来就像一只猴爪。"由于她可能几天一动不动，被曾孙儿们当成玩具，藏在谷仓柜子里，"差一点没叫老鼠吃掉了。"在死亡还未完全降临之际，这曾祖母，布恩地亚家族的主奶奶已被曾孙儿们判定了死亡，无论乌苏拉如何大叫"我还在说话""我还活着"，孩子们依旧判定："她像蟋蟀一样死去了。"是孙儿们的如此判定，乌苏拉最后"在事实面前认输了。'我的主啊！'她轻声嚷着，'这么说，这就是死亡了'。"（p. 320）让读者感觉魔幻惊怵的正是这样一个"事实面前"！

问题是叙事者为什么要如此刻薄于一个创家立业、几乎顶天立地的女人？马尔克斯自己曾不无赞许地认同女性建家立业而男性则败家荒淫。乌苏拉坚强精明，她储藏一坛坛金子，认为"只要上帝让我活着"，"这幢疯人院里就不会缺钱花。"（p. 137）她本该当然的是布恩地亚家族子孙的高祖。荒诞的是,家族尊崇的高祖却是一个 14 岁一脸稚气的"雷梅苔丝"。推举"雷梅苔丝"为家族圣位者正是乌苏拉。那么乌苏拉与雷梅苔丝两个符号之间有何差异,以至于让叙事者如此颠倒黑白地倾斜天平?就像与乌苏拉近 120 高龄长寿相对,雷梅苔丝短命只活到 14 岁,相对乌苏拉的强壮精明,雷梅苔丝一直尿床,最后似乎是尿床病毒而死。正像乌苏拉的激情在于黄金和扩建家居,雷梅苔丝的全部激情在于满屋子的娃娃。结果却是娃娃的雷梅苔丝获得高祖之尊,晓明事理的乌苏拉却死于玩偶之戏。问题就出在关于"激情"上。雷梅苔丝具有的天性,正是乌苏拉的匮乏,所以雷梅苔丝与其说是家族之圣,不如说是乌苏拉的偶像。乌苏拉死时,"连鸟儿也被烤得晕头转向,一群群小鸟像霰弹似地撞死在墙上,有的还撞破了铁纱窗,冲进卧室死去了。"(p. 321)如果叙事都被激情烧灼到如鸟般撞进"卧室"而死,还有什么样的死亡不会发生呢?为了阐释如此激情隐射,作者安排了因传说,邻里杀了一杂种怪兽,它有被损伤的羽毛、被戕害的皮肤,还有折断了的翅膀仅剩残痕,流着绿色的血液、睁着朦胧的大眼、"与其说它像人,还不如说它像娇弱的天使。"以至于被杀后,"人们无法确定,究竟把它当作动物扔在河里,还是把它当作基督徒埋入土中"。(p. 322)文本中叙述过许多的死,有三千人的大屠杀,有奥雷良诺·布恩地亚上校发起的 32 次战斗,又 32 次失败;躲过 14 次暗杀,73 次埋伏和一次行刑队的枪决;有 20 个叫"奥雷良诺"的儿子们,被一夜剿灭等死的描述,都比不上这只怪物,叙事如此凄迷哀鸣。

因此,本文认为,是现代人的激情,隐患了死亡。正如火车的降临——"这列无辜的黄色火车将给马贡多带来多少捉摸不定的困惑和确凿无疑的事实,多少恭维、奉承和倒霉、不幸,多少变化、灾难和多少怀念啊"。(p. 210)叙事者这里又玩了一个既成事实的预测将来时,不言隐患而暗藏其中。早已不只是火车,还有机械文明的所有发明都让马贡多沸腾——"上帝似乎决意要考验一下人们的全部惊讶能力,他让马贡多的人们总是处于不停的摇摆和游移之中,一会儿高兴,一会儿失望;一会儿百思不解,一会儿疑团冰释,以至于谁也搞不清现实的界线究竟在哪里。"(p.212)正如本文曾指出的,不是文学虚幻,而是现代人的欲望将真实与幻景混淆不清了。其时,正是马贡多人彻底否决吉卜赛人把戏之刻。连"年迈的乌苏拉尽管步履蹒跚,走路还要扶着墙壁,但是当火车快要到达时,却像孩子似地兴高采烈。"(p.216)笔者认为,叙事者对乌苏拉的残酷,无须再举他例已基本明晰,其实是对现代文明的否决,对歌吟的怀恋。早在建村之初,当"全村人的家里都养满了苇鸟、金丝雀、食蜂鸟和知更鸟。那么多不同的种类的鸟儿啾啾齐鸣,真是令人不知所措。乌苏拉只好用蜂蜡堵住耳朵,免得失去对现实生活的感觉。"(pp.8~9)是这如同储存黄金的感觉,让她在叙事者的天平秤上跌落,甚至都不及靠纸牌混迹的庞拉·特内拉。一个14岁被"外乡人"强奸,结果又被爱情俘虏了于是注定要终身等待的女人:"她把男人们全当成是他,不管是高个子还是矮个子,金发的还是黑发的,也不管是陆路来的还是海路来的,只要是纸牌许诺给她的,她就跟他们混上三天、三个月或者三年。在长期的等待中,她失去了粗壮的大腿、结实的乳房和娇柔的脾性,但狂乱的内心却依然如故。"(p.25)就是这样一个心中坚守着爱的等待,用身体温暖供奉天下男人的女人,"她从来不收人家的钱,也从不拒绝给人家行方便,就如直到她人老珠黄的黄昏之年从未拒绝过来找她的无数男人一样。他们既没有给她钱,也没给她爱,只是有时候让她得到一点快活"。(p.143)但是当她与百年家族的第二代霍塞·阿卡迪奥生下的儿子第三代阿卡迪奥要找她满足情欲时,这个女人宁可花费一辈子积蓄为这个不知自己是其母亲的儿子物色她女。就是这样一个用身体无私养育宽慰这百年家族子孙的女人,叙事者给了了几乎是对神奇的敬仰。[1]

文本中另一个毫无尊严的死就是情欲的雷蓓卡,她全部的勇敢果断

---

[1] 以等待誓永恒的伎俩属马尔克斯笔法惯伎。在《霍乱时期的爱情》中有14岁几乎类似被诱奸的阿梅里加·比库尼亚超凡脱俗地为弗洛伦蒂诺·阿里沙自杀;有以深爱之情辅助阿里沙成就事业、但爱情却只枯萎在对某个"10月15日晚11点左右"被强奸的瞬间之等待终生的莱昂娜·卡西阿尼斯。那魔幻性的自信仅凭强奸犯的形体和做爱方式就能从一千个人中把强奸犯辨识出来,诸多逆反逻辑的关于强奸的话语,无不在强调某种思念情绪和坚持的别具一格。此强奸话语模式曾在20世纪八九十年代的中国文学,以模仿之作风行。

就在于敢于出手。死时,"孤零零地躺在床上,身子蜷得像一只虾,头顶因长发癣而光秃了,大拇指还放在嘴里"。(p. 322)这个当情欲不能满足就食土的未脱尽蛮荒的女人,叙事者赋予她的倔强不无残忍。而相对守贞如信教的菲南达,相对照乌苏拉,叙事者的贬损也节制得多。她们二女人是百年家族真正的统治者,前者的家门敞开,接纳四方;而后者的"门"敞着就是为了"关闭"。就是这个孤独一生连亲生女儿也憎、亲外孙更是被视如外人的菲南达,外在礼节永远高于内在感受的菲南达,临终也要铺上亚麻桌布,面对空缺十五个座位,一人独食,终不放弃讲究。死后四个月,美丽依旧姿态依旧依旧身上盖着貂皮大衣。

真正让叙事者倾心的是俏女雷梅苔丝,她从未真正涉足世事,即使去教堂弥撒,也要将俊脸遮挡,但其自然随意如风的性情却让久经沙场的奥雷良诺·布恩地亚上校感觉此女就像经历了20年的战争。这份沉静如冰的凝练,即使是裸体,即使是男性眼光和语言偷窥袭击,都不能穿透这超凡脱俗美女的酮体。世间那些为她的美而自杀的激情都被认为"幼稚",是这样的悟彻剔透,于是死得离奇邝美——裹着床单就飞升而飘逝了。

为什么一个于现实生活几乎空洞的女体,会为一个将军誉为"20年战争经历"的历练,而一个真的经历了几十年战争,死里逃生、求死不成的将军,却无论是生还是死,抑或风驰电掣地在疆场、在女人的性床,最后都是空洞?似乎马尔克斯铺张性笔法都淋漓于女人了,于是他笔下的男性就必得谨慎。一如奥雷良诺·布恩地亚,一生都没有琢磨透翻牌预测的庞拉·特内拉在他声誉鼎盛时期预言性警告:"小心你的嘴巴。"(p. 164)小心什么?将军一生都沉默寡言,行动远远强于言说的奥雷良诺·布恩地亚,嘴,或者说"语言"与他到底有什么潜在危险?文本中,读者清楚将军在3岁时,预测汤锅掉下,那是他生命关于"语言"最炫目的刹那,后来,无论是内心激情性许诺,比如在"一位年近两百岁的游吟歌手"的虚幻中,那可以将"魔鬼"击败的对歌手的语言里,奥雷良诺·布恩地亚却感觉无味,而走进了一个每晚要接待70个男人为了偿还自己不小心睡着灯烛烧毁了祖母房舍的妓女屋。姑娘即使每晚要接客70人,床单可以拧出河水般湿漉漉汗水,依旧需要干上十年方可以还清祖母债务的姑娘,让奥雷良诺·布恩地亚激情澎湃,暗许诺言,要娶这样一个既满足他英雄救美,又可以"每天晚上享受她给予七十个男人的柔情。"(p.47)叙述者几乎是不着痕迹地暴露男性浩然无边之野心,但却总是遭阉割。奥雷良诺·布恩地亚的幻想因姑娘的悄然离去而暗哑,在很长一段时期,他利用实验室封闭自己,弃绝语言。直到一个外派镇长9岁的女儿雷梅苔丝重新激发起将军无限的爱情想象,奥雷良诺·布恩地亚的语言方复活在了"无头无尾的诗句"中。尽管这些将雷梅苔丝变了形的诗句,也"写在墨尔基阿德斯送的粗糙的羊皮纸上,写在浴室里的墙上,写在自己的手臂上。"但这是文学吗?作者城府潜深,虽然关于爱情的话语如同绵延充斥于文学长廊的喧嚣——诗句里的"雷梅苔丝出现在下午两点催人欲睡的空气中;雷梅苔丝在夜蛾啃物掉下来的蛀屑中,雷梅苔丝在清晨面包的蒸汽中……"(p.58)无所不至,倩影常在的激情,是不是生发文学?

文本告诉读者,当雷梅苔丝带着一个14岁未成年的天真及伴同腹中一对双胞胎仙逝后,将军又在很长一段时期陷入失语。直到激情给予战争,无须政治立场,只是因为内心的"高傲",就必须一次次发动战争。于是诗歌又重新复活,虽然在军旅生活中,再也没有像雷梅苔丝那样的情诗,一路被送上床的女人,尽管"她们把他的种子撒播在整个加勒比海岸",产生了20个奥雷良诺后代,"但没有在他的感情上留下一丝痕迹。"(p.163)无论是女人还是20个以奥雷良诺命名的儿子,他们皆空洞无比,一夜间诞生一如一夜间毁灭,不着语言丝毫痕迹,只不过"二十年的战争风云,人们借助它可以重温上校的夜间行军线路"而已(p.203)。故此,这样的"激情"仓促如人生的语言,大可焚之一炬。《百年孤独》的叙事,充满暗中机杼,不着一字尽得风流的随意:诸如乌苏拉"趁印第安女人帮她往面团里加糖的当儿,她朝院子里看看散散心——"(p.48)于是就衍生出雷蓓卡与阿玛兰塔生死角逐的爱情故事。还有在极端孤独无援间,乌苏拉又那样往窗外一看,就瞥见了早已丧失语言能力却半个世纪始终在栗树底下默默听她倾诉却已经死了的丈夫，只不过他比死时老多了。还有雷蓓卡就在早晨不经意地往窗外一瞅，就看见了行刑队的枪眼正对准了奥雷良诺·布恩地亚将军，于是，因为纵情而沦为乖乖奴隶的将军兄长霍塞·阿卡迪奥救下了将军，结果在某一天自己却在进家门间丧失了性命。所有这些不经意的情节组合，都别具匠心。

"小心你的嘴"，与其说是警告奥雷良诺·布恩地亚，不如说是警告所有充斥在文学中却又难是文学者，还有那些该焚之一矩的语言。文本以叙事的方式不露痕迹地论证了此论点。在激情耸动奥雷良诺·布恩地亚情诗时，也正是雷蓓卡神魂颠倒与钢琴师皮埃特罗·克雷斯庇这个"唯一让她退化吃土的男人"（p.50），他们的情信，几乎每日都期盼颠倒时日，将明天当成今天来过，却最后在滥情中无终而寂。还有阿玛兰塔的情诗，最后只是愤怒悔恨的见证。这些情节其实都是佐证，作者心中文学之界线，泾渭分明。

文学无论写生还是写死，皆如命运般，难能只因激情一时燃烧而已矣。就像庞拉·特内拉的终身等待，等待的是不该等待的强暴者，那永不会真的到来的爱情；就像雷蓓卡和阿玛兰塔，误导的悲剧；就像乌苏拉半世纪的空房半世纪的与栗树下捆绑的丈夫语言永不可抵达的交流，就像霍塞·阿卡迪奥·布恩地亚半世纪与自己杀害的朋友交心，等等，文学企图写出的是某种冥冥中的高贵，即使现代小说如卡夫卡等系列叙述者，以揭示命运的失败为旨归，时间循环往复咏叹的依旧是古希腊索福克勒斯似的吟诵：尽管如此多灾多难，我的高龄和我的灵魂的高贵仍使我认为一切皆善。当这"高贵"在加缪的《西绪福斯》的读解里，是"日常表达悲剧，用逻辑表达荒诞。"❶ 奥雷良诺·布恩地亚将军所有的激情都只是"行动"，语言却是暗哑的。一如他最后重复锻造的小金鱼，是标识也是遗忘。而这生命却如尼采说的，问题只在路上。当叙事鼓点一次次以"怀念的陷阱"（p.251）迫使将军呼唤"冰块"时，

---

❶ ［法］阿尔贝·加缪著，郭宏安译：《西绪福斯神话》，新星出版社2012年版，第133页。

命运已似西绪福斯的巨石，以忧伤强调出人永远朝向的是不知尽头的苦难。有预测能力的将军之死在毫无死亡迹象的"镶嵌"小金鱼尾巴的时间间隙里，一声"马戏团来啦"的吆喝，把本来要走向栗树撒尿的将军引到了街上，于是在始终"想着"及在"小便时他还试图继续想马戏团的事，却已经记不起来了"时，一生戎马辉煌的将军，一生失败也如小金鱼锻造再融化的将军，就"像一只小鸡似地把头缩进脖子里，前额往栗树干上一靠，就一动不动了"。直到第二天，他的没有行过法律手续的侄媳妇，沉默做了这个家族一辈子仆人的圣塔索菲娅在倒垃圾时，方"注意到兀鹫正在一只只飞下来"。（p. 252）

　　语言没有能力传达意义，是能指漂浮的语言学耳熟能详的道理了。与"高贵"的文学，一如俏女雷梅苔丝的升天，其无论是升天的方式还是成长的奇特，都是"深沉而长久的沉默中一点点成熟起来"（p. 223）的空洞能指，恰似寓言般显示出"冰块包裹激情"的叙事策略。在热带，"冰块"是最不可靠之物，包裹"激情"的危险，一如雷梅苔丝升天那样不可思议，却又随时可能发生。当叙事像冰块融化般有痕迹或者无痕迹，只有升天漂浮的幻象，永恒如何发生？中国绘画之词"留白"，在语言理论与文学时，在阐述能指空洞索向时，恰到好处。正如文本以"孤独"留白于世间。像阿卡迪奥、奥雷良诺本是一对共谋的兄弟，百年家族的第二代，后者的语言焚之一炬，前者几乎没有语言。上文提及他因雷蓓卡的随意一看，而救下的兄弟，与他最后的死，不构成任何直接关系，但由于这起谋杀，文本隐晦莫测，只有在后代阿卡迪奥闯进封闭枯死的雷蓓卡房屋时，被一杆黑洞洞的枪对准，有些许端倪。正如托马斯·曼所说，沉默不是目的，表述沉默才是目的。叙事者居心叵测地就是要"表述沉默"。一起在家庭发生的凶杀案，当"霍塞·阿卡迪奥刚关上门，蓦地一声枪响震动了整幢房子。"（p. 122）这无疑是一起谋杀，但叙事者却不是关注叙事真相不陈述谋杀原因动机以及揭示凶手，而是铺张死去灵魂的血液，它生动如灵"一股鲜血从门下流出，流过客厅，流出家门淌到街上，在高低不平的人行道上一直向前流，流下台阶，漫上石栏，沿着土耳其人大街疏去，先向左，再向右拐了个弯，接着朝着布恩地亚家拐了一个直角,从关闭的门下流进去,为了不弄脏地毯,就挨着墙角,穿过会客室,又穿过一间屋,划了一个大弧线绕过了饭桌,急急地穿过海棠花长廊,从正在给奥雷良诺·霍塞上算术课的阿玛兰塔的椅子下偷偷流过,渗进谷仓,最后流到厨房里,那儿乌苏拉正预备打三十六只鸡蛋做面包。"(p.123)这曲里拐弯的鲜血路径,只为一句话,一个通知——"我死了"。"36只鸡蛋"说明此时的家族还在兴盛中,母亲乌苏拉还正处于眼观六路、耳听八方的佳境,这个因为情欲娶了雷蓓卡而被驱赶出门的儿子,像所有遭难者一样不无困难地将消息"急急"送达母亲,几乎就是申冤。但错误的是,这血报的信息误判了方向,"偷偷"地"流过"阿玛兰塔,却直抵乌苏拉。叙事在此将速度放得非常缓慢,犹如不少侦探小说一样,乌苏拉"逆着血迹的流向,寻找这血的来处"。(p.123)慢镜头回放,将上面血流淌的路线再由母亲重探和侦察一遍,终于在一所她没有来过的房子,儿子的卧室,"一股火药燃烧以后的气味呛得她几乎喘不过气来,只见霍塞·阿卡迪奥脸朝下,趴在地上。"(p.123)案件并不复杂,却成了"马贡多始终没有探明的原因的唯一奥秘"。叙事速度慢放如侦探,却不得力不得果,问题出在哪里?壮年的乌苏拉几乎是火眼金睛,即使老年失明,"她也能凭着记忆继续'看'到一切",而且"气味"还是她逮人逮物都不会出差错的"辅助妙法"。(p.232)那么,用"草木灰和柠檬汁""盐和醋",还有"盛碱水"浸泡"六小时",再用"辣椒、茴香和桂花叶作调料,用文火"将尸体都煮烂也去不掉的"火药味",怎么就蒙住了一个母亲破案的双眼?笔者认为,这铺张焚尸灭迹的陈述,要揭示的正是乌苏拉的态度。《百年孤独》中,没有哪一种爱不易退化,反而是恨却伴随生命天长地久。尽管乌苏拉曾为这个随吉普赛人出走了许多年的儿子,外出寻找,尽管有思念也有重逢的喜悦,但日子总会比魔幻更能麻木人生,再炽热的情感,其实只不过"如肉体上的感觉,就像一块小石子落进了鞋肚里"(p.52),"移步艰难"而已。人总会将鞋底倒倒就无觉地过起自己的生活。乌苏拉的形象,比世间许多母亲更加操劳,但是,就是这样操劳的母亲,也会如此冷酷。对另一个儿子,那第一个出生在马贡多的奥雷良诺，在其生命临危时，母亲乌苏拉"搜肚刮肠地寻找事由来回忆儿子"，结果是"找来找去没找到"（p.165）。人是因为有如此本性，方为孤独。因此，造就永恒的文学，不是情书不是情欲，不是如人们善于且轻易掉下的"人类历史上最古老的眼泪"（p.367），而是吟咏孤独。

孤独本身就是留白的人生，就像死者永远的沉默，就像生者永不可能企及的言说。奥秘的留白，呈现了乌苏拉的态度，即使到老年，乌苏拉还一直保持"挑着全家重担时一样的勤勉"，甚至"在无法穿透的老年的孤寂中，她却是那么敏锐，足以洞察家中发生的哪怕最微不足道的事情。"（p.234）如此洞察真相的能力，却以放弃或者掩盖真相凝成了奥秘。是因为乌苏拉对"内心焦躁、情欲外露"、与这母亲毫无血缘关系的雷蓓卡，"敬仰"她的勇气，甚至认为这样的勇气，方是拯救家族之力。不少评论者是认同这样的观点的，但笔者却认为，这里蹊跷丛生，正是叙事者与乌苏拉的分歧，更是作者马尔克斯思考文化历史的两难。文本中几乎可以说正是乌苏拉心中的"蝎子"❶让她最后在叙事中无尊严之死的缘由。但是，这"蝎子"却寓意复杂。其实，精明的乌苏拉在她暮年，已经凭直觉敏锐到："她发现自己行动迟钝并不是年老与黑暗的第一个胜利，而是时间的一个过失。"（p.236）差错出在现在的时间与过去的时间不同，乌苏拉用了一个忍俊不禁却又朴素无比的比喻："过去上帝安排年月时并不像土耳其人量一码细棉布时那样耍花招。"（p.236）也就是说现在的时间有欺骗性，欺骗的"不仅孩子们长得快了，连人们的情感的演变也换了方式。"（p.236）一直对现代文明不乏其丈夫一样的热情且又能脚踏实地借用技术拯救家族的乌苏拉，这是第一次，对"现在"产生疑惑。这关于时间的思考，不只是叙述学的

---

❶ 乌苏拉心中两尊神，一是外乡人14岁就死了的儿媳雷梅苔丝，另一个就是被竹椅送来的陌生人血肉的雷蓓卡。文本第十三章叙述乌苏拉进入暮年时，"感到有一种无法拟制的愿望，真想像外乡人那样破口大骂一通，真想有一刻放纵自己去抗争一下。多少次她曾渴望过这一时刻的到来，多少次又由于种种原因产生的逆来顺受而把它推迟了，她恨不得把整整一个世纪来忍气吞声地压抑在心中的数不尽的污言秽语一下子倾倒出来。"这是她心中的"蝎子"。见 pp.236-237.

问题，更是结构学的问题，还是拉丁美洲切近文化历史的书写问题，即是真实时间出了差错，还是叙事时间出了差错？抑或是历史时间出了超出人想象的跌宕？

　　研究界早已熟悉的本雅明曾比喻过的"历史天使"："他回头看着过去。在我们看来是一连串事件的地方，他看到的只是一整场灾难，这场灾难不断把新的废墟堆到旧的废墟上，然后把这一切抛到他的脚下。天使本想留下，唤醒死者，把碎片弥合起来。但是一阵大风从天堂吹来；大风猛烈地吹到他的翅膀上，他再也无法把它们合拢回来。大风势不可挡，推送他飞向他背朝着的未来，而他所面对着的那堵断壁残垣则拔地而起，挺立参天。这大风就是我们称之为进步的力量。"❶ 这段笔者在他文中多次引用且阐释的论述，在此只作为理解乌苏拉符号以及作者书写路径。乌苏拉的敏锐意识正是刮向"进步"之风，以废墟的形式将她吹向背对未来的过去。也正是这样的临终性警醒，方有本文上面已指出的在她死时那如天使的怪兽被残杀且朦胧睁眼与苍天之叙述。都知道这个百年家族代表着族群历史、寓于拉丁美洲文化的象征，最后是走向了衰落甚至灭亡。死亡之后怎么办？这方是将文学走向永恒走向文化历史性思考的必然。本雅明的忧伤表述里其实不乏对现代文明的向往，但是拉丁美洲的书写却更多两难性的迷惑。就像乌苏拉，她尊崇为圣的崇拜偶像雷梅苔丝与雷蓓卡正是文明与野蛮、现在与过去的相对。乌苏拉认可雷蓓卡一如认同过去如土地般的自然且不乏野蛮，这是为什么叙事者要那样精致地书写儿子死亡之血流向的文明，不打扰人也不玷污地毯；而母亲却狂欢似的不无野蛮地消磨了尸体。两重叙事时间的对照书写，无意识却显灵的血与有意识却丧智性的人，暗喻潜伏，是魔幻现实主义的神功。并不像许多讴歌拉丁美洲文学革命风暴的浅薄评述，认为外来文化乃千古奇罪。《百年孤独》文本更多的是探索和拷问，是对历史时间的生死拷问，于是利用了叙事时间。直线走向文明辉煌的时间是乌苏拉

---

❶ Walter Benjamin, "Illuminations", Edited by Hannah Arendt, *Schocken Books 1969*, pp. 257–258.

一生所努力的，而循环时间是她暮年顿悟的。但只是循环到过去吗？叙事者不惜利用虚构（哪怕承担"花招"之风险）就像掌控侦破路径的去和回采取不同的叙事速度一样，叙事者操控着死亡的时间。给予雷蓓卡这个回到土地且倔强地维护其封闭以不可修复之死亡。意在表明，以僵死的封闭走向的死亡是没有新生的，循环当有他山之石。

以冰包裹激情之叙事，正是以辩证思维寓言性写作来警示，或高贵或低俗，或前进或倒退，或生或死，一步之遥，失若千斤，永恒乃是飘逝。

吉尔维克：与简朴风景的"感性沟通"

■ 姜丹丹[*]

【内容提要】 本文主要研究法国当代诗人欧仁·吉尔维克（Eugène Guillevic）在后期创作中体现出的风景诗学的审美转型，在诗与现象学交织的维度上探讨其中体现出的人与风景的"感性沟通"的哲学意涵、审美特征，考察诗人如何与世界的诸多元素之间建立现象学式的"主体间性"的对话关系，以直观朴素的方式进入与世界的融通、却又不忽视与事物之间的距离所带来的障碍，在与风景相遇的诗学写作中抵达一种"伦理的探求"的分享。

【关键词】 吉尔维克 诗学 风景 感性沟通 伦理

法国当代诗人欧仁·吉尔维克（Eugène Guillevic，1907～1997）的作品可大致分成前后截然不同的两个主要阶段，在风景诗学的审美倾向上呈现出明显的转型：在第一个系列里，从《水陆》（*Terraqué*，1942）到《成熟年纪》（*L'âge mur*，1955）中，对世界的畏惧感始终贯穿，在诗人笔下的法国西部布列塔尼（Bretagne）的风景空间里穿梭着令人恐怖的魔怪形象，可以说世界以其相异性的形象再现。这个阶段的诗也可称做一种"粗糙的诗"，在其中，人与景物的关系也是不和谐的、对立

---

[*] 姜丹丹，上海交通大学欧洲文化高等研究院，特别研究员。本文是"上海浦江人才计划"（"法国当代风景诗学"）项目成果。

而紧张的。在这个阶段的挫败之后，吉尔维克经历了为期十年的灵感"干枯阶段"，直到 1967 年退休后，他才重新开始创作诗歌，也借由他的家乡卡尔纳克（Carnac）的海滨风景，从此打开一个全新的创作高峰期。在后来的 30 年里，他几乎每两年出版一本诗集。吉尔维克引让·福兰（Jean Follain）为他的精神兄长，早在蓬热之前，让·福兰与超现实主义诗歌背道而驰，发现在日常生活中微不足道、常为遗忘的具体事物中的朴素魅力和光芒，因而开创了诗歌中的一种日常生活美学。总体而言，诗人选择回归事物本身，也同样回归词本身，孜孜不倦地探索着词与物之间的指认关系，他宣称："书写，正是嵌身在世界之中"。❶ 吉尔维克写道，"我包容在自然之中，人包容在词语之中……在一种连续不断的沟通的中央，甚至有一种融通"。❷这是在现代性引发的断裂经验之后重新找回和确立的人与自然、人与词语的契合。究竟诗人如何传达这种契合，如何在其书写中突出他本身的诗学特征呢？

在诗人早期的诗歌中，时常有焦虑、魔幻的影子萦绕在他所书写的风景空间里，传达出诗人与外部世界之间的某种紧张与隔膜感，可以说是内心焦虑的风景的传译。但在后期，他的世界观与诗学观发生根本性的转变，而以其故乡的卡尔纳克地名命名的诗集即是体现这种转变的代表作之一。在这部诗集里，诗人时而与大海亲密对话，时而与大海融为一体；这在语言的层面体现为诗人用第二人称单数"你"来称呼大海，或使用复数第一人称"我们"来指称自我与大海。比如以下面这首诗为例：

    我知道有别的海
    渔夫的大海
    航海家的大海
    出征的海员的大海
    还有想在海里殉难的人们的大海。

---

❶ Victor Hugo, "Soirée en mer", in *Les Voix intérieures*: *Les rayons et les ombres*, XVII, Paris, Charpentier, 1841, p. 73–78. 译文参见《雨果抒情诗 100 首》，第 77~79 页。

❷ Eugène Guillevic, *Choses parlées*, p. 65.

> 我不是一部字典
> 我只言说我们俩,
> 而当我说到大海
> 总是卡尔纳克的海。❶

  在这首诗里,诗人列举其他经验里所认知的大海,比如打鱼、航海、出征打仗或殉难,但却说明他书写的是这些与大海打交道的人类活动不同的经验,他要放弃"知识",而只是言说"我和大海"。这具体指的是在他的个人经验里所熟悉的大西洋海岸,是在他的童年与大海之间编织的亲密关系。他所写的大海是日常生活经验中的海滩、海浪、海鸥、岩石,但也是原始的空间,带着原初的朴素性,意味着文化的开端。对诗人而言,回归大海,意味着归乡,重寻朴素的神圣性。因而,吉尔维克的海洋诗的个体经验具有普遍的维度。

  从1961年的以海域地名命名的诗集《卡尔纳克》到1987年的诗集《主题》里最长的一个章节"大海",海的形象无处不在,但吉尔维克的海洋诗学实际上发生了一种根本性的转变。在《卡尔纳克》里,是诗人,人在讲大海,或面对大海讲述,比如在下面的这首诗里:

> 没有躯体
> 却深厚。
>
> 没有肚皮
> 却柔软。
>
> 没有耳朵
> 却高声地讲话。

---

❶ Eugène Guillevic, *Sphère suivi de Carnac*, (Paris) Gallimard (1er éd. Sphère, 1963; 1er éd. Carnac, 1961), coll. Poésie/Gallimard, 1995, p. 158.

没有皮肤

却颤动。❶

诗人重新靠拢具体的、感性的、平常的自然事物，在裸露的目光中，大海的书写好比经历现象意义上的"还原"，诗人进入与大海的某种"感性沟通"。诗人还写道："海洋/ 只是一片海/ 只是池塘/ 没有给过路人任何的裁判"。❷ 这让人联想到浪漫派诗人雨果的一首海洋诗《大海之夜》（亦译为《海洋上的黑夜》，1836 年 7 月，收入诗集《光影集》），❸ 但在诗的结尾处，雨果书写了海潮与海洋之夜传达的"伤心往事"与"哀号"，在集体回忆的空间，大海承载着海难的悲剧性，无法湮没的"过去"在黑夜里发出"绝望的哀号"，大海在人类面前呈现出令人惊恐的形象和难以战胜的力量。在雨果的作品中，大海是绝对的他者，是自我要战胜的对象，也是想象的空间；与雨果的诗中的大海向人们发出的"哀号"背道而驰，在吉尔维克的后期诗作中，大海自然而然地敞开，摈弃了所有的神话性、悲怆性的成分，剥离了其中包含的壮烈的、苦涩的体验。

到了后期诗集《主题》的"大海"里，诗人选择让位给大海，让大海自己的声音在诗中讲述。比如，在一首写大海之歌的短诗里的作为述体"我"实际上是指大海："我自问/ 是否我/ 沿着时间/ 沿着波浪/ 在咕哝的/ 不是一首歌"。❹ 类似的例子很多，比如在一首写海与风的对话的诗里，大海也成为诗的主体与述体，"风，是的/风，认识我/ 我们大约/都在一个母体里/ 庞大的母体"。❺ 在这部诗集里，大海远不止是一个主题或形象，大海在诗歌中占据主体的位置，甚至也赋予另一种语言的可能性，或许是在我思之前、在事物与词语分裂之前的源初的语言。

在吉尔维克的诗歌中，只有对大海的白描，没有风景如画般的描

---

❶ Eugène Guillevic, *Sphère suivi de Carnac*, (Paris) Gallimard (1er éd. Sphère, 1963; 1 er éd. Carnac, 1961), coll. Poésie/Gallimard, 1995, p. 181.

❷ Guillevic, *Terraqué*, (Paris) Gallimard (1er éd. 1942), 1962, p. 63.

❸ Eugène Guillevic, *Vivre en poésie*, p. 176.

❹ Guillevic, *Motifs*, (Paris) Gallimard, 1987, p. 212.

❺ Ibid, p. 168.

述，事物如原样的呈现。诗人只是简单的打开空间，在其中，有时还蕴含着对存在的简朴的哲理思考。诗人这样写道："你饮下的水/结识过大海/没有任何他处，可以治愈此在。……水域上都有寂静/大片的寂静/在互相倾听。/地平线，注定让我们生活在圆圈之内。/……至少你知道，你，海洋/去想生命的终结/没有什么用"。❶ 在这首诗里，大海的例子是伦理的典范，启示诗人放弃对生命的局限的思考，放弃"他处"的诱惑，选择在"此在"的有限性中真实地生活，也去感知地平线之内、事物之间、事物内部的朴素诗意。在吉尔维克笔下的海洋风景中，也承载着差异、虚无与寂静，但差异的维度冲淡了，人与自然不如说处在一种融合的关系之中，对大海的颂歌，也是对谦卑、安宁的诗意存在的颂歌。正如诗人这样陈述："写作，就是置身在世界之中"，❷ "在世。成为世界的片断，元素"。❸ 吉尔维克承认人的生命的卑微与有限，却拒绝哀叹，在与景物的对话中寻找贴近本真的存在的静谧，这也透显出"二战"后选择直面存在、回归自然的一代诗人的抒情伦理，在自然面前采取"再魅"（re-enchantment）的姿态，同时走向一种朴素的、简单的新写实诗学，却日益充盈地打开人与世界在场的"感性沟通"的维度。

在吉勒维克的诗中，他者的形象更加朴素化、平淡化，自我与他者面对面，仅仅成为感性世界之中的一个元素，或者甚至是代表整个大自然的大海在诗歌中成为本体论意义上的在场。大海剥离了从浪漫主义到象征主义时期作品中的悲怆的、抽象的、象征的成分，人与海的关系也不再是抗争性的，人与海的共处体现出和谐、安宁的特征，诗人在后期的创作中有时甚至完全让位给大海，让海洋在诗歌中述说，他的海洋诗呈现出简单、朴素的新写实风格。与浪漫主义式的风景抒怀完全相反，

---

❶ Guillevic, *Du domaine*, (Paris) Gallimard, 1977, p. 103.

❷ Guillevic, *Vivre en poésie*, entretien avec Lucie Albertini et Alain Vircondelet, (Paris) Stock, p. 176.

❸ Guillevic et Jean Raymond, "*Choses parlées*", entretiens, (Seyssel) Champ Vallon, coll. "Champ poétique", 1982, p. 141.

在吉尔维克对此在风景的颂扬中，剥离私己的忧虑（爱情的痛苦、生存的哀伤或孤独的忧愁等），而倾向于让风景空间本身去简单地言说。

　　诗人的风景空间里并不是一个既定时间的特殊体验，而是在时间的绵延之外独立存在的不同元素的具象化。这不是一个在诗人的意识的周遭发光的限定的空间，而是由某一种意向性来把握的场所。布列塔尼的天和地构成"世界"，但这并不是以在海德格尔所颂扬的艺术性相遇的方式，在后者那里，整体性涌现出来，需要人的介入。而在吉尔维克的作品里，"世界"独立自在，以自身的在场涌现出来。诗人在此在中揭示出空间的网络的存在，尽管有时候这些网络处在我们惯常的感知场域的边缘。诗人置身在此在之中，邀请读者去和他一起感知自然中的各种生命形式以及互动。诗人也同样呈现出与周遭事物的"对话"关系，一方面，他召唤事物，提问事物，与之建立关系；但另一方面，他则更尽力走出自身的目光，从外部把握事物，最终，也试图在"感性沟通"中让事物表达自身。

　　　　和月亮
　　　　和荒野
　　　　一起玩耍：我在，
　　　　我不是
　　　　你的镜子。❶

　　诗人称风景为"你"，则进入一种对话，以童真的心态与自然面对面的嬉戏关系，在"我在，我不是"的灵巧而细微的语言游戏中，诗人确立一种与世界重建"感性的沟通"的朴素的在世方式，而同时又指出自我不是风景的镜子，则意味着风景不是经过主体的镜子而投射出来，而风景与自我处在平等的关系之中，风景自然而然地存在并呈现自身，而剥离了抒情性的"我"也和风景一样简单地存在，在场即言说，面对面即共在沟通。自我因而走出自身的迷宫，也把事物在其自身的存在中命名、识别，故而在自我与世界之间打开一种感性沟通的空间。而在吉

---

❶ Eugène Guillevic, *Art poétique*, p. 41.

尔维克的后期作品里常常是与极其简朴的自然元素之间建立这种"感性沟通"：

> 在草原上
> 有一棵树
> 在天空中映出。
>
> 幸而如此，
> 因为我挂在上面。❶

诗人并不是置身在风景之外，而是嵌身在其中，成为风景中的一部分。诗人并不着意描述和诠释景物或为之强加预先设定的种种价值，而是呈现其简单的在场，为之赋予全新的感性品质。由此，一棵挺立的树成为我的栖身之所，也成为我的支撑，这种支撑是抵抗诗人早期所敏感的令人畏惧的虚无，也幸而成为他重新在简单的事物中寻索意义的途径之一。人与事物之间不再是二元对立、截然分离的主客关系，而重新构成一个统一体，却又不是以"移情"的关系传达主观的感觉，而隐现一种以朴素的方式与世界建立现象学式的"主体间性"的对话关系。如此，诗人在"事物的中央"旅行、求索，而在风景的对话中也时而遇到难以逾越的障碍：

> 我知道
> 你是一棵树
>
> 你呢，你知道
> 你就是你，
>
> 封闭在你自身中
> 发光。

---

❶ Eugène Guillevic, *Art poétique*, p. 15.

别推开我。❶

在人与树木的这番对话里呈现出一种对距离的体察和承认，尽管彼此平等而相遇、对话，然而，事物具有其自身内部的完整性和陌生性，事物散发自身的光芒，用其在场辉映了"我"的存在，"你""我"同在。但与此同时，当"我"靠拢时，事物也显露出障碍，认知和进入其内部的障碍与困难。自我在这里绝对不是高高在上或具有无所不知的绝对认知能力的主体，而是怀着一种谦卑，承认无可避免的有限性与间距，祈求同样作为主体而在场的事物"别推开我"，即如一种恋人之间的对话，有欢喜也有忧。在自我与世界之间，存在着不断体认、相会、协调的对话关系，但同时，间距感也从另一方面证实彼此独立的存在，因而，这也是时而不乏痛苦的被抵拒在他者外部的体验，尤其在诗集《一起》（1966）、《包容》（1973）中尤为明显。而这种距离感及其带来的悲情在其后期的诗歌中逐渐消失，转而更多化为人与自然的"融通"，诗人表达："对我来说，诗就是融通"，"融通，就是两者之间的交流。总而言之，诗与爱相似"。❷ 因而，出于爱，诗人的焦虑得到疏解，也与世界取得和解与抵达融通的默契，从而在诗的风景中注入更多的安宁与静谧。

在这种视域中，诗人也为不同的存有者构成的世间网络的感性交流保留了充分的位置。比如，在诗集《海滨小渠》（*Etier suivi de Autres*，1997）里，他写道："云朵/尊重/地域"，以最简单不过的方式勾勒出在天空与天空俯瞰的风景之间的互相依存的、建立"感性沟通"的关联。

  见证
  一片天空洗净自身，用
  一块湿润的岩石（p.66）

---

❶ Eugène Guillevic, *Art poétique*, p. 107.
❷ Eugène Guillevic et Boris Mejeune, "Du Pays de la pierre", Entretien animés et présentés par Lucie Albertini, *Editions de la différence*, 2006, p. 87.

斑鸠做了决定
那是她的家。

也许因为
有池塘。(p. 25)

有池塘
在鹿的眼睛里 (p. 142)

如果说在里尔克那里,"敞开"的视域是主体重新找回自身的方式,那么,在吉尔维克后期的诗歌里,世界具有了真正的主体的充分位置,在"敞开"的视域中,不同的生命形式和存有之间呈现交流和承认的可能。从诗中,我们看到的是在池塘边、在水畔的一片树林里的地带,斑鸠选择筑巢也许因为青睐池塘,漫步的鹿凝视着池塘。在这种想象中,既建立感性世界的网络内部的联系与交流,又以想象的深度让人产生对整个世界的生命力的亲近感。这不再是停留在以水为镜的自恋层面的静观。这是一种对风景、对生命的朴素颂扬。正如《海滨小渠》的译者李玉民先生在"中译本序:回到词本原的诗人"里写道:"在诗人看来,世界就是一面网,而他写诗的过程,就是从事物的表象逐渐深入到网里,看清一条条经线和纬线连接着的神秘。诗人不断地发出疑问,提出质疑,进行探询、思考,力图参透、领悟事物的本质。于是诗句与空白交互传流,话语和静默感通而灵透,涵咏余味无穷,营造出一片没有尘世的喧嚣,没有文明的杂音的物我两忘的境界。"[1] 诗人在这种对自然界再魅的态度中赋予分享的伦理价值,期待对世界的目光的转变,"让其他人神怡/可以帮助他们/置身世界之中/来改变世界",[2] 因而诗成为一种伦理的行动,分享对世界的颂歌,改变占有式、改造式的思维,而召唤以平等共处、分享交流的方式面对世界本身。

---

[1] [法] 欧仁·吉尔维克著,李玉民译:"海滨小渠",见树才、秦海鹰主编:《法国诗歌译丛》,上海人民出版社 2009 年版。

[2] Eugène Guillevic, Art poétique, p. 33.

在吉尔维克的诗歌中，风景构成一种空间的网络，也是一种世界的肌肤，诗人在其中识别出一些召唤，让无语的世界言说，也标志了让生命更丰富的接触时刻。因而与浪漫派诗人的风景观有截然不同的差异。风景的体验并不会传达出世界本身并不具有的任何"意识"，它不是浪漫主体的心灵状态的棱镜，也不是精神性的浓缩本质；相反，它呈现出一些对话与接触的时刻，呈现人与世界之中的多样性的交流与融通。诗人写道："言说，只是一种渠道/来抵达某物/不如说属于/接触的范畴/……仿佛词语、语句/在我们的器官之上/属于第六感"。❶ 博纳富瓦则这样论述"第六感"："需要让话语，这第六种也是最高级的感官"与"感性的世界相遇，并解码其中的符号"。❷ 对于博纳富瓦而言，在世界之中存在一种隐藏的意义，需要借助诗来解码它；而吉尔维克则表现出完全不同的态度，他反对在陈述世界时对意义的纠结，他更强调自然效果的传达。在吉尔维克的作品中，风景空间的体验并不是对空间的抽象感知，而是在一些景物之间的关系的具体化，而每一处风景都被认为是独一无二的生命，因而世界是不同生命体编织的网络。"在我/与我所看的之间/是空间/不是空间/而是一个网络"。❸

在这种具有现象学意义的敞开视域里，自然界中的每一个存在者都具有其独立性，并因循各自独有的生命节奏，而在彼此之间也互相依存，作为观察者的所谓主体也就失去了其中央的位置，而每一个存在者与它周遭的环境都建立丰富的相互关系。吉尔维克时常提到比如一只动物看世界或看人类的目光。在诗集《领地》（Domaine，1977）里，诗人用非常简短的诗作表达了在动物注视的目光面前体会到的奇异性，"我们看/正如胡蜂看我们"。❹ 诗中的述体可以与其他元素交换目光，有时候比如说，它既可置身在观察树的散步者的位置，也可置身在树的

---

❶ Eugène Guillevic, *Etier*, p. 118.

❷ Yves Bonnefoy, "Les Tombeaux de Ravenne" (1953), repris dans Du mouvement et de l'immobilité de Douve, Gallimard, 1970, p. 32.

❸ Eugène Guillevic, *Motifs*, p. 54.

❹ Eugène Guillevic, *Domaine*, p. 69.

目光里，或者也可以是俯视世界的云彩。这种交错的目光旨在揭示世界自身的生命活力和丰富，揭示在世界中存在着不依赖人类而独立进行的各种"事件"与沟通，如诗里写道："菖兰/不需要任何人"，❶ "你没有创造/鹿/或蝴蝶。/在你来之前，水流/已沉睡了好久"。❷ 这种诗性的感知视角不仅仅具有一种美学的价值，也完全不是要用一种虚构的假象来欺骗读者，恰恰相反，这也提示把人与自然界联结的关系，而且具有一种伦理的探求，即寄托诗为一种与世界建立"感性沟通"的伦理分享的可能。颂扬一种自然的风景，是为了更好地唤醒，用最简单的感觉打开唤醒之路：

  在早晨的阳光里
  有什么可以把人洗净
  用它黏稠的苏醒

  而后为它打开
  一个世界，致力于
  更多的纯真。❸

  在与风景的"相遇"中，法国当代诗人吉尔维克期待通过诗的感知体验可以引导读者自身发生内在的转变，引导世人去发现在世界内部存在的美好与感性的沟通，在融通的可能性中，唤醒人们发现在日常生活的身边有一种平常的存在的欢乐的分享，这也是一种贴近自然、返璞归真的生活的可能。

---

❶ Eugène Guillevic, *Domaine*, p. 142.
❷ Ibid., p. 138.
❸ Eugène Guillevic, *Maintenant*, poème, p. 136.

左拉与中国的结缘与纠结
——以 1915～1949 年左拉在中国被接受为例

吴康茹[*]

【内容提要】 爱弥尔·左拉自 1915 年被介绍到中国之后,受到以《新青年》为代表的激进主义文化阵营的推崇,最后被典范化。左拉被典范化之后所产生的文化效应逐渐在中国现代文学的发展及文学现代性的建构中显现出来。左拉在中国被接受与推崇的过程及流变与中国的现代化启动、民族国家共同体的建立、白话文的提出、新文学变革、写实主义文学的倡导以及后来的现实主义文学的发展都存在种种因缘。本文以 1915～1949 年左拉在中国被接受为例,探讨左拉与中国新文学发展及现代性建构之间的交互影响。

【关键词】 左拉 自然主义 典范化 新文学 写实主义

中国现代文学主要泛指新中国成立之前三十年的新文学。新文学有别于"五四"之前的传统文学最显著的特质被中国学者称之为"启蒙立场、批判精神和人文关怀"[1],以及"科学精神和理性品格"[2]。而现代文学这些特质应该说是与中国现代作家身处"五四"前后现代化语境

---

[*] 吴康茹,文学博士,首都师范大学文学院副教授。
[1] 朱栋霖主编:《中国现代文学史 1917～2010》,北京大学出版社 2011 年版,第 32 页。
[2] 岳凯华:《五四激进主义的缘起与中国新文学的发生》,岳麓书社 2006 年版,第 267 页。

下接受西学影响而产生的一种文化自觉意识有关，也是这种文化自觉意识的产物。如果要探讨中国现代文学现代性的发生以及建构问题，那么有一个作家是不能被绕过的。这个作家就是爱弥尔·左拉。左拉与中国的结缘、他对中国现代作家的影响、他与中国现代文学现代性的建构所发生的纠结可以说是个永远不能穷尽的话题。左拉在中国被接受的整个过程可以直接或者间接地揭示出中国现代文学发展及流变的轨迹。

一、左拉在中国的出场与中国学界给予左拉的礼遇

陈独秀1915年10月15日在《青年杂志》的《今日之教育方针》一文中以及1916年2月15日《答张永言》的信❶中，第一次向中国读者介绍自然主义及左拉，这也标明自然主义及左拉在中国知识界正式出场。此后，陈独秀在《新青年》上又发表《文学革命论》和《现代欧洲文艺史谭》等推崇自然主义文学和左拉，并倡导中国文学须效仿左拉及自然主义文学，要走变革发展之路的观点。其实早在1902年11月14日，梁启超在《论小说与群治之关系》一文中就在中国学界里呼吁要创立新小说，强调小说对于变革社会、塑造国民性格的价值及意义。1917年，胡适、陈独秀、钱玄同、刘半农等人又在《新青年》上提出文学革命，倡导白话文，积极借鉴西方现代文艺的主张，此后法国自然主义文学一时间成为中国学界最推崇的文学流派。在如火如荼的文学革命浪潮声中，中国学界给予了左拉最隆重的礼遇，把他奉为中国作家和中国新文学模仿借鉴的楷模和典范。

当然面对如此尊贵的殊荣和礼遇，1902年就去世的左拉并不知晓。左拉生前也是绝对料想不到自然主义小说会受到遥远的中国读者这样热情地推崇。左拉活着的时候，他所选择的谋生职业不允许他自由地行走于世界各地。他的足迹从未到过中国或者东方任何国家。不过在他交往

---

❶ 《陈独秀文章选编（上）》，生活·读书·新知三联书店1984年版，第87页、第110页。

的艺术界朋友中,有一位叫泰奥道尔·杜雷❶,曾经到过埃及、印度、中国和日本旅行。或许从这位朋友的口中,他了解了一些与中国有关的趣闻轶事。可惜的是他在书中几乎未谈及过有关中国的话题。与杜雷不同的是,左拉选择的是近似隐居者的生活。自1866年起,左拉辞去了阿歇特书店广告部主任职位,选择了以写小说和评论为职业,从此就给自己套上了人生枷锁。他常年像小伙计那样在文学作坊里按照预先拟定的计划一部部地写着小说。写作几乎剥夺了他享受闲暇的权利。对他而言,除非出于写作的需要,否则外出旅行就是多余。他一生的足迹只到过英国伦敦、意大利威尼斯、罗马和佛罗伦萨。一次是在晚年因介入德莱福斯冤案而被官方通缉,他只身逃亡伦敦避难,另一次是为了写《三名城》而外出考察。总之,这位连欧洲都未走遍的作家,去世后,他的作品却替代他在世界各地进行着一轮又一轮的"文学之旅",包括进入了遥远的中国。

左拉生前十分看重自己在国外的文学声名。1878年7月26日,他在给意大利作家埃德蒙多·德·亚米契斯的一封信中感慨:"在法国,人们绝对没有厚待我,直至不久以前才向我表示敬意。因此来自国外的友好握手更使我深受感动。"❷ 因为来自国外的声名及认同可以让他忘却在本国因发表自然主义小说《小酒店》《土地》等而遭到的辱骂,他的作品常遭到法国批评家猛烈的攻击,被讽刺为"阴沟文学"。而这样的辱骂和误解几乎伴随着其自然主义文学创作的整个过程。左拉生前很无奈,不得不撰文为自己辩解,并且一再重申:"我们只有靠作品才能显示自己。作品使无能者闭上嘴巴,只有它们能决定伟大的文学运动。"❸左拉在世时,法国批评界对左拉及自然主义文学的批评是相当不宽容的,这也造成19世纪下半叶自然主义文学在法国毁誉参半的现实命运。不过,与左拉在法国境遇恰恰形成对照的是,自19世纪80年代到20世纪上半叶,左拉及自然主义文学却在国外,如意大利、德国、瑞典以

---

❶ 程代熙主编,吴岳添译:《左拉文学书简》,安徽文艺出版社1995年版,第242页。
❷ 同上书,第268页。
❸ 同上书,第218页。

及日本和中国开始颇受推崇,不仅在异域落地生根,还衍生出真实主义、私小说、问题小说等。在 20 世纪世界范围内,左拉甚至成为许多国家文学变革运动的导火索,成为这些民族国家文学走上现代性追求道路上的推动者。

当然左拉在中国出场后,中国学界随之给予他隆重的礼遇,以敬仰膜拜的态度接纳了自然主义,从此左拉进入中国读者的接受视野里。此后由于被大力推崇,左拉的典范化的文学效应在中国现代小说发展的过程中逐渐凸显出来。如果要认真探讨左拉与现代文学的关系问题,笔者认为必须将左拉放在中外文化交流的视域下来审视。左拉与中国结缘有两个重要的背景。其一,晚清以降,中国因两次鸦片战争的失败和中日甲午战争的失利,开始被迫走上谋求变革发展之路。中国现代化运动的启动是左拉在中国出场的社会历史语境。正如很多学者所言,中国早期现代化进程启动主要源于外部环境的刺激,即受西方资本主义列强侵略的刺激,古老帝国在内部作出了回应。这种回应就是在西方冲击下上至朝廷的士大夫、下至一般读书人普遍产生了精神困惑和前所未有的民族危亡的危机意识。这种危机意识也是导致中国最初现代化运动很快从学习和模仿西方科学技术的器物、制度层次的变革向"五四"运动之后"再造新文明"的文化观念变革的转向。❶ 汪晖曾经提出推动"五四"前后中国文化转向的不仅是"从器物、制度的变革方向向前延伸的进步观念,更是再造新文明的'觉悟'"❷。也就是说,自晚清以来,中国传统知识分子对于中国自秦汉以来 2 000 年未有大的历史变革的现状都有了清醒的认识。他们遂将晚清以来三次战争的失败与大清朝廷政治制度的腐败、国力的衰落联系起来。于是他们提出要改变中国现状,只能走变革发展的现代化道路。然而与这一过程相伴随的就是自我传统文化的失落,中国出现了所谓的现代意义危机,即以儒家思想及信仰为核心的传统文化意义在文人心目中突然间变得不再稳定可靠了。于是从第一代

---

❶ 汪晖:"文化与政治的变奏",见童世骏主编:《西学在中国 五四运动 90 周年的思考》,生活·读书·新知三联书店 2010 年版,第 2 页。
❷ 同上。

中国现代知识分子康有为、严复、梁启超开始,中国知识界不断地营造一种新的观念,即"中国的意义世界不可靠,必须向西方寻求新的意义"❶。从晚清到"五四"时期,中国知识界的启蒙者们在向西方寻求新的意义体系的过程中就已经渐渐走上了"不断追求'新质'的革命性,即转向追求中国文化的现代性的激进主义文化选择的道路"❷。正是这种激进主义的"文化立场"使得陈独秀等人选择了左拉及自然主义文学作为中国新文学的学习模仿对象。

其二,20世纪初,中国知识界从提出再造新文明,到再造新文学、新民族、新小说,这种激进主义的文化选择为中国文化、新文学的转型都提供了充满活力的现代资源,❸也为左拉在中国的出场作好了铺垫。"五四"前后,因为变革逐步转变成中国现代化运动的最强音,所以它不仅推动了中国社会历史的转型,也促成了中国新文学的发生。"五四"前后新文学和新小说的提出并不是梁启超这些现代启蒙思想家的"自我选择",而是基于中国知识分子力求"再造新文明"的"觉悟"。❹此外,再造新文明、再造新文学、新民族、新小说等,所有这一切都是基于现代化进程中中国需要重建一种新的意义世界的内部需要。所以说在20世纪初中国文学界竭力倡导创造中国新小说的过程中,左拉就进入到了像陈独秀这样的知识精英视野。中国学界之所以选择和接纳左拉而不是别的作家,也是因为早期留学日本的中国第一代及第二代知识分子,如梁启超、陈独秀、鲁迅、郁达夫、郭沫若等,都是在1902～1922年赴日留学的。而这一时期恰值岛崎藤村、德田秋声、田山花袋、正宗白鸟等一大批日本作家极力推崇左拉及自然主义小说。这些最早在日本留学期间接触到法国自然主义文学的中国学者返回中国后,在中国再造新文学和新小说的运动中很自然地作出的文化选择和文化判断——

---

❶ 何俊编:《余英时学术思想文选》,上海古籍出版社2010年版,第98页。
❷ 岳凯华:《五四激进主义的缘起与中国新文学的发生》,岳麓书社2006年版,第9页。
❸ 同上书,第10页。
❹ 汪晖:"文化与政治的变奏",见童世骏主编:《西学在中国 五四运动90周年的思考》,生活·读书·新知三联书店2010年版,第2页。

把左拉的小说看作是最具有现代性的进步小说。

正是这些赴日留学的中国知识精英在再造新文学阶段选择了左拉,使得左拉与中国"相遇"。而选择左拉作为新文学借鉴模仿的对象,给予其极高的礼遇这种现象,如果简单地用"误会说"来解释,这或许不能真正解释左拉在中国出场的意义。其实正如余英时在《自我的失落与重建》一文中所阐明的那样,在文化转型期传统文化价值体系崩溃、新的意义体系缺失情况下,向西方寻求新的意义是必然的选择。而笔者认为正是这种"向西方寻求新的意义"的历史语境成为左拉在中国出场及后来被学界极力推崇的契机,也是中国引入左拉的最初意义所在。由此可见,左拉是在一个集体意识出现危机的时代被输入到中国的。对他的推崇,不仅集中反映了整个中华民族对于西方现代思想价值和意义的追求,还体现了中国知识精英将左拉看成西方一个意义符号,并对"他"进行所谓的精神想象——乌托邦的虚构。这种虚构想象的结果就是将他抬高、"神化"和"典范化"。当然最初推崇左拉的动机毋庸置疑还是为了重新建构我们民族文化一套新的意义体系。

二、结缘后的纠结:利用舆论制造出的典范化与后来小说界的文化论争

左拉及自然主义文学由陈独秀等人介绍到中国后不久,就被典范化,即被推崇为中国新文学借鉴及模仿的范本或者典范。实际上,从文化接受角度来看,中国现代文学对左拉及自然主义的选择与接纳,从一开始就受到本土知识界第一代及第二代知识分子的期待视野和变革社会的意识形态所决定的。而左拉被典范化的过程本身是 20 世纪初期刚刚形成的中国思想界利用《新青年》等报刊传媒和读书人之间的合作有意制造出的一种舆论效应。它反映出中国学界对于"外来文化"或者"法兰西文化"全盘接纳的最初态度和立场。实际上这也是"五四"前后中国学界一种激进主义文化选择和文化价值判断的结果。当然左拉的典范化更是中国现代文学史上"文化救国"行为的一种表现形式。李欧

梵曾经借鉴美国学者安德森的说法,指出"五四"新文化运动和文学革命发生的背景是中国民族国家的建立。在他看来,民族国家形成"要在政府和主权建立之前经历一个文化的想象过程。在这个过程中,刚好是在新旧交替之间,这一批知识分子创造出来的文化想象里面包括新中国的想象……从这个立场上来讲,小说所扮演的角色也就非常的重要"❶。也就是说以梁启超、陈独秀、胡适为代表的这些知识分子之所以从最初致力于制度变革转向提倡文学观念的革命,其实他们是意识到小说具有重新塑造民族魂和改造国民性格的启蒙教诲功能。从提出"新民说"到"再造新文学"主张显然是因为他们对旧帝国、旧制度的失望,才转而思考"中国何以未能形成在生存竞争中获胜所必需的民族特性和民族意志"❷ 问题。作为"五四"前后活跃在中国思想界的忧国忧民知识分子,他们这些主张的提出其实都反映出中国知识分子尝试通过这种文化救国的方式为民族国家建立作出贡献。而"文化救国"就是要树立一个典范,让国民仰慕和学习。但是,这一典范如果来自异邦,就必须要通过这些知识分子集体的文化想象和阐释,才能让这一典范为新文学注入新的活力和养料,所以说,左拉被典范化其实是"五四"激进主义文化阵营的所有人士刻意制造出的一种舆论效应或者说是他们发动文学革命的一种策略。

而典范化效应形成之后,对于陈独秀以及《新青年》杂志为阵营的激进主义学者看来,左拉及自然主义文学本来是什么,其实已并不十分重要,重要的是左拉作为文学革命的一面旗帜能否引发中国社会由传统向现代转型以及文学的变革,这才是亟待关注的问题。作为向中国学界最先隆重介绍左拉的陈独秀,他在推崇左拉的同时在写给友人张永连的信中提到了左拉自然主义小说极淫鄙的看法,❸ 然而实际上他并没有在公开场合否定自己最初的选择,仍然坚持自己的立场,即将左拉及自然

---

❶ 李欧梵:《未完成的现代性》,北京大学出版社2005年版,第27页、第34~35页。
❷ [美]格里德尔著,单正平译:《知识分子与现代中国》,广西师范大学出版社2010年版,第160页。
❸ 水如编:《陈独秀书信集》,新华出版社1987年版,第20页。

主义文学视为中国文学变革的楷模。所以说激进主义阵营对左拉的选择与推崇其实并不是自我的选择，而是回应时代要求的选择，因此，他们的选择从一开始就预示着左拉在中国被接受的命运不会是风平浪静的。事实上，左拉被典范化所带来的问题后来逐渐演变成中国文坛上各种文化论争的导火索，并因此成为一种纠结。因为中国新文学的演进不可能按照知识精英预先设计好的章法有序渐进地进行，必然会受到内部原因和外部诸多因素的交互影响。

1915~1949年，中国文学界先后不断提出革新传统文学观念与形式以适应社会改良与进步的要求，言文合一、"新文体""文学革命""新旧文学观""民族形式问题"等一系列的文学变革无不对中国现代文学及现代化进程发挥着积极推动作用。不过这一时期，文坛上有三次大的文化论争都是与左拉及自然主义被典范化所带来的问题有直接关系的。这些论争所纠结的核心问题其实就是如何看待自然主义文学典范化，如何借用自然主义文学来引导中国新文学的变革与发展以及怎样建构中国现代文学的现代性问题。

第一次新旧文化之争（1917~1919年），即新文化运动中新文学阵营与复古派之间的论争。这场论战主要由陈独秀创办的《新青年》发动，最初论争只是胡适和陈独秀之间关于文学革命问题的切磋和对话，随后钱玄同和刘半农表示赞同文学革命，并参与了如何对待文言、用不用"狭义之典"、如何采用新名词及评价古代作品问题等讨论。直至1918年3月15日《新青年》第4卷第3号上发表由钱玄同以王敬轩名义写的《给新青年编者的一封信》，文章作者模仿旧文人的口吻发表了诋毁文学革命的诸多言论，从而引起强烈反响。后来陈独秀又在1918年9月《新青年》上质问《东方杂志》关于复辟问题，从而掀起关于"东西文化问题"的论战。这场论战持续到1919年夏秋。第一次新旧文化之争应该说也是激进主义文化阵营与保守主义文化阵营利用报刊媒介的舆论造势所展开的笔战。这场论争虽然围绕着新旧语言形式（白话文与古文）、白话文学与旧文学、如何建设新文学等问题展开讨论和论争，但是论战的结果是新文化终于形成了"运动"，《新青年》杂志也由一个"普通刊物"发展成为"新文化""新思潮"的一块"金字招牌"。❶ 正是在这场反对复古派和旧文学的论战过程中，陈独秀提出了新文学要以左拉及自然主义作为典范的观点。事实上，在这场新旧文学之争中，如何看待左拉和评价左拉成为划分和界定新旧文化的一个标准。作为极力推崇法兰西文明的"五四"知识分子，陈独秀对于左拉及自然主义的最初敬仰及接受态度直接影响到了"五四"前后中国读者对"左拉及自然主义小说"接受视野的变化。陈独秀将左拉看成一种"德先生""赛先生"的象征符号，强调左拉的自然主义小说是一种"新小说"。在他看来，这种"新小说"是与中国传统的"旧小说"相对立的。此外，陈独秀还将自然主义小说描述为具有科学精神的写实文学。他还提出了区别"新、旧"文学之标准，即"新"的内涵是要包含科学精神、客观实证方法。在他看来，自然主义小说所具有的科学精神就是"意在彻底暴露人生之真相。"❷ 他还从进化论角度阐释了自然主义文学价值高于浪漫主义文学之处在于它所体现的科学精神和对人及社会的精确理解，因而得出了自然主义文学就是文学革命的参照标本的结论。由此可见，在新旧文学论争中，新文化阵营出于浓厚的政治意识和激进主义文学观将左拉及自然主义视为新文学的典范并为中国新文学确立了"新"的标准及价值内涵。这一内涵是以科学精神和进化论为依据的。此外，他们在接纳和移植自然主义文学的同时，主张再造一种新文学，即类似于自然主义小说的写实文学。从此，在中国文化语境下就诞生了一个新的概念——"写实主义"，这是把自然主义和现实主义两个明显不同的文学混同，合并成为一个流派，并将之冠名为"写实主义"，其实这种写实主义的内涵既指向自然主义，又指向现实主义。而"写实主义文学"就是以陈独秀为代表的"五四"激进知识分子所要再造的一种新型文学，也代表着他们对于新文学的一种主观构想。这种文学完全不同于以文以载道为目的的旧文学，而是重在写出具有新时代意义的新思

---

❶ 王奇生："新文化是如何'运动'起来的——以《新青年》为视点，见《一九一〇年代的中国》，社会科学文献出版社 2007 年版，第 328 页。

❷ 同上书，第 20 页。

想、新感情。它是写人的文学,写人的平常生活,精确反映社会真相的文学。当然第一次文化论争确实是围绕中国小说界要不要进行文学革命以及文学革命的必要性来展开的。然而论争的结果确立了左拉在中国小说界的典范化地位,并提出了要以左拉为榜样创造出写实文学。值得注意的是在第一次论争中,即使在同一激进主义文化阵营中的钱玄同、胡适和陈独秀,他们在看待外来文学及本国古代小说的价值时,最初也各有不同的见解,最后通过反复比较中西方小说的优劣,经过彼此的对话和争论,才最终统一到"应该完全输入西洋最新小说不失为一种独到的目光"[1]的观点上。当然在第一次新旧文化论争中,《新青年》完全成为主导中国学界主流的话语声音,因此,像"学衡派""甲寅派"中的文人即使对左拉典范化有不同的声音,但是这种声音最后还是被学界一片赞同声音打压了下去。其实"新青年派"与"学衡派""甲寅派"在这场论战中,面对东西方文化的优劣都是各持己见的,双方都是有纠结的,这也为下一轮论争埋下了伏笔。

第二次大规模的文化论争(1921~1927年),即"五四"之后新文学建设初期文学研究会与小说周刊《礼拜六》和创造社、创造社与太阳社,以及革命作家与《现代评论》和新月派之间的论争。这场论战持续时间长,涉及的问题比较多,而论战的发起者除茅盾之外,还有郭沫若、成仿吾、梁实秋、郁达夫、鲁迅等。实际上,这一时期中国新文学已经有了初步的成就,以现代白话书写的现代小说、新诗、话剧、散文都已初具规模,涌现了像鲁迅、郭沫若、郁达夫、冰心、徐志摩、梁实秋等一大批作家。第二次文化论争的起因是《小说月报》的革新。论争主要是围绕中国新文学的社会功用以及文学价值等问题来展开的。20世纪20年代前后,中国的白话新小说创作,尤其是"问题小说"创作呈现出繁荣态势,如鲁迅的白话小说《狂人日记》,以崭新的形式揭示了旧制度吃人的本质,表现了强烈的反封建思想。冰心的问题小说《斯人独憔悴》反映"五四"学生运动。这些作家的作品具有浓厚的启蒙

---

[1] 刘炎生:《中国现代文学史论争史》,广东人民出版社1999年版,第14页。

和教育国人的意义。但是文坛上，小说周刊《礼拜六》却发表大量的"言情小说"，即鸳鸯派消遣文学。1921年1月，茅盾接任《小说月报》主编。出于要变革现实的国情需要，他要将鸳鸯派赶出此刊，让《小说月报》成为新文学的阵地。为此他开始积极倡导"为人生"的文学，提倡写血和泪的文学，反对无病呻吟，主张文学要揭露社会，发挥唤醒民众意识的启蒙作用。茅盾的一系列举措遭到鸳鸯派作家的非难与攻击，从1922年7月开始，茅盾便利用《小说月报》作为阵地发起反击。他从1922年7月至1924年7月撰写《自然主义与中国现代小说》等多篇文章，推崇左拉自然主义文学的写实风格，从而在文坛上引发了关于新文学的出路以及写实文学的社会功用等问题的讨论。而这次讨论后来又引发了创造社对于茅盾的"为人生"观点的批判。这次关于文学的社会功用问题的大讨论虽然是借用了自然主义小说作为论战的利器，但是发起者茅盾却看出了"自然主义注重实地观察与客观描写，认为这是'经过近代科学的洗礼的'写作态度与方法"❶。他强调要用自然主义文学的这种创作方法来医治新文学脱离实际的幼稚病。应该看出，在第二次文化论争中，以茅盾为代表的"五四"之后出现的知识分子已经与"五四"时期的陈独秀在看待自然主义文学问题上有所不同。茅盾不是单方面地主张将自然主义全盘移植过来，而是强调将"他化"，即简单输入外来文化，用外来思想启蒙教化我们，转变成"我化"，即如何吸收自然主义文学的长处来克服新文学的弊端。其实，第二次文化论战的发起者本意是要让中国新文学作家跳出刻意选择问题题材的思路，让他们更关注现实问题、更注重实际生活的观察与描写。由于文学研究会的代表茅盾过于强调文学的社会教化功能，所以，他对于自然主义小说创作方法的推崇不久就遭到了创造社的郭沫若、成仿吾的质疑。成仿吾指责文学研究会所倡导的写实主义是庸俗主义，它并不能肩负着艺术提升人的精神与情感的伟大崇高使命。他认为左拉要求作家那种不表露任何主观倾向、冷冰冰地展示生活真相的描写方式，是与20年代"人生派"

---

❶ 温儒敏：《新文学现实主义的流变》，北京大学出版社2007年版，第38页。

作家呼吁写出血和泪的作品、发挥文学唤醒民众意识的作用是相抵触的。其实成仿吾的观点也间接地指出了自然主义文学的软肋。这场论争的结果，没有最终的胜方，各派依然各持己见。事实上，这次论争也没有解决中国新文学应该走什么道路的问题，反而让人们对自然主义文学的典范化作用产生了怀疑和困扰。

从第二次文化论争的结果来看，自然主义文学的典范化问题在20年代初期中国小说界首次遭遇到质疑。因为人们开始质疑自然主义文学观念及创作手法是否适合中国写实主义文学要发挥启蒙大众的需要。而创造社作家则提出了自然主义就是庸俗主义的看法，它引领不了中国新文学。与此同时，《小说月报》通讯栏中也登载了读者致编者的来信，谈及他们阅读自然主义小说的真实感受，即自然主义文学只提供黑暗的悲哀，这种写实最终将人们引向悲观主义，而不是乐观主义。实际上在20年代的这场文化论争中，人们所纠结的是两个问题：（1）中国新文学要为人生和社会指明方向，而左拉的小说无法为人们指明方向；（2）创作"血与泪"的写实文学与自然主义那种客观不露任何倾向性的描写方法是相对立的。其实各派作家的纠结还是体现在对自然主义、写实主义概念术语的不同理解上。而根本的冲突还是这一时期中国新文学恰恰需要作家干预生活的创作态度和立场，这其实是自然主义文学之前的法国现实主义文学作家所主张的。而左拉的自然主义文学本来反对的就是作家过于干预社会的态度。然而由于陈独秀和茅盾等人将自然主义文学等同于写实主义，即现实主义，因而让人们对之产生了误会。显然在这种异样声音出现之后，其实论争过后，茅盾也对自然主义文学理论能否引领新文学进行反思，逐渐意识到自然主义文学其实是承担不了解决这些问题的使命的。

第三次文化论争（1927~1937年）的背景是新文学发展遭遇到了1927年国共两党分裂以及大革命失败这一特殊政治危机事件，因此历史格局的变化迫使新文学转向要表现政治革命斗争的题材，也就是说作家要在创作中表明自己的政治立场和态度。以郭沫若、成仿吾为代表的创造社作家开始提倡革命文学，他们不久就向不过分表明自己立场的鲁迅提出责难。这一时期围绕建设革命文学问题，创造社与同样倡导革命文学的太阳社之间以及与鲁迅之间展开了论战。这场论战表面上看与左拉自然主义文学似乎没有什么关系，但是关于革命文学题材的争论却引发了人们对于现实主义的思考。也就是说，革命文学的倡导者主张新文学要在中国历史的转折点上表现重大的革命题材，要展示知识分子在革命转换的关键时刻的心理历程，更要表现工农大众的革命热情，等等。然而革命文学的创作同样需要方法论的指导，于是创造社和太阳社的作家都对自然主义能否引导革命文学创作产生怀疑，他们开始把目光投向域外日本左翼文学和苏联无产阶级文学以及马克思、恩格斯的文艺理论。1928 年 7 月，《太阳月刊》停刊号开始译介日本理论家藏原惟人的《到新写实主义之路》，"这便是'新写实主义'理论的正式传入"❶。创造社的蒋光慈曾在《现代中国文学与社会生活》一文中针对茅盾的小说《蚀》，讽刺这位早年倡导自然主义文学的作家是写不出新作品的。因为在他看来，茅盾早年强调小说家创作不能全凭作家本身的经验而要凭借客观的观察，所以，他认为茅盾是觉悟不到自己应该肩负着时代使命的。其实蒋光慈在批判茅盾的同时，也从另一个角度否定了自然主义文学理论能够在创作实践中指导革命文学。因此，真正能够指导革命文学创作的只能靠另一种文艺理论，即"新写实主义理论"。而据温儒敏的研究，1929 年成为中国译介马恩著作的丰收之年，中国知识分子翻译马克思、恩格斯及列宁的著作多达 155 种，这有利于"新写实主义"的倡导。在他看来，这一时期提出新写实主义理论的主张还是受到苏联和日本的无产阶级运动的影响。❷ 由此可见，这一时期中国新文学所要借鉴的思想资源已不再是法兰西文化，而是苏联与日本的无产阶级文学了。而自 1931 年 9 月，抗日战争爆发之后，中国又出现了民族"救国存亡"问题，加之国民党在国统区对左翼文学实行文化"围剿"，所以处在艰难环境下的左翼作家开始思考新文学的发展方向，强调要坚持文

---

❶ 温儒敏：《新文学现实主义的流变》，北京大学出版社 2007 年版，第 98 页。
❷ 同上书，第 101 页。

学真实表现生活的必要，1932~1937年，中国新文学渐渐从革命文学向现实主义文学的转型。在新的历史语境下，现代文学的左翼政治倾向明显，作家世界观问题也就成为文化论争所要涉及的话题，所以，第三次论争就发生在革命文学与新写实主义或者现实主义之间的关系问题上。这场论争不仅促使鲁迅、茅盾这些作家去翻译和阅读马恩列斯的著作，后来也促使左翼革命者在内的理论家，如周扬、瞿秋白等去译介苏联学界对于社会主义现实主义的研究资料。瞿秋白为了让学界弄清这些理论问题，还直接根据俄国《文学遗产》的材料将马恩论述现实主义文学的文章译介过来。特别值得一提的是他将法国马克思主义学派批评家拉法格的文章：《左拉的〈金钱〉》译介过来，此外他还撰写了论文《关于左拉》。瞿秋白翻译了马恩论述现实主义文学三篇经典性的文章，尤其是《恩格斯论巴尔扎克》和《社会主义的早期"同路人"》。❶瞿秋白译介马、恩论述现实主义文学，尤其是那篇拉法格研究左拉的文章，其最初动机是为了让左翼作家了解现实主义文学的创作方法与自然主义的写法有何区别。他试图从理论上将自然主义与现实主义创作方法谈清楚，这样有助于左翼作家确立其思想立场。然而笔者认为，正是瞿秋白的译介最终导致左翼作家放弃对自然主义的推崇，直至转向接受巴尔扎克的现实主义。此外，他的译介作用是让中国学界改变了对于自然主义文学价值的认识，重估法国现实主义文学的价值。此后，中国新文学在朝着现实主义方向发展过程中，小说界给予巴尔扎克的关注要更甚于对左拉的关注。巴尔扎克被推崇最终也导致左拉在中国的退场，从此自然主义典范化问题也从人们热议的话题中逐渐淡出了。

从第三次文化论争的结果来看，新文学确立选择走现实主义文学的创作道路，中国作家越来越注重民族化文学的建构问题。而在这一过程中，中国文坛上围绕着选择用什么理论来指导中国现实主义民族文学的创作实践问题曾爆发过论战。这些论战引发了学界关于现实主义的大讨论，早先被推崇的自然主义文学又与新写实主义、现实主义发生了纠

---

❶ 《瞿秋白文集·文学编第四卷》，人民文学出版社1986年版，第Ⅰ页。

结。左翼作家最终从国情历史出发，对这三大文学的创作理论进行反复比较，最后作出选择，即扬弃自然主义而选择现实主义。在这场论争中，以瞿秋白为代表的马克思主义批评家没有继续坚持以陈独秀和茅盾为代表的新文学阵营的文化选择，他们从普罗大众的立场重新选择了再造新文学的模仿对象——巴尔扎克。这一选择最终使得左拉在中国退场，此后左拉的典范化效应开始逐渐黯淡下去。

三、隐性与显性影响：左拉退场之后的中国现实主义文学

从三次文化论争中，可以看出，在中国新文学的建立与发展中，左拉的自然主义小说理论成为小说界诸多论战的话题，这些论战在小说界制造出了"理论狂欢"的舆论轰动效应。不过随着20世纪30年代中国新文学民族形式问题的提出，中国新文学受苏联无产阶级文学的影响，确立要走真实表现现实生活的现实主义文学道路，左拉也就被巴尔扎克所替换了。然而20世纪30年代末左拉的退场是否就意味着自然主义文学对于中国现代文学的影响力完全消弭了？

实际上，在笔者看来，30年代左拉在中国的退场只是自然主义的显性影响力减弱了，其隐性的影响力依然存在。因为从比较文学影响与接受研究角度来看，外来文化一旦被接受者输入到某一国度之后，如果不遭遇反抗，反而得到推崇和接纳的话，那么这种被输入的文化就可以与本土文化相融合。但是如果外来文化在被输入和后来的接纳过程中遭遇阻力的话，那么它就会出现变异，变异就是要被接受者改造或者本土化。一种文化的变异本身并不是只具有消极意义，相反它更具有生命力，因为作为异质文化，它在被接受者纳入到自己本国文化体系中，就要被同质化，重新构造出其本质。而这一重新被构造出的本质其实是被接受者重新赋予它的特质。

那么自然主义文学在中国的实际接受情形是否就是这样？应该说从1915~1949年自然主义文学被中国接受的情况来看，左拉最初被典范化所发挥的文学效应后来逐渐在新文学的建立与发展中显现出来。从实

际情况来看，左拉对于中国现代小说的影响力要远远大于巴尔扎克。这是毋庸置疑的。虽然左拉进入中国之初（1915年），最先让中国读者熟悉和了解的，不是其作品，而是其理论。而左拉被陈独秀推崇的，也是其写实风格，而非具体作品。那么这种"理论先行"的译介尽管在今天看来，可能不利于文学作品意义的传播及扩散。从实际的效应来看，当初左拉被典范化是《新青年》发动文学革命的一种宣传策略或者说一种为制造舆论效应的典型借用法。舆论效应产生之后，它更有助于左拉小说在中国被传播与阅读。左拉作品被译介始于1926年，第一个翻译左拉作品的是毕修勺，他于1926年11月5日，在上海立达学会创办的刊物《一般》上发表了左拉的作品《失工》。此后徐霞村从1927年8月开始，在《文学周报》陆续发表了左拉8部短篇小说的译文。但是左拉的长篇小说翻译是从20世纪30年代中期开始的。30年代中后期，左拉的自然主义小说《小酒店》《娜娜》《卢贡家族的命运》等陆续出版。20~30年代，对左拉小说的翻译让广大读者加深了对左拉的了解。但是笔者所谈及的左拉对中国现代文学的影响，不是从对普通读者意义上的影响，而是针对自然主义文学对早期现代作家的影响，因为这些人才是新中国成立前中国新文学的主体和创造者。他们对左拉的接受才能使自然主义文学真正转化为现代文学内部发展的重要因素。

虽然到30年代末中国文学界几乎不再推崇左拉及自然主义文学，但是左拉的退场只是显现的影响力减弱了而已，实际上左拉对于中国新文学发展的隐性影响力依然存在，尤其是对30年代中后期中国现实主义小说创作影响特别大。原因就是左拉在中国文学界最初被典范化所产生的文学效应继续发挥作用。从典范化的早期，左拉直接或者间接地对"五四"之后一批现代作家，如郁达夫、张资平的写作产生了影响。"五四"之后的中国新文学，尤其是问题小说都有左拉影响的烙印。在自然主义文学被视为新文学的标本的示范作用下，新文学在题材选择、人物描绘方面都有刻意模仿左拉小说的痕迹。当然，受左拉影响走上小说创作道路的三位现代作家是巴金、茅盾和李劼人。除茅盾之外，巴金与李劼人都是青年时代赴法的留学生，他们在异乡近距离地接触到了自然主义文学，巴金不仅读完了左拉《卢贡－马卡尔家族》20部小说，后来还强调因为要学左拉，他才致力于写小说。他的三部曲《家》《春》《秋》的构思和写作都是受左拉的启发。而李劼人在法留学期间阅读、翻译和研究了左拉的自然主义小说。20年代中期回国后，先是从事教育事业，后创办纸厂搞实业，抗战期间，开始致力于文学写作，创作了"大河小说"三部曲。他在小说创作中借鉴左拉的自然主义写作手法，重视"真实观察"和"赤裸裸的、无讳饰的描写"。茅盾在1921年接任《小说月报》主编时就积极倡导自然主义文学。大革命失败后，他为了谋生，开始小说创作，他的小说创作中也是贯穿着对于真实性的追求，强调作实地的观察和描写。但是这三位作家虽然都敬仰左拉，深受左拉的影响，但是他们后来又对左拉自然主义文学作了思考和修正，并在文学创作实践中用"本土化"的方式利用和改造自然主义小说。他们最终都从单纯地模仿左拉的写法到最终走向了对自然主义作民族化作改造。他们在小说创作中既借鉴了左拉小说中的历史意识、史诗性的宏大叙事、多卷体长篇小说形式、人的本能欲望的毫不讳饰的描写，又遵循着自己对于文学的真诚理解，即文学者决不能离开现实的人生，写民族重大现实题材，深入描绘20~30年代中国真实的社会状态，力图用文学作为武器去解决社会问题。应该说，这三位作家通过小说创作促进了自然主义与新文学的融合，为现实主义文学的民族化作出了贡献。

四、结　语

从中国现代文学与左拉结缘来看，中国思想界最初引进左拉，是为了要向西方寻找一个意义世界，借用左拉的目的也是用来重新建构中国自己的意义体系。那么，左拉在中国的出场究竟给中国带来了什么？"五四"前后激进主义文化阵营对自然主义的推崇到底为中国再造新文明和新文学起到了何种作用？其实通过上述的回顾与反思，可以看出左拉与中国的结缘确实产生了效应。这种引入自然主义文学的做法不仅推动了中国新文学的建立与发展，还确实为中国新文学注入了活力。自然主义让中国新文学远离了"文以载道"的工具性目的，让文学回归到真正表现"人"的终极目的，让文学焕发了生命力。当然中国新文学虽然最初对左拉及自然主义的接受缺乏批判精神，让它处于引导新文学的主体地位；正是这种单方面的典范化做法在小说界引发了无数次论战和纠结。但是最终中国现代作家还是较成功地将这种外来文化转化为民族文学以及现代性建构的思想资源。经过几代作家的共同努力，自然主义文学在中国现代文学发展史上逐渐突显出其隐性的和显现的影响力。

译文撷英

岩波文庫

宇宙与意象

■ [法] 埃莱娜·蒂泽* 文
　张　鸿** 译

前　言

　　本书是一部关于想象心理学的论著。首先，我想提醒读者，如果你想了解的内容本书并未涉及，你可能会大失所望。同时我想请大家不要将其他人的想法和我个人的想法相混淆。

　　事实上，这本书将促使我们更加深入地思考，比想象中更加深入。我们的首要愿望是研究自从文艺复兴以来，宇宙意象所造成的震动从多大程度上促进或者压制了诗人的想象。为了这个目的，说教形式的诗作对这项研究的意义不大：12 卷的天文学论著中没有我们想找寻的那种心灵的震颤。某些人认为，科学研究产生空缺，诗歌才有用武之地，仿佛只有在科学没有开发的领域"宇宙的神秘性才能激起大胆的想象"❶，我们不会有这种想法。我们发现：万有引力、原始星云、冰冻或燃烧所导致的宇宙末日，在这些肯定性的假设出现之前，想象、直觉已经受到

---

　　* 埃莱娜·蒂泽（Hélrne Thget），法国文学批评家，国家博士，文学教授，通常被归入客体意象批评家一派。

　　** 张鸿，西安外国语大学法学学院，教师。

　　❶《维克多·雨果（对几位同时代人的思考）一节》出自《浪漫派艺术》（Art romantique，1869）一书。波德莱尔对浪漫派的研究著作首次出版于 1861 年。他曾翻译《我发现了》（Eureka，爱伦·坡作品）；《浪漫派艺术》中有精彩的篇章，作者在其中列举了一些关于宇宙幻想的最丰富的主题。

触动，并已经在人们心中跳跃了。想象如同潮涌，无数神话传说早已在人类心灵中扎根。所有这一切值得仔细研究，但是我们还不能预见结果。

我们很快就明白，应该超越此项研究经常使用的年代学方法，因为这种方法是一种限制；我们应该将探索的目光投向遥远的过去。面对现代科学发现，诗人们的反应没有想象中那么具有现代性；他们的思维方式以及感知世界的方式虽然多种多样，但都可以从人类早期的观念找到源头，这些观念几乎和人类历史一样古老。古老的神话披上新衣重新登场。人类的精神体系没有太大变化；无论是受到世界观的促进还是嘲弄，思维方式一直在寻找自己有所作为的广阔天地。神奇的魔力发生了作用。总之，诗人的想象力绝不是科学的附庸，而是借助科学，按照自己独特的方式重新焕发活力。

我们还发现，许多名副其实的科学家其实和诗人没有太大区别，这一发现令人费解。在相对较近的19世纪之前，尤其如此；而在19世纪人类的思想经历了一场复杂而且可怕的分化。此后我们的研究超越了美学意义上的指示和分析目的，从本质上变成心理学式的研究。目前在法国还没有和玛乔瑞·霍普·尼克尔松（Marjorie H. Nicolson）的论著同类的著作，她的几本书论述相当精彩，[1] 她的研究为我们提供了一种范式和推动力；她表示："我并不想做科学式的批评，我真正的意图在于说明过去很多大学者都是'诗人'，其中有一些还是神秘主义的信奉者。他们用于成就其伟大'发现'的方法与诗人创作的方式深深契合，他们使用的语言是诗人和学者共通的语言。"[2]

我们触及一个问题，那就是超智能因素在科学研究中的作用，研究这个问题大大超出了我们的能力，而且我们也没有预见到这一点。应该说之前我们还未真正进入这一领域，一个很少被研究的领域。科学史家总是囿于既得的结果，从未置身于和自己相异的思维方式中看待世界。

---

[1] 当然是指尼克尔松的两部作品：*Science and imagination* 以及 *The Breaking of the circle*.
[2] *The Breaking of the circle*.

17世纪时罗伯特·勒诺布尔（Robert Lenoble）关于科学精神的研究虽然系统性不强，令人惋惜，但是相对于我们目前关注的问题具有特殊意义。埃莱娜·梅兹格（Hélène Metzger）关于引力概念的心理起源分析虽然也有不足之处，但也很精彩，并且对于我们的研究意义非凡。加斯东·巴什拉尔（Gaston Bachelard）在《科学精神的形成》（*La Formation de l'esprit scientifique*）一书中关于认识障碍的分析，令人叹为观止；他认为虽然无意识的偏见以及天性中的信仰与科学家的客观精神相对立，但能够帮助我们解释18世纪的万物有灵论。现代学者的各种思想迥乎不同，难以理解，但是借助亚历山大·柯瓦雷（Alexandre Koyré）罕见的心理直觉，我们可以解读以上种种思想。亚瑟·库斯勒（Arthur Koestler）的著作《梦游的人》（*Les Somnambules*）是近期的作品，他的思想虽有偏颇之处，但易于理解并且具有活力；根据作者略带悖论的解释，他之所以选用这个题目，是因为人类发现世界的进程"让人想起梦游者的行为过程，而不是电脑的运行过程"。因此他关于开普勒（Képler）的阐释非常引人注目。他还说："宇宙论的历史可以被看作人类集体强迫症或者一种受控制的精神分裂症作用的结果。"

我们不会停留在一个层面，我们要研究促成整体宇宙观的各种倾向，这些倾向尤其表现于非专业宇宙学家、艺术形象的原型以及心理失衡的人，他们比诗人更容易松开缰绳，让想象自由驰骋。有时真正的学者也有这样的倾向：当他们丢开计算和推理的钳制，沉浸在假设和幻想中，他们便可以与之神交了。

世界观影响人的一生：在精神生活的各阶段，从最理性到最感性的各个时期，都有世界观的作用；世界观与内心非功利的思辨以及无意识隐秘的召唤最为契合。由此我们依次处在精神不同的层面上。本书第一部分谈论宇宙的和谐，我们处于纯粹的理智层面："纯粹精神的夸张"概念的提出应归功于美国哲学家亚瑟·奥肯·罗夫乔伊（Arthur O. Lovejoy）；[1] 在他的引导下，我们所有的观察都围绕这一概念展开。

---

[1] *The Great Chain of Being* (1936).

他指出，某些抽象的概念不借助任何形象就能依据个人的秉性唤起特殊的情感共鸣。人能感觉到整体性、无限多样性、永恒或者变化等概念的夸张性；而精神对于某种宇宙观的固有倾向就来自于对上述夸张的感觉方式，这种倾向有时是纯数理的。

关于宇宙生命的一切都指向人类最原初的意识层面：对母星云的怀念、关于石化的噩梦、火的魅力以及最终燃烧的召唤；为了解释这一切，我们有时需要借助卡尔·古斯塔夫·荣格（C. G. Jung）的心理分析方法，他的方法取得了巨大的成就；尤其还要借助我们伟大的导师加斯东·巴什拉尔以及他无与伦比的著作：想象和四元素的关系必然融入想象与宇宙的关系之中。《大气与梦》（L'Air et les Songes）和《空间的诗学》（La Poétique de l'Espace）为我们指出了好几个方向。他的"文化情结"概念与罗夫乔伊"纯粹精神的夸张"概念一样都非常有见地。此外，皮埃尔·马克西姆·舒勒（P. M. Schuhl）的著作《神奇》（Le Merveilleux）和《思想与行动》（la Pensée et l'Action）也为我们提供了范例。凭借他们的研究，我们才能够为解开的情结和各种精神体系命名，这样的命名含有游戏的成分。大声叫出一个名字，就好像让一滴水落入某种溶液，使得沉渣泛起，这就是巴什拉尔大致的意思。

我们说像"游戏"，是因为我们的尝试是在碰运气。纯粹理智的选择和情感力量的启示之间的界线难以划分。心理是个人和集体之间极不稳定的平衡，这正是我们要研究的问题：神话传说、思想潮流所由迸发的共同源头，使人类的心理僵化或软弱的各种感染力，无论有益或有害，都是十足的"想象病"。怎样正确地界分？在某些时代、某些领域，来自集体的压制尤其严重：在何时这种压力屈从于自发的精神倾向？某种世界观被一种思想接受，思想者的本性也会受到世界观的嘲弄，那么多大程度的接受才不会与他的本性相对立？我们希望自己接下去的努力将来得到修正，这也是很自然的。

我们期望得到有价值的评论，而不是可笑地通过研究教导别的学者。我们无意于否认科学的客观性（对此我们会附带地给出一些很好的例证），而只是想表明科学的客观性经常没有大家想得那样全面，因为学者有时也会犯错，他们以为自己完全超脱，其实他们因为直觉倾向的驱使，会不自觉地选取某种特定的世界观。而我们也无意于提醒他们注意这一点！加斯东·巴什拉尔凭借自己的威望坚持认为找出"认识的障碍"是很必要的，只有如此才能排除障碍。亚瑟·库斯勒会这样说：幸运的错误（Felix culpa）！我们基本同意他的说法，并且认为学者未言明的直觉倾向有利于成就他们丰富的独创性。当学者放开缰绳，自由想象时，我们应该投之以会心的微笑，互相之间心领神会。

我们也不能说所有的宇宙观都是主观的，都等同于妄想和幻觉。为什么不承认这样的说法：我们相信人类和宇宙之间深厚的亲缘关系，对于其中一方的正确认识都有助于理解另一方。归根结底，这部论著最重要的问题就是人类本身。

卡斯特尔（Castres），1962 年 8 月 8 日

一、球形的宇宙

"你必须冲破或凹或凸的表面，这表面限制了里里外外的众多元素还有最后一重天……盲目的世俗，以第一动力因和最后一重天作为保护自己的铜墙铁壁，而你必须在爆裂声中用永恒理性的旋风将之摧毁……"乔尔丹诺·布鲁诺（Giordano Bruno）[1]用这些话激励自己的行动。

读了布鲁诺的书，我们会发现人类的精神长期被囚禁在牢笼里，近现代的革命打碎了球壳，将宇宙的界限一直延伸直至消失在无限的空间里；革命摧毁了牢笼，让受奴役的全人类在自由中陶醉。

历史并非如此简单。但历史虽然复杂，革命还是能谈论清楚的。也许宇宙的变化比人们想的要缓慢，最具有决定性的阶段并非总是最容易被察觉。然而某些重大发现就像闪电突然出现，某些念头像幽灵的脸在

---

[1] *De l'Infinito Universo e Mondi*（《论无限宇宙和诸世界》，1584）。

人们毫无准备的思想中闪现。不简单的正是人本身。我们应该窥视人的内心才能理解为什么有人陶醉，有人反感。

牢笼其实是人在自己周围筑起来的，就像蚌不断分泌物质，将自己包裹，包得越来越严实，它待在自己的膜里感到舒适。托勒密式的宇宙以地球为中心，他的宇宙有限，被外部光滑的球壳包围，他的地心说在数个世纪长盛不衰，[1] 其原因并不能仅从文化和社会的角度去解释：而应考虑心理的动因。人类，至少是人类的族群在宇宙这个球壳里心满意足，无论是身体还是精神，这个球壳能满足人对于受保护、秩序、平衡、和谐的需要。

我们大体上可以把人的思想分成两类，[2] 分类的最好标准莫过于宇宙观，分类的结果就是赫拉克利特（Héraclite）和巴门尼德（Parménide）两大精神体系（当然这两个名字只是象征性的符号）。我们论述这两种感觉和思维的表达方式，因为人类的思辨意识受它们制约，很难挣脱。

巴门尼德派热爱"不变"，认为时间不流动，他们执着于永恒，但他们的永恒并不是指时间无限，而是根本与时间无关。他们厌恶"变化"，从某种意义上说他们不喜欢生活，因为尘世的生活变换无穷。他们追求"完美"，抵制"无限"。完美不是生成的，完美就是完美本身，完美需要有限制。对于巴门尼德，包围地球的苍穹就是"一切"，就是"存在"，同质、静止、不生成也不消亡。正如斯非罗斯（Sphairos）所

---

[1] 总体上说，12~16世纪，封闭的宇宙是盛行的观念——甚至超出这个时间段——首先是柏拉图的封闭宇宙观，13世纪以后是托勒密的封闭宇宙，曾经过亚里士多德以及注释亚里士多德的拉伯人的修正。所有天球围绕同一中心运动的宇宙观念很盛行，在古代只有这种宇宙观被人们完全接受：斯多葛学派认为星星有生命，它们在流动的以太中随意运动。毕达哥拉斯派赞成日心说，德谟克利特派主张"无限"说。

[2] 这种区分不适合于现代人。怀特海（Whitehead, *Science and the Modern World*）和罗夫乔伊（A. Lovejoy, *The Great Chain of Being*）都认为可以区分两派诗人（歌颂"永久性"的诗人，主张"变化性"的诗人），其中罗夫乔伊分别称其为"古典派"和"浪漫派"，尼克尔松（M. H. Nicolson, *The Breaking of the Circle*）对此也有论述。亚瑟·库斯勒（A. Koestler, *The Sleepwalkers*, 1959）首次追本溯源，认为两种"宇宙观或者对于宇宙的感情"，来源于赫拉克利特与巴门尼德，他们的思想对后世有很强的吸引力。

说，我们的宇宙并非完美中的统一，所以巴门尼德派始终坚持差别和等级，他们的宇宙包含各个层次，他们怀疑"连续性"。巴门尼德美学是经典美学，这是亚瑟·罗夫乔伊和玛乔瑞·霍普·尼克尔松的研究结论。从古希腊以来，美学观念对于宇宙的形象化起决定作用。

赫拉克利特及其追随者受到"水流"意象的吸引，乐于谈论时间，谈论永恒的超越，他们受到"无限"的诱惑。简言之，他们歌颂上帝永不枯竭的创造力，陶醉于宇宙的多样性和丰富性。赫拉克利特派所热衷的万物多样性没有停留在各自的形式中，而是蕴涵在从一种形式到另一种形式的变化过程中：他们追求的不是差别而是连续，不是存在而是生成。他们的美学是浪漫主义的，或者也可以说是巴洛克式的。❶

这两种倾向促成了他们的哲学，决定了他们的知识，当然还有他们的宇宙观。在人类思想史中，这两种对立的观念处处交锋，遵循不太确定的规律轮流掌权。我们在此要阐明的就是这两种倾向。

柏拉图（Platon）、亚里士多德（Aristote）、托勒密（Ptolémée）继承了巴门尼德的球形宇宙观念，中世纪时这种宇宙观虽形式与古希腊时略有差别，但本质上总体保持一致，❷ 它得以盛行在于它能满足人们的愿望。❸

首先是安全的愿望。根据克洛岱尔（Claudel）说法，宇宙是一间"封闭的房屋"，一个球形的瓮，内壁光滑、密闭、没有凸窗、没有任何其他窗口。柏拉图在《蒂迈欧篇》（*Timée*）描述的正是这样的宇宙：不需要和外界有任何交流，因为在宇宙之外空"无"一物。亚里士多德进一步肯定这个观念。人的思维很难想象"无"，人对于外部"黑暗"的

---

❶ 为了给这种始终如一的观念命名，欧仁尼·道尔（Eugénio d'Ors）在"浪漫派"（罗夫乔伊用语）和"巴洛克"两个名称之间犹豫不决。

❷ 这些人的思想虽然细节上有差别，但总体观念同源，参见皮埃尔·杜恩（P. Duhem）：*Le Système du Monde*（《宇宙的体系》）。

❸ 罗夫乔伊（A. Lovejoy）以一种非常有趣的方式指出，中世纪的宇宙是古典艺术的作品，是中世纪最具古典性质的观念，这并不奇怪，因为当时的宇宙体系其实是古希腊式的！

入侵有隐约的恐惧,❶ 所以防范外来侵犯的最佳形状是圆形,因为封闭的圆不会给外界以入口。西塞罗(Cicéron)说:天体的圆形能防范一切侵袭。因为但丁(Dante)的作品,世人皆知中世纪的宇宙周围不是"混沌"(Chaos),而是"九霄"(Empyrée)。因为善于思辨,所以但丁在《飨宴》(Convivio)里是哲学家;亚里士多德的"动力"是静止的概念,而但丁认为精神"并不在某个场所";因为善于想象,所以但丁在《天堂》(Paradiso)里是诗人,因此虽然精神不在某个场所,但精神的存在千真万确。根据亚瑟·库斯勒(A. Koestler)的绝妙说法,从但丁直到"无限宇宙"时代的众多诗人,他们的思想中都有一个"连续的空间—精神"(space-spirit continum)。他还说:"因此人所在的宇宙被神包围,就像包裹在子宫中:分娩的痛苦将难以忍受……"

因为有球壳,所以"封闭的房屋"非常坚固;多层球壳更坚固。"火"球层是看不见的、不能逾越的屏障;"火"之内是恒星层,由"以太"构成;柏拉图派的"以太"是一种纯火,对于亚里士多德却成为神秘的"第五元素",它不同于构成地球的物质:坚硬的"以太"把天体牢固地置于各自透明的轨道面上。但是"以太"对于托勒密却是一种流体;中世纪时大家又回到亚里士多德的观念上:亚里士多德这个斯塔基拉人(亚里士多德生于斯塔基拉,故得别名"斯塔基拉人"——译者)的思想和中世纪想象中的倾向相得益彰。

中世纪人想象中的倾向对当时的观念有很大影响,关于此我们找到了很多证据。诗人想象坚不可摧的城墙时感到愉悦,理所当然,诗歌中表示堡垒的语汇不断重现。马尼利乌斯(Manilius)说:"以太"之火是火焰构成的自然的壁垒:

燃烧着的屏障,自然的堡垒筑成了。❷

这些意象在 16 世纪的诗歌中迅速增多。

另一个因为安全而产生的理由是:球层不会变质,可以躲避变化,

---

❶ 米尔恰·伊利亚德(Mircea Eliade),《意象与象征》(Images et Symboles)(1952):《宇宙的意象》(l'Image du Monde)。

❷ 《天文学》(Astronomicon),这句话的原文为:Flammarum vallo naturae moeniae fecit.

所以不会坍塌。不变,却并非静止;的确,这些球层,尤其是恒星层以及更外层的"水晶天"或"第一推动力",推动其他各球层,以极高的速度旋转。虽然围绕中轴旋转,但总是占据同一空间,保持原样,因此等同于"静止"。旋转不妨碍永恒性的观念。柏拉图认为永恒从创造就开始了,但是对于亚里士多德永恒不能被创造。基督徒也认为旋转永恒,而神的意志却能以一个不经意的动作促进或停止旋转。旋转以地球为中心,因为有地球,旋转得以平衡,因为平衡,人体才能感觉到稳定而不眩晕。❶

当教义不再单一,出现争议,人出于感觉而产生的倾向逐渐明显,于是人就可以在不同的思想观念之间进行选择:当被包裹的宇宙无限扩张,然后爆裂,原本不会变质的宇宙突然受到"像黑色瘟疫一样的'变化'"(语见亚瑟·库斯勒)的支配,我们将看到巴门尼德式的思想紧贴在坚硬的天穹上,拼尽全力想要关上天球的拱穹。

不仅是"安全"的需求受到威胁,还因为"安全"而连带产生的"秩序"与"和谐",这些更高的需求都受到挑战。

为了解决这些问题,宇宙必须合乎数学精确的比例。"数"和"形"这些抽象的概念可以摆脱时间的制约,关于"数"和"形"的科学是最崇高的学问,"数"规划下的宇宙具有数学的性质。而音程就是这些学科之一:天球的音乐没有任何诗性思维的特点,各个音程和宇宙的均衡之间准确的对应关系成为宇宙和谐概念中不可或缺的部分。毕达哥拉斯(Pythagore)派首创了这一观念,中世纪以及文艺复兴时期这个观念进一步扩展,直到开普勒(Képler),而且他会是最后一个吗?在宇宙膨胀、爆炸观念出现的时代,人们绞尽脑汁,用奇妙而且荒诞的方式想要维持数理的和谐,特别是维持圆形和球形的宇宙样式。

从巴门尼德到开普勒,再往后延伸,球形宇宙的观念何以长期存在?为什么宇宙的形状必然"完美"?"完美"的意象为什么是上帝的体

---

❶ 西塞罗热衷于描写我们这坚固、稳定的地球:locata in media mundi sede, solida et globoea et undique ipsa in sese nutibus suis conglobata. 译为:(地球)处在宇宙的中央,它呈坚固的圆形,从各个方向凝成一团。(De Nat. Deor:《神性论》)

现或上帝本身？我们希望大家再次关注这些为世人熟知的观念。有一点可能鲜为人知，虽然开普勒放弃了圆形轨道——对于他来说这真是悲剧，他不得不承认轨道是椭圆形，但此后球形宇宙的观念一直没有断绝，因为一直有人致力于此观念的重建，并使它得以延续，这个唯一、同质、孤独、纯粹、为自己的稳固而自豪的"球体"，在恩培多克勒（Empédocle）曾经歌颂的和谐中延续。为什么球体是完美的？按照《蒂迈欧篇》的解释，因为它能够包含其他所有形状，同质而且自足，既有限又无限，因为首尾相接的整个圆环之上没有任何可能的差别。众多诗人讴歌完美的形状，我们引用龙萨（Ronsard），这最伟大的诗人之一对于天穹形状的讴歌：❶

> 你崇高伟大，无始无终，
> 你之内是全部，全部的全部，
> 你无约束，无边际，却都内在于有限天穹
> 你无限地包含万物
> 你之外无一物……

这首诗歌献给外部的天空；西塞罗也用美妙的诗句礼赞天穹："至高无上的神本身容纳包含着其他星球……"❷ 但他的描述不符合"宇宙"的某些细节：各行星间距离不相等、第八球层上恒星奇异的位置布局、朝向黄道的倾斜，这些都有损于对规则的绝对要求，甚至会引起恶劣的影响。

无论规整与否，所有一切都在宇宙这架大机器中运行，宇宙体系离不开运动：正是在运动中宇宙才能达到和谐。天球之所以是完美的形状、完美的运动，是因为它围绕自身旋转。《蒂迈欧篇》以及其后很多著作不止一次地解释了成就完美的原因：同一位置，永远与自身保持一致，神圣智力创立的循环无与伦比。这就是宇宙整体的运行，"至高无上的神"（Summus Deus）。最接近完美的就是球状天体围绕宇宙中心所

---

❶ 《天空的赞歌》（*Hymne du Ciel*, 1555）。
❷ 《西庇阿之梦》（*Songe de Scipion*），这句话的原文为：summus ipse Deus, arcens et continene ceteros…

作的匀速圆周运动：等速等距，无始无终，不仅让感官满足，也让精神安稳。

我们知道，为了让宇宙所有的运动都符合圆周的完美，很多世纪以来人的思想遭受了痛苦。从 16 世纪起，世界万物越来越复杂，应该揭示"彗星"的存在，然后遏制"彗星"的恶劣影响。但是早在远古人们就发现了"变动不居的星星"——行星，这说明天体的运行有一种奇特的自由性。但是幸好它们的变化还不至于难以预测。它们在两侧偏离确定的轨道，但是随后都回到原位。就像舞蹈，它的规律可以总结。柏拉图赞美❶众行星神的合唱、队列、环形舞、互相接近、回归、互相远离、食（指日食、月食——译者注）：一场活跃的、戏剧性的表演，正是为了娱乐众神，所以精心安排。

天文学家的研究有时出力不讨好，尤其是希帕求斯（Hipparque）、托勒密及其后继者。我们不会详细讲述他们如何巧妙地将美学的乐趣归结为宇宙均匀的运动形式，他们热衷于增加次等圈层，使被包围的球层越来越多。❷ 另外观察显示"恒星"本身也在缓慢移动！所以出现了"大年（岁差年）"❸ 的概念，这是为了确保宇宙不受"变化"的侵扰。一个大年之后，有那么一天如此遥远，❹ 它到来时，所有星体回到原位，一切重新开始。

这些永恒的星体不会直线运动。根据亚里士多德的观点，直线运动会在时间和空间中完结，是混乱的表现：那些被强力从远处拉动，返回"自然位置"的星体才会直线运动。火上升到火的区域，就像土元素下降到地上。只有在万物有生有灭的地方才会发生。而在旋转的宇宙里，

---

❶ 《斐多篇》（*Phèdre*）、《蒂迈欧篇》（*Timée*）、《伊壁诺米篇》（*Epinomis*）。

❷ 库斯勒（A. Koestler）将"本轮"巧妙地比作游乐场里的"摩天轮"，从而使教外读者理解本轮系统。

❸ "大年"的概念不是指与生命有关的循环，因为这种循环必须借助无意识的力量，这一点我们以后再谈；这里的"大年"是从思想层面而言，而且完全是天文学概念。我们认为两者具有本质差别。

❹ 对于此有各种不同的计算：西塞罗在《荷尔顿西乌斯》（*Hortensius*）中指出一个大年有 12 954 年。（布瓦·杨斯［P. Boyancé］在《西庇阿之梦研究》（*Edudes sur le Songe de Scipion*）中引用了西塞罗的说法。）

沿直线运动的某种物质就是回归原位的灵魂,对于古人就是回归银河,❶ 对于基督徒就是回归"九霄"。

我们应该返回去研究球层之间截然的区别以及在哪个历史时期这一区别变得不明显。我们可以反驳说:这一区别太绝对,不利于亚里士多德的宇宙保持完美和谐:它缺乏整体性。亚瑟·库斯勒用略带夸张的幽默口吻说:宇宙包裹在玻璃纸一样的薄膜里,它在其中暗自羞愧,地球这个核心仿佛患了传染病,包裹在月球天的传染病隔离带内。❷ 不过各球层之间还有一张致密的沟通网:这就是星际"影响"——近古以来,占星术和天文学联系紧密。因为人类具有理性思维,所以有人时不时地提出或试图证明一种反对意见,他们认为所谓星体的永恒之舞意象其实都是"变化"的结果。占星术曾一度倾向于严格的决定论,但结果令人失望,它步履维艰,既不能很好地抚慰人的心灵,也不能完全满足人们追求整体性的需要——一种和宇宙之间保持内在联系的需要。

区别继续存在,对于完美的渴望,巴门尼德派尤甚,所以应该在凹陷的穹窿之外寻找不可见而且牢不可破的庇护所,限定"月球层",并在此保持永恒,完满自足。至少在宇宙整体内可以截然区分等级和程度。最下层的土元素是所有元素中最粗糙的,地球层不稳定,各种元素在这里和自己性质相反的元素激烈融合;而在地球以上,轻盈的气元素和更加细微的火元素,各居其位。然后突然就到了恒定的宇宙空间,这里有各种等级:太阳占据正中位置,❸ 起主导作用;月亮、水星和金星位居其下,这三颗外行星离太阳较近,所以等级较高。但是恒星层等级更高,它的运动方式简单而规范;行星的运动像优美而复杂的芭蕾舞表

---

❶ 这里的"古人",当然是简单的说法。但是,毕达哥拉斯派、柏拉图学派、斯多葛学派的确认为天体不朽,这一思想在诸说混合的近古时代是主流思想。参见 L. Rougier, *Origine astronomique de la croyance pythagoricienne en l'immortalité céleste des âmes* (《毕达哥拉斯派灵魂不朽观念的天文学起源》, 1933) 以及 F. Cumont, *Lux perpetua* (《永恒的光》)。

❷ "lazaret(传染病隔离带)"是伽利略的用词;参见蒂泽:《宇宙与意象》,第 288~289 页。

❸ 根据托勒密修正过的所谓"迦勒底(Chaldée,古巴比伦南部以地区——译者注)"宇宙体系。

演，但恒星不受它们队列变化的影响。❶"第一动力"❷或水晶天在最上层，其中没有星体，水晶一般的物质完全同质，"第一动力"与"九霄"一致，居高临下。

如此规则的宇宙只能由"神灵"来驱动。但我们不主张机械论，我们说的不是顶尖"钟表匠"校准下的啮合，也不是"钟表匠"让机械自行运转的概念：根据古代的观念，如同中世纪的基督教观念，"神灵"的活动持续不断。或者更应该说若干"神灵"的活动，因为每一条不同的路线都有不同的驱动力。在柏拉图看来，❸受驱动的星体是完美的存在，每个星体自己选择其中最合适的唯一路线：与世俗想法相反，星体运动的统一性是星体具有理性的最好证明。斯多葛学派认为星体被火激活，带有一定的动物性，所以运动路线的选择不具备明确的动机。每个星体都有指定的神灵，但亚里士多德的"神灵"异于星体；中世纪经院哲学认可的天使以及文艺复兴时期提出的美人鱼或缪斯——曾经受到新柏拉图哲学的钟爱，同样都异于星体本身。这些天上的存在物完全可以深入了解并执行理性的意志，而理性就是最卓越的"美"，能够使宇宙"最盛大的舞蹈"保持和谐。

我们已经提过宇宙的环形舞，这一运动从精神和知觉两方面都需要一种平衡的力量：这就是位于宇宙中心静止的地球。所有沉重的天体都围绕在地球周围，这个固定的球体就是宇宙运动的坐标，使宇宙保持平衡。亚里士多德很看重这一点，在他以后不知有多少人有同样的想法。在此我们遇到了一个概念，对它的分析很困难同时也很重要。❹米尔恰·伊利亚德（Mircea Eliade）指出："中心"概念对于所有自发形成

---

❶ 柏拉图以此在《蒂迈欧篇》中说明恒星层的优越性。
❷ 我们在此谈到中世纪的宇宙结构，"运动的模式"（modèle courant），这是但丁的宇宙体系。"第一动力"可以去掉；或者相反再加上反向旋转的"第二动力"，这样才能解释行星层相对于恒星层反向运动。但是这些区别不会改变整体的想法。
❸ 或者时间上紧跟其后的柏拉图的门徒也这样认为，见《伊壁诺米篇》（Epinomis）。
❹ 米尔恰·伊利亚德（Mircea Eliade）：《永恒轮回之谜》（Le Mythe de L'Eternel Retour）；乔治·布莱（G. Poulet）卓越的研究：《圆环和蛛网的隐喻》（Les métamorphoses du Cercle et la Toile d'araignée），N. N. R. F. （《新法兰西评论》），1958 年 6 月 1 日；《圆环的隐喻》（Les Métamorphoses du Cercle），1961。

的宇宙观念是最关键的。在人类关于无限的概念中,最难接受的不是圆周没有边界,而是到处都是中心。中心的消失最为痛苦。其实在人类自发的思维活动中,中心概念价值巨大:那里是神圣所在,在那里自然与超自然的力量闪耀着光芒。我们很自然地将景仰与爱慕的对象放置在神庙或者房屋的中央,我们围绕它,向它致敬。原始初民的舞蹈、古代的"舞蹈病",围绕祭坛、获胜的竞技者、"美女"以及受到祝福的夫妇,像小孩一样围成圆圈,跳那样简单的环形舞。这就是围绕但丁(Dante)和贝雅特丽齐(Béatrice)的欢乐的人群所跳的"卡罗尔"("la carole":中世纪时流行于民间的环形舞——译者注)。

不过在古代和中世纪产生了一种反常的"中心"观念。❶ 来源于亚里士多德信徒的自然"轨迹"学说:所有较重的天体在中心汇集,中心对于所有天体的每一点都是低处,是"底部";最重的天体是最不纯粹的,所以,地球是宇宙的渣滓、废弃物。但是为什么所有不变质的天体都"围绕"令人鄙视的地球旋转?必定有哲学的原因:亚里士多德静止的"原动力"在宇宙之外——并不在某个位置,因为"第一动力"是完美的,所以它本身具有一种欲望,这个欲望使它以某种无法想象的速度旋转。这种解释可以满足人的思想,但不能满足心灵的需求。而经院哲学的宇宙更不能给心灵带来慰藉。

让我们从总体上把握但丁启示下的壮丽宇宙。在但丁的作品中,"九霄"包围"第一动力",它因为"爱"给宇宙以推动力。所有天体都被"天堂"吸引,它们都背向地球这个中心,可以这样说:地球,创造的悖论,时而上演"堕落",时而上演"救赎","是宇宙的荣耀和渣滓",这是帕斯卡(Pascal)的说法。但是矛盾更严重了:这一次地球隐藏在自身之中,处在巨大的启明星最优越的位置。按照亚瑟·罗夫乔伊的绝妙比喻:中世纪的宇宙已经变成"陀螺中心"。但丁已然揭示了这一悖论,并受到悖论的折磨,因为他是诗人;作为诗人,他强烈地感

---

❶ 埃莱娜·蒂泽:《但丁的恒星意象》(*L'imagination stellaire de Dante*,见 *Revue des Etudes Italienne* [杂志:《意大利研究》],1959,I)。

受到中心是荣誉的位置，是"受拥戴"的"自然"位置。他体会到强烈的喜悦：那就是在"九霄"中重建宇宙精神模式的喜悦，这个模式"正得其所"：亚里士多德信徒所画的图示像"手套"和手的关系一样与但丁的思想契合。❶ 在中央一个耀眼的点上就是上帝本身，上帝周围是九个灿烂的同心圆，天使的九个等级，在"爱"的驱动下旋转：离中心最近的圈层转得最快。火层最亮，等级最高，是"六翼天使"的位置。"六翼天使"的任务是驱动宇宙的"外"圈层；在远离"第一动力"，并靠近中心时，圈层的旋转速度变慢。天使们崇高的使命使他们具有高尚的驱动力和热烈的"爱"。"九霄"是具有中心的模式，这是宇宙的正常结构。在这样可贵的模式或者运动中，人们却仿造出完全相反的结构！但丁的不安如此强烈，所以他禁不住向贝雅特丽齐倾诉……

"陀螺中心"式的宇宙从外向内被驱动，虽然它的平衡经过精心安排，但是还有一些思想正在撞击关于和谐宇宙的最自然的直觉。文艺复兴初期出现了一种征兆：人们发现太阳在众行星之间处在中心位置，这一观念逐步流行。对此我们需要引用马西利乌斯·菲齐努斯（Ficin）的话：❷"上帝是一切的中心……但如果这个神圣的中心在宇宙某处拥有一个想象中的或者可见的位置，在这个位置上我们感觉到他的作用，那么这个位置就是他统治的地方，就像国王在城中心，国家的心脏。太阳就在众行星的中央……"对于中心的需求，按照哥白尼和开普勒的说法，就是对于王位、对于权力中心的需求。

二、让天穹停转的人：哥白尼

描写"无限"的文学作品中有一个老话题，那就是嘲笑宇宙是个监狱，而人很胆怯，是个囚徒。但首先有一个含混的意义需要澄清。在古代以及中世纪，人的需求不仅仅是畏畏缩缩地蜷缩在"洞"里。按照亚

---

❶ 《天堂》（*Paradiso*），XXVIII.
❷ 《柏拉图神学》（*Theologia Platonica*），XVIII. 被查斯戴尔（A. Chastel）引用，《马西利乌斯·菲齐努斯和艺术》（*Marsile Ficin et l'art*）。

历山大·柯瓦雷（A. Koyré）的说法：他们的宇宙绝对不是"一个温暖舒适的小东西"。❶ 很久以前，有一些人凭借高超的智慧发现地球早已失去了优势地位。在《西庇阿之梦》（Songe de Scipion）中，主人公西庇阿被带到银河，他发现银河里的星星离地球很遥远，远得看不见，但是体积庞大，远远超过地球；自从他做了这个梦，地球就开始遭到鄙视。❷ 托勒密（Ptolémée）的宇宙观从13世纪开始盛行；他认为地球与恒星相比体积非常小。"今天"我们很难像但丁时代的人们那样思考。现代人的思维就是习惯于玩弄数字，并且在玩弄数字的时候感到飘飘然。中世纪不同，❸ 那时的人对精确的数字没有兴趣。在《天堂》（Paradiso，但丁作品）中，宇宙之行里没有任何精确数字。只需要说明宇宙的广度超过人的尺度。宇宙的广度已经超出了人类思维凭借自身力量而达到的极限：一旦超越这个界限，人类的思维就必须寻找遁词为自己解脱，并服从一套特殊的驱动理论，这就是为什么现在人类一次次到太空旅行。我们知道人类在太空中胜利了，但我们还是怀疑，人类对宇宙的征服代价也许太大了。

我们应该回头看看亚瑟·罗夫乔伊（A. Lovejoy）关于"空间体积的夸张"的思想，可以说，他的观念与巴洛克或者浪漫主义艺术有一定联系。我们认为这种夸张包含知觉的败坏，因为它借助智慧所犯的错误。夸张盛行，思维得意地沉溺于这种夸张，在这样的时代里，一直有某些思维抵制夸张，并讨论导致夸张的根源。某些几何学家，比如，帕

---

❶《从封闭世界到无限宇宙》（From the closed World to the infinite Universe, 1957）。

❷ 让我们谨记这篇极负盛名的文章，它在整个中世纪都很有名。但在《伊壁诺米篇》（Epinomis）中人们已经认为太阳比地球大了，所有恒星体积都大得出奇。我们丝毫没谈毕达哥拉斯学派，他们早已将地球赶出了宇宙中心，比如，朋提克斯的赫拉克里德斯（Héraclide du Pont）和萨摩斯的阿里斯塔克斯（Aristarque de Samos）；很久以来毕达哥拉斯学派被忽视，后来哥白尼修正了这个学派的观念；另外，我们也没谈德谟克利特学派，这个学派主张"无限"（Infini），但他们一直不属于主流哲学与科学。

❸ 罗夫乔伊（Lovejoy）以迈蒙尼德（Maimonides，12世纪末）为例，迈蒙尼德明确计算了土星和地球之间的距离，按照步行一天的距离来计算：每天步行40（古）里（1古里约合4千米——译者注），那么需要8 700年才能到土星。每颗恒定的"星星"至少比地球大90倍，与这些星星相比，地球只是一个小点。

斯卡（Pasal）就曾经指出，如果我们承认宇宙无限，那么面对"巨大"我们将不会有任何惧怕、崇拜和尊敬；因为相对于"无限"，一切无所谓大，无所谓小。某些哲学家表明，没有比精神更伟大者，精神的广度是空间的广度所不能比拟的。但是这些观念太抽象，不能满足人的思维。虽然思维反感"广袤无垠"的夸张，但不会认为宇宙的广度毫无意义，也不会认为宇宙可以随意扩大，因为人必定难以承受无限扩张的宇宙：思维倾向于再次关闭，或者说压缩宇宙。这就是考文特瑞·帕特莫尔（Coventry Patmore）和克洛岱尔（Claudel）的观念。

这只是 19 世纪初的情况。

*

传说里哥白尼的事迹荒诞不经，远离现实，所以必须认真修正传说。对此亚历山大·柯瓦雷❶和亚瑟·库斯勒（A. Koestler）❷已经进行了仔细并确定的研究。我们仅就其结论给予总结。

伽利略（Galilée）的《关于两个宇宙体系的对话》（*le Dialogue des Systèmes du Monde*）是哥白尼传说的成因之一：伽利略在书中借一个惊慌失措的笨蛋——亚里士多德信徒辛普利丘（Simplicio）——之口，推出了波兰人哥白尼的宇宙观，哥白尼的宇宙失去了宇宙往日的和谐，这是宇宙观的革命。当然 18~19 世纪时伽利略获得无上的荣耀，雨果作品《占星家》（*Mages*）有云：

　　哥白尼狂热地仰望
　　大海一样广袤的天空，
　　漩涡中航行的帆船没有船首头像，
　　昏暗的舵轮在转动
　　轮毂是太阳的圆环

---

❶ 《从封闭世界到无限宇宙》（*From the closed World to the infinite Universe*）。
❷ *The Sleppwalkers*，库斯勒论述哥白尼的章节非常生动有趣，但是作者的文辞对于哥白尼这个大思想家未免太严苛。

这几句诗并不像雨果的文风,[1]完全是古典风格。浸透和谐平衡思想的原则是：如果想在亚里士多德之外的古代寻找天体其他布局方式,达到比托勒密尤其是他的后继者所构想的更完美的宇宙体系,那么圆形、球形、永恒的匀速旋转就是完美的形象和形状。在《天体运行论》(*De Revolutionibus*——哥白尼著作) 出现前的半个世纪里,天文观测必须符合神学教条,因此不幸的天文学家建构的宇宙越来越复杂。乔治·冯·波伊巴赫 (G. Purbach) 正是这样的天文学家,他的著作《行星新论》(*Nouvelle Théorie des Planètes*, 1495) 充斥着无数个轨道面和亚旋回。还有吉罗拉摩·法兰卡斯特罗的《同心轨道论》(G. Fracastor, *Homocentrics*), 作者在其中列举了 72 个具有同心轨道的天体。在这样的体系中,他们能够建立宇宙的"和谐"吗？能够达到毕达哥拉斯派的蒂迈欧所说的神圣"和谐"吗？简单、优美、合理,正是古典艺术的作品。哥白尼前的宇宙已经失去了效力。哥白尼明确地表达了自己的意图,只要读一下他的著作,就不会误解他的想法。

哥白尼说：一个普通天体的运行只能是均匀的、永不停息而且循环的,或者由圆形组成(从开普勒以后我们就知道这些都是错的)。如果有与其相反的观念,那就是"反对理智"; 即使根据观察发现运动不均匀,那也只是表面现象。哥白尼寻找解决问题的办法,意在维护"完美"。

然而在传统观念中有两个新元素："静止"比"运动"崇高；"中心"被赋予新价值。从《蒂迈欧篇》起,渗透古代的观念是：极速圆周运动是神圣星体的性质,而地球的静止是沉重和不纯洁的标志。中世纪对此有所修改："九霄"的稳定比"第一动力"的旋转更加崇高,而"第一动力"受"爱""欲"以及"缺憾""不完美"驱使。当然"九霄"必须是空间概念。但丁天国的"玫瑰"是静止的。这静止是崇高的,哥白尼将它世俗化了。静止不是地球的性质,而属于宇宙完美的两

---

[1] 如果按照库斯勒的说法,库斯勒是一个躲在书斋里的学问家,他用方程式思考宇宙,盯着星星看,却很少微笑。

极：太阳和恒星层。

　　这两极之所以完美，是因为它们的静止状态和它们的位置：现在太阳是中心。哥白尼在《天体运行论》的序言中说："太阳位于正中心。"（In medio omnium residit Sol…）几乎所有读者（似乎还有伽利略本人）❶本应遵循这一点。更进一步，读者们那时应该发现，根据哥白尼的计算，宇宙真正的中心就是地球轨道的中心（哥白尼认为地球的轨道是圆形的），但是这与太阳的位置并不完全吻合。❷ 其他人犯这样的错很正常，但是伽利略的信徒如果犯这个错，就无法原谅了。我们说过有一种复古的太阳崇拜倾向，这种观念认为太阳处在众行星之间的"中心"位置。难道还应该将太阳放在整个宇宙的中心位置？哥白尼显然已经满足了："在辉煌的神殿里，谁将把明灯一样的太阳放在它可以普照万物的位置？还有哪里比这里更好？……如此一来太阳就像雄踞宝座的皇帝一样，统辖所有围绕它旋转的天体。"❸

　　"中心"的价值观并不非常普遍，所以反对哥白尼的人批评他，认为他亵渎太阳，过分抬高地球，将不纯洁的地球置于恒星的行列，而将太阳置于宇宙肮脏的底部……至少这是《关于两个宇宙体系的对话》里辛普利丘的说法，而萨尔维亚蒂（Salviati）反驳说并不应该在"城中心"设立"瘟疫隔离带"。伽利略意图回到原始的直觉，那就是将最珍

---

❶ 库斯勒坚信这一点，他解释说因为《天体运行论》晦涩难懂，所以才产生了误解："这本书没人读过"，它是最不畅销书籍（worst-sellers）的典型。

❷ 对于我们出于习惯而遗忘的事情，库斯勒一再坚持：不管哥白尼愿意与否，迷信完美"圆环"和匀速运动几乎会使他的观点彻底失败：宇宙的中心不是一个实体，而是一个简单的几何意义上的点，因而按照罗夫乔伊的话说，哥白尼的宇宙不再有像陀螺那样的中心，而是"去中心"（vacuocentrique）状态。哥白尼意欲简化托勒密的宇宙体系，并使其更合理，但结果却更复杂：本轮从 40 个增加到 48 个……这一切千真万确，但是"没人发现"这一点，甚至哥白尼在写他的书的序言时也没注意到。不过对于我们来说，重要的是哥白尼启发了我们的宇宙观。在后来的几个世纪中，哥白尼式的宇宙产生的影响可以和伽利略的《对话》（Dialogue）相比，后来开普勒重新检视并修正了哥白尼的学说，他的《哥白尼天文学纲要》（Epitome Astronomiae Copernicanae, 1621）产生了比哥白尼的著作更大的影响：轨道是椭圆形，太阳位于椭圆轨道的一个焦点上，推动行星运动。

❸ "舵"（Gubernat）这个词也许可以说明哥白尼认为太阳的作用相当于"发动机"（moteur）：其实从物理学的历史看，没这回事；开普勒才是第一个提出太阳动力说的人。但是"gubernat"说明了一种倾向，这个倾向很自然地产生了，所以读者容易误解。

贵的放在中央，"心脏"的位置。

只要别研究得太细，并将太阳视为宇宙的中心，那么哥白尼的宇宙正是传统体系的典范。这种体系是分级的，而且稳定、平衡，最终它是"有限的"。外部的"恒星"层静止，它的作用在于包含万物，并决定其他星体的状态。恢复了宇宙的和谐，哥白尼可以引以为豪，"宇宙的对称性令人赞叹"（admirandam mundi symmetriam）。他的解决方法追求简洁、优美以及合理。他的论据很充分，无数次被后人引用，因为他反对恒星围绕小小的地球疯转。

哥白尼推翻了一座堡垒，这就是静止的地球。但又建起了两座新的堡垒，也同样需要摧毁：静止的太阳、静止的众星。但是这新的稳固的宇宙圣殿怎样才能将破坏引起的恐慌深入到人的思想中？因为体系虽然稳固，但又向"无限"开放。恒星层虽然旋转，但被匀质光滑的外层所限制。当它不转的那一天，这层限制就没必要了。星体之间的距离、它们的体积、它们所置身的空间的广度：所有一切都可以根据观察和类推的需要而增大。哥白尼宏伟的事业不是让地球转动，而是"让布满星星的天穹停转"，从此后一切都有可能。

不过哥白尼的学说传播缓慢，不是因为教会的怀疑，而是因为人们内心深处的恐惧：地球像航船，行驶在无边的海洋上，晕船的人类能够抑制呕吐吗？于是我们发现从中出现另一群人：像水手一样双脚稳健的人……新天文学将要提出区分人性格的方案。

三、醉心于"无限"的人：乔尔丹诺·布鲁诺

科学没有阻挡住布鲁诺（Bruno）如飞的箭步。❶ 他绝不是数学家：他向我们展现的宇宙和谐与"数"和"形"毫不相干，他也不是完全

---

❶ 他傲慢地说自己不借助任何人。1573 年的《新星》（*Nova*，第谷·布拉赫著作，得名于第谷 1572 年观测到的一颗新星，著作全名为 *De Nova Stella*——译者注）和 1577 年出现的"彗星"引起了激烈的争论，但是布鲁诺对此无动于衷：布鲁诺丝毫不需要像第谷（Tycho-Brahé）那样耐心而准确地观测，就能确定所有天体物质的整体性。

的观察家,他怀疑经验,因为经验可能背叛理性,而且局限于对结果的证明。他是哲学家、好幻想的人、诗人,他对于"形而上学的夸张",尤其对赫拉克利特(Héraclite)式的夸张感觉敏锐。布鲁诺信奉的是能够激荡他心灵的哲学,比如巴洛克艺术,它的隐喻、古怪而且丰富的节奏、永不枯竭的神韵以及华丽奔放的情感,令布鲁诺深深陶醉。

他的"对话"(指布鲁诺著作的形式——译者注)使我们迅速进入无限的宇宙空间,在这里任何区域都没有特权,这里有更多的等级,无数个太阳以及伴随它们的无数个地球;任何太阳都不凌驾于其他太阳之上。❶ 两千年来受到歌颂的"天球",显示出巨大必要性的"天球"消失了!布鲁诺近乎狂热地坚信:"宇宙的一切都是中心,宇宙的中心无处不在,没有与中心相对立的边界,或者说到处都是边界,也没有与边界相对立的中心。"❷ "完美的形状"根本不存在,宇宙中任何天体都不是严格意义上的正球体,旋转的轨迹也不是正圆形。

2 000年前古人描述的宇宙可能曾经让所有人慌乱,可是这个宇宙却让布鲁诺癫狂。他的对话激昂充沛的情感打动了评论他的人。按照亚瑟·罗夫乔伊的说法,布鲁诺的"无限"观念唤醒了强烈的惊奇和享受的审美情感。他的激情"似乎在和物体的庞大体积一起膨胀"。仅"无限"一个词就能使他陶醉。他首次使用"无限的无限"这个矛盾的词语,后来帕斯卡也使用这个说法。我们的引语❸已经激起想要摧毁偶像的人的狂喜,足以令他痛快地用脚踩踏球体的碎块。亚瑟·柯瓦雷说:"就像看见狱墙倒塌的囚犯,布鲁诺用那样的狂喜宣布曾经的天球已经爆裂,正是那些天球将我们与开放的宇宙空间隔绝。"❹ 他自豪地宣称摆

---

❶ 《对话集》(*Dialogues*)里的反对派当然是一个宇宙人,伽利略著作中的人物辛普利丘的原型;这个宇宙人大为惊恐,反对彻底颠覆神的谱系。"严格的秩序哪里去了?自然世界严格的秩序在哪儿?……"(《论无限宇宙和诸世界》[*De l'infinito Universo e Mondi*])

❷ 《论原因、本原与太一》中的第五篇对话(*De la Causa, Principio e Uno*, 5e dial.),库萨的尼古拉(Nicolas de Cuse)借用了这些词语(《论博学的无知》[*De Docta Ignorantia*],1446),他又增加了"坚持"和"陶醉"等词汇。

❸ 蒂泽:《宇宙与意象》,第17页。

❹ 亚历山大·柯瓦雷:《从封闭世界到无限宇宙》(*From the closed World to the infinite Universe*)。

脱了"被幽禁在监狱污浊空气里"的陈腐"知识",在那个监狱里,知识"只能透过小孔艰难地遥望星辰,思想的羽翼被折断,思想被禁止飞翔……"❶当然诗人也参与进来,表现人类思想飞翔的冲动。❷

不仅是思想得到了解放,星星也自由了。布鲁诺并没有过多讽刺钉在轨道上的星体:固定的位置,正是龙萨以及竞相效仿他的诗人不断重复的观念。布鲁诺如此看待星星,没有别的动机,只是顺其自然。他解放星星,让它们不必荒唐地绕地球旋转。众多诗人曾经歌颂星体和谐的舞蹈,现在布鲁诺用了一页纸,采用完全的巴洛克风格,奇妙地改变了以前那种滑稽而扭曲的舞蹈。"宁愿震撼天极,动摇地轴和宇宙之链,无数的天体想要多大就有多大,摆动身躯,扭来扭去,将自己扯碎,丢掉常态,四分五裂,只是为了让地球勉强保持中心位置"。

在哲学上确实没有绝对的开始。布鲁诺继承了某些先驱的观点,比如德谟克利特派,特别是库萨的尼古拉(Nicolas de Cuse)的思想;库萨认为客观的宇宙和自己设想的宇宙惊人相似:没有中心、没有边界、没有丝毫的准确性和稳定性,不存在任何完美的形状,没有静止的天体,所有天体都在变化。但他和布鲁诺精神不同。库萨这位虔诚的大主教并不想创立天文学的新理论,❸只是想将宇宙和上帝分离;只有上帝是完美的,是完全可以被理解的。相反,布鲁诺认为无限宇宙称得上是唯一"崇高"的形象:只有当宇宙无穷大,像上帝的无上荣耀一样崇高,才有资格作为使者描绘上帝的荣光。宇宙不仅无限大,而且无限"充盈"、不断更新、不停涌现,这才是无所不能的造物主真正唯一的创造物。按照亚瑟·罗夫乔伊的说法,布鲁诺的宇宙是由完满原则生成。其实库萨还不是布鲁诺的前驱,真正的先声是文艺复兴时期的活力论,是对于被创造的宇宙的兴趣,是对于宇宙多样性的爱好,❹是对于慷慨

---

❶ 《圣灰星期三晚宴》(*Cena delle Ceneri*)。
❷ 蒂泽:《宇宙与意象》,第223页。
❸ 参见亚历山大·柯瓦雷以上所引著作。
❹ 在这里,布鲁诺观念的先驱是一个我们并没有想到的人:塞纳克(Sénèque),他著有《自然的问题》(*Questions Naturelles*)。塞纳克认为多样性和运动是自在的价值,"自然"永不枯竭的丰富性使人类不停地有新发现。

的上帝而不是亚里士多德的静止"动力"的崇尚,因为亚氏的观念封闭自足,没有创造力。此时一种心理潮流逐渐形成,奠定了基础,迅速向赫拉特里特回归,取代了巴门尼德(Parmédide)。

但是布鲁诺的宇宙并不缺乏秩序,它的秩序表现为在活的机体中交流的平衡,这一点后面还会论及。一种运动中的平衡:再不是完美永恒的运动,而是永不休止的变化滋养更新着生命。星星按自己的节奏、自己的需要以及最适合自己的方式运动;温度最低的星星围绕温度最高的星星旋转,它们之间保持恰当的距离,互不侵害,互不干扰,因为性质相反的两者之间相生相成。这种"极性"(polarité)源于生物的秩序,也是和谐宇宙的全部基础。

*

布鲁诺的胆量和独创性异常巨大,但是最初并未产生任何直接影响。看重观察经验的人很谨慎,同时也很忧虑,而人类关于"无限"的观念正在他们的思想中艰难地向前发展。

如果思想的历史以逻辑为依据,那么坚硬的天球就会因为第谷·布拉赫的一本书而化为尘土:《新星》(*De Nova Stella*, 1573)仅仅27页;按照亚瑟·柯瓦雷的说法,"冷酷而顽固的事实"确确实实让人不能再相信"宇宙"是静止的。1577年的彗星让第谷这位伟大的天文观察家更加确信这一事实。不过我们知道天穹并没有因此而爆裂,我们明白其中的原因……

但是哥白尼为人们打开的窗户越来越大,人类冒着风险让自己的脚步向更深的领域迈进。布鲁诺悲惨死去的那一年,出现了威廉·吉尔伯特(William Gilbert)的《论磁石》(*De Magnete*)。他是一位真正的物理学家,《论磁石》的序言(早于培根《论新工具》[*Novum Organum*] 20年)是一篇关于信仰试验科学的宣言。(我们知道他为了研究地磁学,如何造了一块地球形状的磁石,名叫"小地球"。)吉尔伯特虽未曾谈论无限宇宙，但他提及恒星浮在"深广"❶的宇宙中，尤其是他让恒星独立于地球，同时保持平衡和运动，这可是非常惊人的观点。像地球一样，恒星有自己的中心，它所有的部分都汇集在这个中心，如果恒星运动，也是围绕这个中心运动，运动在虚空中，或者说在纤细的以太之中运动。其实根据磁石的理论，其他星体和地球由同一种物质构成，所以没有任何理由让这些星星从属于地球。在这一点上，吉尔伯特与布鲁诺意见一致，他们的一致不是出于直觉，而是出于物理学的理由。因为物理学比其他学科更有效，"第一动力"和它令人眩晕的运动学说变得很荒唐。吉尔伯特说，问题在于纯粹的数学概念不以任何观察为依据：这是完全新颖的论断。尽情嘲笑这个看不见的物体（第一动力）吧，为了让它在猛烈的运动状态下不至于断裂，裂成碎块，所以必须设想一大块铁。从一个星球传到另一个星球的极快的速度，甚至侵入了哲学家设想的元素，驱动了"火""气"……"哦，出奇稳定的地球，只有它始终不变！"

另一方面，吉尔伯特的宇宙和谐与布鲁诺的思想一致：对于布鲁诺来说，磁力是生命的力量，类似于欲望，有利于有活力的星体，磁力驱动星体，是为了保持星体的本性和它的完善与美。吉尔伯特是文艺复兴时期的人，但他的思想不再是伽利略式的了。

*

我们不能说伽利略醉心于"无限"。如果说他曾经陶醉，那是为了"变化"而陶醉。他生命中即使不是唯一重大也是最重大的使命之一，就是统一宇宙的所有物质，为宇宙引入"生成和变质"这些概念，宇宙并没有因为这些概念失去尊严，相反，"变化"就是"生命"。关于此后面还会谈到。伽利略与第谷和吉尔伯特一样，用更令人信服的方式瓦解了逍遥学派牢不可破的宇宙，因为这时已经出现了望远镜。伽利略认为宇宙更加精妙，而且比气体更容易被穿透。他小心翼翼地避免说自己

---

❶ 亚历山大·柯瓦雷认为吉尔伯特曾经受到托马斯·迪格斯（Th. Digges）的影响（*A Perfit Description of the Caelestiall Orbes*, 1576），迪格斯为了让"恒星"层无限，将其与九霄混为一谈。

赞同宇宙无限，但是他让无限观念变得容易接受。"萨尔维亚第（Salviati）说：我们不知道宇宙的中心在哪里，是否存在"。地球失去优越性：像布鲁诺一样，伽利略似乎要承认天体无限多，比我们的地球更值得神的关怀。辛普利丘主张旧的"宇宙和谐"，并以此反对宇宙无限，因为这样的宇宙对人没有任何用处，他说："我们看到围绕地球旋转的天体井然有序，与地球的距离恰如其分，这是为了人的福祉。"萨尔维亚第用一个形象反驳道：太阳专注于让每个葡萄粒成熟，"就好像它所有的任务就是为了这一个葡萄粒的成熟"。如果这个葡萄粒以为太阳的行为全是为了它，那么怎样指责它的这种愚蠢想法？"其实太阳的行动同时产生了上千种其他效果，这对于这个葡萄粒也没有任何损失。"

伽利略与布鲁诺想法相似。无限的创造就好像上帝无限的仁慈，以前人们从未做过这样的类比。萨尔维亚第为我们引出无限概念，他进而完全沉浸在一派壮丽的景象中，而这景象早在浪漫主义艺术之前就已经出现了："如果点缀着星辰的宇宙只是一个发光的球体，那么在无限的空间中设想它具有如此大的尺度，然而这个发光的球体本身似乎又那么小，它的尺度只有一个恒星到地球那一点距离，这样矛盾的情况谁会理解呢？"

伽利略虽然比哥白尼更前进了一步，但他依然从理论上赞成哥白尼环形轨道的体系，这种体系中包含着迷信完美"形状"和匀速运动的观念。《关于两个宇宙体系的对话》导致伽利略后来的悲惨处境，但在写作这本书时，他似乎并没有感到"完美的圆圈"概念被打破已经有23年了；[1] 关于"打破"，我们借用马乔瑞·霍普·尼克尔松的说法。[2] 打破圆圈的正是执着于宇宙的几何式和谐的人：约翰尼斯·开普勒。[3]

---

[1] 开普勒前两次论证行星轨道为椭圆形是在《新天文学》（*Astronomia Nova*, 1604）中。亚瑟·库斯勒（A. Koestler）强烈指出人们不了解开普勒的著作，尤其是伽利略也不了解，这是无法原谅的。

[2] *The Breaking of the Circle*.

[3] 尼克尔松研究开普勒的著作，库斯勒研究得更早，他们不仅研究开普勒的天文学，还研究开普勒本人的精神和思想倾向，他们对开普勒有非常深入而且独特的理解。

四、开普勒式的和谐

我们屡次表示开普勒面对"无限"感到遥远和眩晕。当时突然出现两个极具启发性的事件,并产生巨大冲击。在这种情况下,开普勒接受了"无限"观念。一个是开普勒自己在 1604 年观测到"新星",这个结果提出亟待解决的问题:静止的区域怎么会出现新星;另一个是伽利略于 1610 年发表《星际使者》(*Sidereus Nuntius*)。这本书引起爆炸性的轰动,作者在书中用几页纸就使人们不得不接受了他通过望远镜观测到的所有结果。

开普勒想到可能要把"让人厌烦的女游客"放在这个望不到尽头的地方,他似乎有点发抖:"思想在无限的宇宙中疲于流浪,可是在计算中又得不到片刻休息,没有歇脚处,没有边界,不能返回。"❶ 他自问能不能像"著名的也是不幸的乔尔丹诺·布鲁诺"那样不承认"无限"。单单这一个念头"我不知道引起了内心怎样的恐惧,人们突然发现自己在无限中游走,这无限的宇宙拒绝接受界限、中心以及任何确定的位置"。❷ 开普勒嘲笑这种哲学的疯狂思想,它冲破障碍,上升直至无限,"在这里迷路,而没有任何好处"。❸

让我们去除所有含糊不清之处:这种恐惧并非源自胆怯,而是来自谴责。开普勒拒绝崇拜"体形庞大"的偶像。他初步设想了一个宇宙的等级体系,他想以此说明体积大并不代表尊贵。"越大,越不完美……对于哥白尼,恒星层虽然广大,却没有活力,丝毫不运动。然后是运动

---

❶ 这段引文的原文为:Fatigatus animus, in hac immensitate mundi aberrans, in qua nullam invenit numerando requiem, nullam stationem, nullam revertendi metam. (*De Stella Nova* [《论新星》, 1606])

❷ 这段引文的原文为:Nescio quid horroris occulti prae se fert, dum errare sese quis deprehendit in hoc immenso, cujus termini, cujus medium, ideoque et certa loca, negantur. (参见以上所引著作)

❸ 这段引文的原文为:Certe equidem vaganti per illud infinitum bene non est. (参见以上所引著作)

的世界：比较小，但更神圣，因为它奇妙而有序地分享了运动"。但是行星群却不是自发地运动，它们需要驱动力。还有比它们更尊贵的，就是小小的地球，"我们的小星球，我们的小屋"（pilula haec nostra, tuguriolum nostrum）。地球，生命的创造者。那么动物难道不能胜过地球本身？还有人类？……"我们之中有谁盼望具有世界那样庞大的身躯？作为交换，谁愿意献出自己的灵魂？"❶

需要注意，哥白尼认为"休止"的状态是最崇高的，可是对此开普勒持反对意见："运动"占绝对优势，不仅是古人认为的最完美的环形运动，这是作为生物特性的自发的运动，还有复杂而混乱的世俗世界的运动。

宇宙有中心，所以需要界限。失去了中心，失去了边界，开普勒因此而恐惧。这个中心是太阳系所在的洞穴、宽阔的洞穴，因为哥白尼建构的体系中，土星的轨道和"恒星"层之间需要很大的空间。❷ 洞穴内的布局异于恒星层的布局，因而证明这个小星群在整个宇宙体系中的重要性。开普勒对伽利略写道："我们的世界和其他普通的无限世界是不同的。"❸ 可是伽利略的启示让他有点动摇，尤其是木星的四个"月亮"。难道木星比我们的地球更"高贵"？可以说地球的位置最优越，地球是最优秀的创造物：自从哥白尼给予地球"宇宙中的公民准入权"，难道它没有进入我们引以为豪的特权阶层？这是太阳所在的行列：上面三颗星，下面三颗星。而且地球的位置最适合观察宇宙，这一点对开普勒具有很大的价值。

在我们的洞穴周围也许有更多坚硬的星球，但是还会存在一道"墙"：恒星为数众多，排列紧密，这是伽利略用望远镜观察到的情况，而恒星层就是洞穴稳固的围墙。❹ 开普勒认为这些恒星自己不发光：它

---

❶ 参见以上所引著作。
❷ 因为不可能测量"恒星"的视差，所以这就证明它们与最远的行星之间距离非常遥远。
❸ 《与星际使者的谈话》（*Dissertatio cum Nuntio Sidereo*），1610。
❹ Quae pro muro hunc sinum certo vallant.

们被太阳照亮,如果它们自转,也是为了把自己献给太阳。它们的物质纯粹,所以能够接收太阳光。

宇宙也是球体。如果说开普勒越过了边界,抛弃了完美的"形状",这是不准确的。他认为在太阳所在的这一特殊区域里,椭圆仅适用于行星的轨道。

太阳在开普勒的和谐体系中起着至关重要的作用。开普勒给予太阳近乎崇拜的赞歌其实并不新鲜(他参考了普罗克鲁斯 [Proclus]),只是到现在才得到证明:太阳被严肃地重新置于中心,它不仅是光线、热量,还是宇宙运动的来源。

明确开普勒太阳系的意义和演化是艰难的工作;[1] 但是大方向不会错。他认为"宇宙的中心"是"动力":从太阳放射出非物质性的东西,属于光一类,太阳自转,同时驱动行星。但是以机械论思维方式,开普勒的说法容易引起误解,所以应该将他的说法置于活力论和神秘主义中。太阳作为能量的源泉,它对于开普勒就是上帝的影子,更确切地说是"父亲"的形象;整个宇宙就是神圣的三位一体的象征和标记:恒星层代表"儿子",是圣灵通向太阳系的中介区域。[2] 另外开普勒很谨慎,他不说太阳是上帝的处所:这里只是上帝发挥大部分力量统治宇宙的地方。因为开普勒的上帝是有活力的上帝,他具有"极其丰富的能量"。[3] 而处在宇宙中心的灵魂[4]是神圣核心的外在显现,所以也应该是能量。太阳和众行星的关系就像上帝和他的创造物之间的关系。

---

[1] 这一学说的核心在开普勒 25 岁时发表的《宇宙的奥秘》(*Mysterium*) 一书中。这部著作的运动精灵(l'Anima motrix)成为《新天文学》(*Astronomia Nova*)里的致动力(Vis motrix)。

[2] 对于丹尼斯·拉雷奥巴吉特(Denys l'Aréopagite),上帝是无限的球体宇宙的平衡,而开普勒把丹尼斯的上帝搬到了有限的球体宇宙中。

[3] 《宇宙和谐论》(*Harmonice Mundi*),第四卷。亚瑟·罗夫乔伊一再强调这个上帝与亚里士多德的固定的"动力"多么不同,这个上帝其实是"一种具有生成能力的、能自我分散的能量"(a genetive and self-diffusive energy)。我们不要忘记,开普勒的有生命的上帝完全是《圣经》里上帝的样子。

[4] 关于开普勒的万物有灵论,参见蒂泽:《宇宙与意象》,第 279 页及其后。

但是，有活力、有能量的上帝也是几何式的上帝：❶ "几何"与"圣灵"共同永存，圣灵赋予创造物的灵魂以几何的形状。❷ 几何为创造提供范式。从《宇宙的奥秘》(*Mysterium Cosmographicum*) 到《宇宙和谐论》（一译《世界的和谐》），开普勒认为自己活着的最大任务就是重建宇宙的几何式和谐。为了追随开普勒的足迹，我们可以参考亚瑟·库斯勒富有启示和活力的相关精彩论述。我们只要像开普勒一样英勇就可以深入到他的体系中——这一体系的基础是五种有规则的正多面体和一些完美的多边形，就可以深入到千头万绪的观察和计算数据中去。

开普勒不朽的行星运行三大定律，至今仍未被撼动，但这还不是他最重要的发现。从当时直到牛顿时代，人们一直忽视这三大定律，而且开普勒本人也没有足够重视。按照库斯勒生动的说法，三大定律藏在开普勒的著作中，"就像勿忘草藏在开满热带花的花坛里！"它们只是"巴洛克式神殿的砖头"。其实"椭圆形"在巴洛克艺术中有重要作用。❸ 但这不是开普勒的错。他想要的是古典式建筑。开普勒依靠的是不均匀的运动和被拉长的轨道形状。他的定律必须以事实和经验为基准，务必精确。这种严格要求（从第谷那里继承而来）是全新的，但他没有把这些变成一种宗教。

面对这些奇特的天体和客观数据，开普勒认为最重要的是对它们进行比较。首先与他的哲学类比。

那么，行星的椭圆形轨道是什么呢？一种神圣的环形运动和万物固有的直线运动的结合：一种朝向完美，却总是不完全的努力。这种运动过程与音程相似：速度的变化，开普勒发现了其中的规律；正是这种变化让他抓住了宇宙大合唱的谐音。

---

❶ 这句话的原文为：Non aberrat ab Archetypo suo Creator, Geometriae fons ipsissimus et ut Plato scripsit, aeternam exercens Geometriam. （《宇宙和谐论》[*Harmonice Mundi*]，第四卷）

❷ 地球的灵魂本身具有黄道圈的意象。无论是天球的概念，还是圆环的概念，开普勒都不舍弃。按照马乔瑞·霍普·尼克尔松（M. H. Nicolson）的独到见解，开普勒这个学者"感觉到圆环的美和神秘，他的感觉比多恩（Donne）以及职业诗人更深刻"。（*The Breaking of the Circle.*）

❸ 欧仁尼·道尔（Eugenio d'Ors）第一个指出开普勒式建筑的这个特点。

就这样"椭圆"进入了太阳系,而且也悄然进入了(几乎是同时)巴洛克建筑中……因为行星的轨道拉得一点都不紧,所以开普勒以后很多人都认为它"实际上"是圆形。而彗星的轨道曲线离圆形太远,所以引起了公愤。

直到 20 世纪,人们才充分认识到开普勒卓越思想的价值,他的体系也许是当时最丰富最完整的思想体系。在对立面之间形成的张力中,开普勒将古典和巴洛克结合起来,就像他集观察家、计算家和神秘主义者于一身。

《宇宙和谐论》中表现出的意图也许在德国浪漫主义中得到回应:这显然指的是 200 年后的谢林(Schelling);❶ 他曾经发展出一套行星运动的原理,显然完全合于开普勒的思想体系。"球体"是"一切"的象征。如果轨道的确是圆形,"统一"和"特殊"就可以结合。不过应该有一种特殊的轨迹:为了平衡众天体的运动,这个轨迹有"两个焦点,它们互为平衡块,其中一个焦点是其所从出的'统一体'的光辉象征,另一个表达焦点自身的概念"。然后谢林研究了各个行星,它们的轨道形状与完美的形状有一定距离;谢林在它们的体积、密度以及轨道的长度之间建立起了精妙的关系,并以此说明宇宙的和谐,这就是"一"与"多"的关系。

但是,谢林不是科学家,而是哲学家:他的思考虽然美妙却很模糊,缺乏与现实相抗衡的力量,而正是现实造成了开普勒的悲剧。

五、瓦解的和谐:笛卡尔

直到 1632 年,年轻的勒内·笛卡尔(René Descartes)一直在寻求宇宙的"和谐"。在朋友梅赛纳(Mersenne)的影响下,笛卡尔转向此

---

❶ 《布鲁诺,或者事物的神圣和自然原则》(*Bruno, ou du Principe divin et naturel des choses*, 1802)。

类问题的研究，❶ 他写道❷："我勇气大增，现在我开始研究恒星状态的起因。因为恒星分散在天空各处，极其不规则。但我不怀疑它们遵循自然而且确定的法则。掌握这个法则，就掌握了关于物质至上至美的科学基础和要点，运用这种科学方法，我们可以'事先'了解天体各种不同的形式和本质。"❸

笛卡尔的终点离他在起点设定的目标很远，是什么神奇的力量导致这个结果？他在《哲学原理》（*Principia*）第三部分指出：问题在于解释"可见世界的奇妙结构"。可结果是他展现的世界与可见世界并不相像，而且一点都不奇妙：也许这就是《论世界》（*Traité du Monde*）中世界的体系，在"想象的空间"里"无根据地虚构"；也许这就是《哲学原理》所谓的现实世界，在笛卡尔那里支离破碎，变成一堆由不稳定的"漩涡"构成的混乱物质；他的世界没有整体规划、没有方向、并不崇高、零零碎碎、复杂多变、动荡不安、令人压抑……

但是，对于笛卡尔，"和谐"意味着基本法则的高度"简洁"。亚历山大·柯瓦雷一再强调：宇宙的"美"是上帝的体现，但是在笛卡尔那儿"美"消失了。除了按上帝的样子塑造的人的灵魂以外，没有想象，没有上帝在世上的足迹（Vestigia Dei in Mundo）。另外，笛卡尔深深感到自己毁掉了自然事物令诗人仰慕的品质，自己的破坏之举甚至带有一定的恶意。❹ 诗人仰慕自然，是因为它的神奇。而他，笛卡尔，既不喜欢神秘，也不喜欢奇迹，只欣赏数学式的真理，只喜欢机械的作用和万无一失的理性。

---

❶ 梅赛纳当时已经写了一篇名为《宇宙和谐论》（Traité de l'Harmonie Universelle，1627）的论文，并应该针对这一主题发表过一系列文章。
❷ 巴雷（Baillet）曾引用过这封信，《笛卡尔先生的一生》（*Vie de M. Descartes*，1691）。
❸ 最后这几个字似乎表明笛卡尔承认星相学的原则以及"宏观宇宙"和地球之间的一致性。
❹ 参见《大气现象论》（*Traité des Météores*）开头部分，笛卡尔在这篇文章里想让人们了解"云"的真相。

宇宙的美完全取决于支配其形成的法则。❶ 宇宙的和谐降到了最低程度。和谐丝毫不是法则作用的"结果"——这个结果和法则一样既复杂又简单，和谐也不在法则建构的平衡中，因为确切地说，不存在平衡……

按照亚瑟·罗夫乔伊的观点，笛卡尔最重视的唯一形而上学的夸张就是极度要求解释的简洁性。如果用笛卡尔的说法，就像《论世界》第六章和第七章所说的那样，从日常语言上升到音乐的震颤，我们就可以谱写一曲"奇妙法则"的赞歌，这套法则足以理清混乱，并把混乱化为完美的世界。

很完美吗？和笛卡尔一起登上用"法则"扎成的简陋而结实的木筏，进入日益破碎分化、混乱而且不值得称道的宇宙，就像身陷迷宫或泥潭，这是人类智慧奇怪的悲剧。没有绝对的空间，没有虚空。在人类精神能达到的界限之外，有一种以广延为特征的无限的可分性，也就是惯性。上帝很了不起地"弹指一挥"就使连续的混乱开始了"运动"。"完美的运动是直线运动"；即使有悖论，也不会惊动上帝；但是通过悖论，而且在没有任何虚空的宇宙中，不可能产生运动；一个移动的粒子推动另一个粒子，随即被另一个粒子代替，粒子的这种状态最终产生了圆周运动，这是"自然界常见的自在的"运动，失去了几千年所具有的神性："正是笛卡尔，不是别人，摧毁了旋转运动的完美性。"旋转运动只是"完满"的结果，是"受阻"的直线运动。独特的和谐中不能实现完美的运动。

让我们进入物质分化成一个个小物体的过程，小物体形状不规则，

---

❶ 正如勒诺布尔（R. Lenoble）指出的那样（《梅赛纳或机械论的诞生》[*Mersenne ou la Naissance du mécanisme*, 1943]），梅赛纳对于数学原理也有类似的崇拜，因为数学里包含"宇宙之乐音"。"音乐存在于上帝……如果我们了解上帝创造宇宙和宇宙的各部分时所掌握的音乐原则，那么这种知识将使我们陶醉，比任何音乐会都令人陶醉一千倍"。这种音乐是上帝"规定组成宇宙的所有天体的距离、体积和运动"所采用的原则。(《宇宙和谐论》[*Traité de l'Harmonie Universelle*]）但是梅赛纳更接近于笛卡尔，与开普勒、伽桑狄（Gassendi）那样严谨的天文观测者有更多不同，他让我们在天文学家的测算里，而不是在"事先"的推断里发现了和谐。

倒也比较别致，但是会让人感到莫名的复杂，产生这种复杂是因为人们着意于微小事物，喜欢纠缠不清和混乱。我们身处一个完全成形的宇宙："不确定"（indéfini）的宇宙，对于抽象思维"不确定"相当于无限，但对于想象却并非如此：这只是毫无希望的持久的单调乏味，"偏移中心的"宇宙，没有特别的区域；是一个充盈但扼杀想象力的宇宙、"拥挤"的宇宙，所有运动都受到阻碍；有形的粒子相互"阻碍"，混杂在一起，就像灌木丛中的小枝杈，从而产生了无法忍受的局促感觉；"解构"的宇宙，一旦齿轮松动，它的运动就陷入毫无目的的混乱；"不稳定"的宇宙，不停地变形和分裂：如果"旋涡"围绕中心生成，而中心的数量确定，就像物质材料的量和运动一样确定，那么"旋涡"的数量处在不停变化中，按照布局和体积，它们的状况都不一样：有的增大，有的被消减或者消亡。如此一来哲学家向我们展现的这个完美最初很完整，存在于永恒的机械论中，但是最终将会毫无目的地全面衰退。

虽然天文学革命发端于笛卡尔前一个世纪，但笛卡尔的宇宙观是革命发生以后非宗教的幻想被迫接受的第一个关于宇宙的学说，以至于人们把之前其他人取得的天文学成就都归功于他：宇宙无限拓展，宇宙的围墙崩塌。因此笛卡尔的门徒表达了他们的感觉，他们觉得"在他的宇宙中呼吸更加舒畅"，当然在今天看来这种感觉很奇怪！这是方特奈尔（Fontenelle）的感觉。笛卡尔有一位漂亮的女弟子，她觉得沉浸于无边的宇宙中似乎有点迷失："如此广袤的宇宙，我迷失其中，不知身在何处，感觉自己微不足道。"存在物失去中心位置，因而产生明显的焦虑感，对此哲学家方特奈尔用一个玩笑作为回应："下雨的时候，所有人出于同样的心理都想在典礼中占据最尊贵的位置，同理，哲学家也想在某种体系中占据宇宙的中心位置。"年青的女学生对宇宙的无限手足无措，但是方特奈尔说："相反，我倒觉得更自在。""如果天空只是一个穹顶……我觉得宇宙很狭窄，所以感到压抑。现在天空的广度和深度无限扩大，由无数漩涡组成，我的呼吸更自由，我处于更广阔的空间。"

"充盈"（plein）并不让方特奈尔觉得难受：纤细的物质如此纯粹、

轻盈、变幻不定！至于"宇宙的和谐"，他似乎采用了笛卡尔主义关于美的观念：一种基于简单法则之上的机械论。笛卡尔低声对学生说："自从我发现宇宙就像一块手表，我对它的评价更高了。"——但是这不太符合方特奈尔的文学兴趣，他是工程师还是作家……其实笛卡尔观念的理想在于"多样性"；他用"漩涡数量无限多"称赞"多样性"，并与侯爵夫人（应指对笛卡尔哲学感兴趣的一位贵族妇女——译者注）面对宇宙的混乱时短暂的不安相对照。她说："什么！一切被分成漩涡，杂乱无章？我被搞糊涂了，我感到不安，感到惊恐。""杂乱无章"这个词很重要，方特奈尔没有反驳这样的责难。别人反对说：杂乱；他回答：多样。纲领和目的他毫不追求，但是漩涡的体积、形状、小平面，行星的数量和布局，所有都显示出迷人的多样性！他在此发现了巨大的丰富性，这样的情况不是与"造物主"相称，因为"造物主"对此绝口不提，而是与"自然"相称："自然的确具有这样丰富的特征"。凡夫俗子比哲学家更深刻：前者对无序深深感到焦虑，而后者则以细节为乐。方特奈尔对于宇宙真正的兴趣从他的油画反映出来，他向我们描绘银河，确实画得美，而且表现了人类另一个久已有之的梦想。❶ 他把我们的星系比作马尔代夫群岛：1.2万个小岛，被海湾隔开，海湾非常狭窄，就像水沟一样，我们可以一跃而过。在那里，你们的太阳只是比其他相邻的无数漩涡中的太阳更近一点，你们看到太阳因为无数点火焰而闪耀；你们永远没有黑夜。——不，方特奈尔不需要空间。他喜欢的是一个"世界——甜瓜"，就像傅立叶（Fourier）的和谐世界，充盈、柔软，一个群生性的世界，相邻区域之间关系融洽。世界的不稳定让方特奈尔感到饶有兴味，而不会让他忧虑；"一切都在晃动"：这一点最有趣。难道我们没发现这里存在着对于"变化"的赫拉克利特式的热忱：方特奈尔不是布鲁诺。

对于笛卡尔来说真正的"宇宙"，却受到达尼埃尔神甫（le Père

---

❶ 开普勒认为银河系的星星其实很小，并且互相距离很近。方特奈尔显然在笛卡尔的观念里感到满足。关于这种对狭小宇宙空间的兴趣，参见蒂泽《宇宙与意象》后面部分。

Daniel）的嘲笑。"在笛卡尔的宇宙中旅行"：不应该对这个吸引人的题目产生想象。笛卡尔的宇宙确实很不适合幻想中的太空漫步。在达尼埃尔神甫这位才华横溢的耶稣会士美妙的文章中，虚拟的面纱下隐藏的是非常机智的批评，但批评太过于贴合文本，所以达不到用幻想的翅膀把我们带走的效果。笛卡尔在不确定的空间中画出一个缩小的宇宙模型，它的尺寸就像一件科学玩具，品质看上去很平庸。在周长500里（古里）的范围内，在神甫梅赛纳的协助下，哲学家搅拌第一物质，第一物质分裂成粒子，发出爆裂声，再形成20个小漩涡，狂乱的震荡使物质移动。其中一个物质从一个漩涡跑到另一个漩涡，它来告诉笛卡尔说它们中三四个已经开始混合：如果不纠正，将会破坏他的体系。但是笛卡尔已经预见到这个现象，他很高兴。我们发现一切正如他的论证，漩涡受到吸引，星体形成，按照公切线迅速运动，变成彗星；其他变暗的小太阳受引力作用，变成行星。达尼埃尔神甫以这个"小游戏"为乐。我们也乐在其中，但真的只是个小游戏。

六、牛顿的宇宙和谐

　　风行一时的笛卡尔宇宙模式并没有宇宙本身那样稳定：颂扬牛顿的人用生动的方式表达了这一点。其中一个人是理查德·奥克利（Richard Oakley），他采用赞美诗的体裁大声说道（*Mare vidit et fugit*，译为《海一见便逃》）：

　　　　细微的物质看见他，一见他就消失了！❶

　　另一个人是伯努阿·斯德（Benoît Stay），他用夸张的方式描述了"漩涡"的崩溃，把漩涡壮观的残骸与伟大的城邦迦太基的废墟相比：

　　　　In putres abiere ruinas

　　　　Et speciem praebent magnam, ut Carthaginis altae

---

❶ 这句话的英语原文为：Then Subtle Matter saw and vanished at his sight. 马乔瑞·霍普·尼克尔松（M. H. Nicolson）曾经在 *Newton demands the Muse* 中引用过这句话。

　　　　　Illa diu per humum vestigial visa ⋯❶

万有引力确定了不可撼动的地位，诗人说，只有万有引力才能使万物相联系：

　　　　　Successit Gravitas, submisit et omnia victrix
　　　　　Protinus, atque Caelo sublata refulsit
　　　　　Sola potens ima et media et conjungere summa. ❷

"Newton demands the Muse"❸：尼克尔松用理查德·格罗夫（Richard Glover）的这句话作题目，描写为牛顿的著作唱赞歌的热烈繁荣景象。为什么诗人如此渴望歌颂牛顿？牛顿学说如何启发诗人的灵感？牛顿的宇宙对很多诗人的思想有过影响，在一个多世纪里，诗人对他的学说深信不疑，陶醉在他构想的宇宙体系中，这在人类历史上十分罕见，那是一种既自由又安全的感觉，怎样解释这种现象呢？

　　我们试着概括一下诗人想象中牛顿宇宙的全貌。❹

　　在一个"绝对""无限"的空间里，存在实在的虚空❺（至少在以太的微粒之间是实在的），数目无限多的星系分布于空间，互相之间距离非常遥远，所以不能互相影响；星系无法被了解，它们的旋转（"实在"的运动而且不是简单相对性的运动）以一个实际上静止不动的发光体的基础为依托。那么这些星系是否有整体性？这个整体性在于它们共同的性质，它们受共同法则的支配，一条难以估量的光链是各个星系之

---

❶ 它们坍塌消散成灰尘，/外形巨大，就像早期迦太基的废墟，/很久以来人们看到它散落的地面上。

❷ 引力继之而起，立刻成功地掌控万物，/它闪耀着光辉，力量直达苍穹，/只有它才能结合上、中、下方所有一切？"（《现代哲学十卷》[*Philosophiae recentioris Libri X*]，1755）

❸ 牛顿要求缪斯。

❹ 我们在此采用亚历山大·柯瓦雷权威性的研究（《从封闭世界到无限宇宙》[*From the closed World to the Infinite Universe*]，1957），柯瓦雷澄清了牛顿关于"宇宙空间"的概念。他指出，题为《注释》（*Scholie*）的文章是《自然哲学的数学原理》（*Principes*）第二版的完结篇，题为《问题》（*Queries*）的文章是《光学》（*Optique*）第三卷的最后一篇，还有牛顿和宾特利（R. Bentley）的书信，这些是"想象"牛顿的宇宙观最重要的篇章，牛顿这位严谨、客观的数学家将自己几乎全部的思想都写在这些文章里。

❺ 柯瓦雷解释说，牛顿认为物质由微粒构成，这种结构说明粒子之间存在空隙。

间唯一的联系。光线虽然无处不在，❶但和空间中十分稀薄而分散的物质一样，不能明显地妨碍天体的演化。那么和谐呢？它存在于这个相对的安全状态中，存在于运动法则的简洁中，存在于统治众星系的微妙而神奇的平衡中。

"运动"的和谐并不像我们一般认为的那样远离古代的和谐。❷ "古人"认为旋转是天体的本性。笛卡尔在机械学中设想了一种无自动力的物质，外部推动力作用其上；而牛顿提出这个实体，它的名字叫做"万有引力"，或者普遍的"引力"，提出这个概念是向古代运动观念的回归。

宇宙中存在两种力量：投射力和吸引力。投射力中产生推动力，只要一次便通过惯性永久持续下去；而吸引力使运动的轨道偏转，两者之间的平衡决定了行星沿着椭圆形轨道旋转。这两种力量的性质迥乎不同：投射力就像在笛卡尔的体系中那样，仅凭初始小小的动力就能机械式地不断推进。那么吸引力呢？它的作用成放射状，经过很长的距离，穿越虚空就像穿越最大密度的物质，力量丝毫没有减损；吸引力的大小并不是以机械因的方式随着表面积的大小而变化，而是以体积的大小为依据。牛顿说："通过现象我不能发现形成这些属性的原因……"他只注重从现象中归纳出法则，建立一个令人惊叹的数学体系，这个体系不能预见两种力量的性质，但牛顿可以推导出造就宇宙完整形式的公式，他绝不试图描绘体系的起源。

不过牛顿对于起源问题并不隐瞒自己的想法。宇宙和谐的前提是需要一个建构和谐体系的人，这是必然的。《自然哲学的数学原理》(*Principes*) 一书的结论表明牛顿确信："太阳、行星和彗星构成一个精美的体系（elegantissima compages），这只能来自于某种具有无穷智慧的力量的推动和支配。"在牛顿更加竭尽心力写作的其他文章中，上述思想得到进一步巩固和明确：宇宙通过固有的法则不能摆脱混乱，行星体

---

❶ 牛顿深刻地认识到，"物质"（Matière）和"光"（Lumière）本质相同。
❷ 尼克尔松明确地发现，万有引力不是一种"开始"，而是"某种古老事物发展的顶点"（the climax of something very old, *Breaking of the Circle*）。

系是某种选择的结果。闪亮和昏暗的天体之间的分别,接近正圆的行星轨道、彗星的偏心轨道这两者的区别;精确距离的形成(对于这些距离,开普勒惊叹不已)、巧妙的速度定量,所有这一切都不能像笛卡尔那样用盲目的机械运动来解释。

更进一步,宇宙的存在是一种连续的运动,是"神性"反复作用的结果。牛顿明确指出:的确,无处不在的神性不会影响天体的运动。但是,他对宾特利(Bentley)写道:"原本没有活力的物质不借助某种非物质性的存在物,就能作用于另一种与自己毫无联系的物质,这是不可思议的。"这个原初动力因就是精神:也许就是一种媒介性质的实体,根据柏拉图主义者亨利·莫尔(Henry More)的说法,也许就是"自然的精神"吧?

最后,即使宇宙微妙的平衡能够长期持续,但是随着时间的推移也会发生变化,为了重建平衡,牛顿还是信仰同一个至高无上的"组织者"。[1]

*

牛顿本人虽笃信超自然的力量,但还是在自己建立的体系中留下待接石,他的信徒们必然大胆地将各自学说的基础都建筑其上,从而构成一种解释的"整体性"。我们推想,巧妙大胆地将宇宙的公式简化,这对于牛顿还不够。"(他在《原理》的序言中说)我希望我们能够通过同样的推理方式,用数学原则解释自然界的其他现象。因为我有很多理由可以推测,所有这些现象都依赖于某些力量的作用,物体的粒子……相互之间,一方被推向另一方,进而汇聚成规则的形状,或者再次被推动,一方离开另一方。"

在结论部分的《注释》(*Scholie*)里牛顿更进一步,形成(继著名的"我不杜撰假说"[Hypotheses non fingo]之后)关于这些现象的共

---

[1] 牛顿信仰上帝,他的信仰朴素而且崇高,必定会招致莱布尼茨(Leibniz)的嘲笑。莱布尼茨总的意思是说,牛顿的上帝是一个很糟糕的钟表匠,他不得不时时修理自己的表,从表面上看是因为他不知永恒运动的秘密。(《致加勒王妃[la Princesse de Galles]的信》,1715年,曾被柯瓦雷引用,参见以上所引著作[《从封闭世界到无限宇宙》])。

同动力因的假说。"某种微妙的精神进入致密的物体，隐藏起来；它的力量使物体的粒子在很小的距离内相互吸引，像邻角一样紧紧挨在一起；而电子之间的距离较大，既排斥又吸引相邻的粒子；❶ "光线被发射、反射、折射，给物体加热；所有感觉都被激发，动物的四肢在意志的驱动下运动起来，也就是说，'精神'的震颤，通过坚韧的神经纤维的传导……"❷ 牛顿的结论是：我还缺乏经验，还不足以确定"精神"发挥作用所遵循的法则；但是朝这个方向的引导是明确的，而且是必然的。

*

如此我们得到一个神奇、简单而统一的宇宙，但是这个宇宙被莫名的力量包围和穿透。这个学说的胜利归功于牛顿审慎的态度和本身不完整的特点，这种特点促使人们向更远处探险。很大程度上某种误解逐渐转变和偏离也将造成这个结果。

我们将沿着亚瑟·罗夫乔伊和尼克尔松开拓的道路解释牛顿体系的成功：两位学者在宇宙观方面区分古典主义和浪漫主义两种倾向，不过这两种倾向都可以在牛顿的学说中找到各自满意的切入点。

浪漫主义意味着"人"具有无限可能性，并因此而自豪和陶醉。所有牛顿式的诗歌都洋溢着这种微醺的感觉。但是矛盾在于：牛顿宇宙的始与终都在超自然力的控制下，它的核心动力是一个谜，就是这样的宇宙却给人以关于确定性的狂热感觉。❸ 灵魂最本质的需要和它所找到的得以自足的借口，这两者之间的不相称性只有在牛顿的思想中才得到突显。他是一个谦虚谨慎，具有宗教热忱的天才，最终变成为宇宙立法的人；他是那样一种人，在他面前一切无所遁其形，一切皆有可能。他是

---

❶ 我们要强调电子脉冲虽然与其他的力一样，都是同一个"精神"的活动，但是电子脉冲和离心力截然不同。要将二者混为一谈，需要心理上的同化，我们后面再谈这个问题。

❷ 现代读者应该会原谅我的这段烦琐的引文。

❸ 关于此，约翰·基尔（John Keill, *Introduction to the True Astronomy*, 1721）是一个令人印象深刻的例子。他认为这些发现最能让他领会"人类智慧的力量和敏锐"，诗人的智慧驱散了宇宙的黑暗，从此宇宙变得完全可知，人类对于宇宙的了解甚至比地球更多！

"擎天之柱"❶"神人"❷，上品天神都嫉妒他，❸他出现在我们面前，以光速飞行，在宇宙中前进，关于此我们后面进一步论述。演说所使用的技巧可以不定期的反复，但我们的反复将充满激情。

对于英国诗人，牛顿至少是上帝的信使，肩负向人类揭示奥秘的任务，"上帝"的创造物的奥秘。❹法国诗人走得更远。为了向哥白尼表示敬意，方特奈尔使用了一种修辞学的技巧，其他的法国诗人都沿用他的手法，将支配宇宙的法则的发现过程变成新法则的创造过程，把新法则强加给宇宙：简单的形状，与时代精神契合；牛顿提出了对于"不可知之物"的天才思想，诗人赞美这种最值得尊敬的思想，简单形状的效果就是为颂歌抹上普罗米修斯式的色彩。伏尔泰定下了颂歌的基调；伏尔泰之后的诗人称颂牛顿说："牛顿，天体之王"❺，说他在星星飞行时阻止了它们的进程，尤其是游荡的"彗星"！

  我看见众星被他的手臂拽着向一点回归
  在众星的太阳周围，在规定范围内❻

谢纳多尔（Chênedollé）温柔地歌唱道。可是谁都超不过德里尔（Delille）：

  在这个宽广而且闪耀着光芒的火的海洋里……
  牛顿沉浸其中；不断探寻，他到达庞大的天体
  在他来之前，这些天体没有条理、规则，没有和谐，
  在深远的天穹下转动，杂乱无章。
  牛顿用这些混乱闪耀的天体构建了世界。

---

❶ 约翰·休斯（John Hughes），*The Ectasy*，（1720）。
❷ "the god-like man（与上帝相像的人）"：Allan Ramsay, *Ode to the memory of Newton* (1731)。
❸ 伏尔泰（Voltaire）：《关于牛顿哲学致夏特莱夫人书》（*Epître à Mme du Châtelet sur la philosophie de Newton*，1738）。
❹ 英文原文为："Newton, pure intelligence, whom God – To mortals lent to trace His boundless works…（译为：牛顿，纯粹的智慧，上帝把牛顿借给人类，让人类描绘上帝无限广阔的创造）"詹姆士·汤姆森（James Thomson）：*To the Memory of Sir Isaac Newton*, 1727。
❺ 勒布朗（Lebrun）：《狂热》（*L'Enthousiasme*，1771）。
❻ 《人类的天才》（*Le Génie de l'Homme*，1807）。

>他是阿特拉斯（Atlas），肩负众天体，
>
>他逐个塑造天体，制定规则和依据，
>
>他规定天体的体积、质量和它们之间的距离……❶

不需要评论——除了几个感叹号。从表面上看，启蒙时代的一些思想家认为在他们的英雄牛顿之前，没有一个宇宙建筑师，没有任何关于天体运动的数学证明——不存在任何"宇宙和谐"。

*

就像方特奈尔说的那样，牛顿可以满足浪漫主义的思想，让所有渴望驰骋的幻想自由飞翔。

启蒙时期的一些文章显示了感觉的偏好在选择宇宙体系时所起的作用。罗杰·格特（Roger Cotes）在牛顿的《自然哲学的数学原理》（*Principes Mathématique*）第二版的"序言"里说：有一些人"很喜欢物质"❷，他们无论如何都不愿承认所有天体都处在虚空中。相反理查德·宾特利❸说自己发现宇宙到处都由虚空构成，在虚空中物质的总量可以忽略，一想到此就"兴高采烈并且为之着迷"。方特奈尔描述过一位热衷于笛卡尔思想的侯爵夫人，她相信"旋涡学"❹，同时又表示忧虑；阿尔加罗蒂（Algarotti）也叙述过一位侯爵夫人，她也热衷于牛顿关于"空间"自由的思想。❺ 她说："看到天空变得空旷，至高无上的'引力'从容不迫地引导众行星在平静而广阔像海洋一样的虚空中运行，这一切多么令人惬意啊！"牛顿的体系竟然令人感到惬意，像这位侯爵夫人如此天真的言辞真是少有。每个行星都各得其所，就像英国在自己的岛上一样，与欧洲大陆其他国家之间隔着广阔、人迹罕至的海洋：

---

❶ 《自然的三个领域》（*Les Trois Règnes de la Nature*，1809）。

❷ 此为笔者所作的强调。

❸ 曾被柯瓦雷引用，参见以上所引著作（《从封闭世界到无限宇宙》）。

❹ 参见《宇宙与意象》，第427页。

❺ 阿尔加罗蒂（Algarotti）：《女性眼中的牛顿主义》（*Il neutonanismo par le Dame*，1736）。

被宽阔的大海那人迹罕至的空间隔断。❶

所有行星各得其所，但有去探索的行动自由……

另一个浪漫主义的夸张就是"超大广度"的夸张，在很多牛顿信徒的思想中都可以发现这种夸张。威廉·达拉姆（W. Derham）在《天文神学》（*Astrotheology*）中颂扬上帝的荣光，通过一种成功的上升和扩展运动向读者说明天体数量的庞大和宇宙的广袤。诗人爱德华·杨适用了同样的手法。按照罗夫乔伊的说法，杨的宗教情感在于"从创造的'物理广度'中寻找敬畏的来源"。可以把杨比作美国的传教士，他通过布道证明上帝比尼亚加拉大瀑布还要伟大……这样说杨可能太严厉。凝视深渊，（天和水）两个深渊，就像帕斯卡一样，更能让他保持精神健康，这是一种灵魂的训练，其独特节奏证明了伟大的事物可以起到心理学家的作用。面对无限小，人具有更大的主动性：

　　……在微小中

　　人重新找到了"他的"痕迹；在伟大中，是"他"

　　抓住了人

　　抓住人，养育人，包围人，并且使人充实……

但是面对天空，有两种态势相互交替：灵魂时而将天体吞没，时而将天体包围，在人的思想中所有星系自由转动。❷

如果"巨大的物体能使人产生崇高的精神"，那么容器并不需要随着内盛物体积的增加而变大：灵魂通过强大而对自身有益的张力摆脱肉体这个实体的束缚，恢复灵魂固有的体积，它的广度超过宇宙：特拉赫斯（Traherne）说，灵魂的本质就是"容积"。

*

与浪漫主义狂热的可能性相对应，古典主义鼓吹确定的可能性。近

---

❶ 爱德华·杨（Edward Young）：*Night Thoughts*, IX?；爱德华·杨在其他作品里模仿布莱克莫尔（R. Blackmore）的诗句："被液态的天空无边的虚空切断？"（Severed by spacious voids of liquid sky. 布莱克莫尔：*Creation*, 1712）

❷ 这句话出自：Those num'rous worlds… can roll at large In Man's capacious thought, and still leave room for ampler orbs …译为：众多天体……可以在人类广阔的思想中自由转动，并为更巨大的天体留下空间……（*Night Thoughts*, VII.）

一个世纪以来相继产生了众多科学发现和宇宙体系，有思想的人类受到的震撼深入骨髓，所以人需要一块坚实的土地：谈论无限"虚空"未免太尖刻！宇宙大部分由虚空构成，呈现出"实体性"的特点，优于笛卡尔充盈的宇宙空间。实在的"空间"、实在的"运动"，以一些"确实"不变的点为基础。布丰（Buffon）说"在虚空中有固定的位置和确定的路线"。❶ 发光的球状天体静止不动，是这个"运动的体系"的"基础"。

在赞美牛顿宇宙体系的诗歌中，回响着自从柏拉图以来我们所熟悉的音调：优美和谐的行星运行过程，永恒不变的轨迹，不会产生碰撞的接近，相交随即分离，混杂继而分解……"天体神奇而且精确的距离"：这是威廉·达拉姆著作中某一章的题目，也适合用作前牛顿时代天文学论文的题目，或者前哥白尼时期也可以借用，这一点达拉姆本人也指出过。诗人杨关于宇宙体系的名诗❷与理查德·布莱克摩尔（R. Blackmore）同类诗作很相似；❸ 布莱克摩尔并没有明确选择日心说。——是不是说一切都没有变？——不，一切都变了。

*

在新式的"宇宙和谐"中，自从吉尔伯特、开普勒，尤其是笛卡尔以来，动力学胜过几何学。现在力以质量为依据统治宇宙，重量的概念决定一切。弥尔顿借给圣子一个圆规："这就是你正确的圆周，哦，宇

---

❶ 布丰（Buffon）：《自然初景》（*Première vue de la Nature*, 1764）。

❷ "Arrangment neat, and chastest order, reign. -The path prescrib'd, inviolably kept… — What knots are ty'd! How soon are they dissolv'd…— Confusion unconfus'd… — In motion, all! yet what profound repose!"（*Night Thoughts*, IX, 1108 以及其后），译为：这是最清楚的安排、最严格的秩序控制的结果。——规定的路径，不容违背…… 多少结点形成又迅速解开！………纹丝不乱的混合……——一切，在运动！然而又多么安静！

❸ 《Thro'crossing roads perplex and intricate … — None by collision from their course are driv'n, — No shocks, no conflicts break the peace of Heav'n… — In beauteous order all the orbs advance, — And in their mazy complicated dance, — Not in one part of all the pathless sky—Did any ever halt, or step awry.》（*Création*, 1712），译为：在交叉、连接的道路上，没有哪个天体因为交错而改变运行的轨迹，撞击、矛盾，都不能扰乱宇宙的宁静。所有天体按照严格的秩序前行，在天体错综复杂的运动轨迹中——在没有道路的天空里任何一点上——天体运动永不休止，从不迷失。

宙!"为了创造按照引力定律运行而数量不确定的星系,杨给了上帝一架"天平"。❶《创世纪》(IX,1273)的插图上出现的是体积和重量的图像,"造物主",恕我冒昧,像一个钟表匠和一个玩滚球游戏的人:

是谁的胳膊抬起了这庞大的机器?

是谁用手掌塑造了这些宽阔的轨道,

是谁赋予这些轨道以动力,让它们闪耀光芒,穿越黑暗的深渊?

另外,宇宙的"和谐"是"两个相反力量"的合力。这一点最关键。两个力相对立:一个力分解,分隔;另一个力汇集,统一,❷就像古老的恩培多克勒(Empédocle)的思想。宇宙只能通过平衡才能存在;在这方面"平衡"一词获得了从未有过的重要性和价值。

古典主义者坚持巧妙的平衡,因为通过平衡两种力的对抗促成了宇宙的稳定;他们更进一步,试图将两个力合并成一个力,就像牛顿所做的那样,促进、引导两个力至同一个方向,从而用一个"整体"来解释两种力。但是展现在浪漫主义者面前的是"二元论"的种种可能性,这是人类思想中最富生命力而且最持久的问题之一。

*

在古典主义方面,我们应该提及詹姆士·汤姆森(James Thomson),他认为牛顿是对立双方的和解人:"他通过'万有引力'和'投射力'的结合,目睹'万物'完成了一次革命,一切归于寂静的和谐。"牛顿

---

❶ 这个意象勒布朗也用过:
其他人哪个敢称量这些庞大的天体?
不再是朱庇特(Jupiter);而是"你",神"灵"
你在乌剌尼亚(Uranie)眼前
用不朽的臂膀举起宇宙的天平
(《献给布丰的颂歌》[*Ode à Buffon*],1771)
赫维(Hervey)也使用过这个意象:他认为投射力是宇宙这架强大机器的原动力,而吸引力是黏合剂("ciment"),或者叫做压载物("lest")。(*Meditations and contmeplation*,1746.)
❷ 我们在此采用的是所有热衷于"两种力"的人的说法。不过在真正的牛顿思想里,这种说法是错误的。离心力只是一个简单的合成力("résultante"),但在人们的想象中离心力与吸引力具有相同性质,它持久、活跃,推动物体反向运动。牛顿

宇宙法则的"崇高的简洁"最让诗人陶醉:"从如此少的原因中能取得如此丰富、优美和伟大的结果!"❶

力量巧妙的平衡延续到布丰时代:"在运动的中心位置产生了众星系的平衡和宇宙的静止"❷,勒布朗在诗中写道:

> 两种力使所有不同"球体"保持平衡,
> 对立的"元素""平衡"和"生命"
> "构成"了"和谐",
> 广袤的宇宙,移动的体系。❸

但是科学思辨努力要达到更高程度的简洁。牛顿的"待接石"成为"脚手架"的基础,虽然脚手架是一些终究会破灭的谬论,却让人们预见到解决问题的方法。

我们试图从各个方面证明只有"一种力""一条法则",对此我们只能给出两个有特点的例子。

罗杰·约瑟夫·博斯科维奇(R. J. Boscovich)是来自"罗马学院"的耶稣会士,这个学院在科学方面已经有沙伊纳神甫(Scheiner)和珂雪神甫(Kircher)两个著名人物。博斯科维奇提出了一种非常大胆的建构,❹他将"引力"概念变成普遍的法则,所有无生命的物质、所有有生命的物质,甚至整个物理世界都遵循"引力"法则。他援引诗人伯努阿·斯德的作品说明自己的理论,我们随后也会引用这位诗人。斯德不朽的著作《现代哲学十卷》(*Philosophiae recentioris Libri X*),❺1755年在罗马出版,博斯科维奇作序和评注,并附有《出版许可》。这本书值得一提,因为斯德在书中歌颂科学研究;❻认为有人居住的世界不只一个,

---

❶ To the Memory of Sir Isaac Newton, 1727.

❷ 《自然初景》(*Première Vue de la Nature*)。

❸ 《献给布丰的颂歌》(*Ode à Buffon*)。

❹ Theoria philosophiae naturalis redacta ad unicam legem virium in natura existentium(《自然哲学理论》,按照书的全名应译为《以统一自然力为宗旨的自然哲学理论》——译者注),1758.

❺ 这本书的第一版要短得多,作者在第一版中坚持笛卡尔的观念。斯德后来改变了观念,推崇牛顿,于是欣然将以前推崇的观念完全消除。

❻ Nostrum admirari est, spectare, inquirere Mundi Leges, et rerum naturam noscere velle. 译为:我们应当感到惊奇,应该观察、重新找寻宇宙的法则,应当产生了解自然的愿望。

宣称地球上的居民和其他星球上的居民是兄弟，都是宇宙的公民。他对异教徒牛顿赞不绝口，发起了一场卢克莱修式的、歌颂现实美的运动，他以维纳斯的名义歌颂众元素、胸怀宽广的自然、母亲、爱和世俗的快乐以及"引力"的普遍法则。❶

　　难道所有的力不是引力这个主要根系的分支？依靠引力而存在的力和属性有内聚力、重力、不可穿透性、物质的所有属性。对于没有理性的动物，它们的本能原则❷也依赖于引力，也许人类的后代也将运用本能来测量引力。人类本身的群居性、受到实用性以及善和美驱动的特性，都来源于"引力"。引力难道不是那种不为人知的最奇妙的原动力？难道不是引力促成了身体和灵魂的结合？

　　另一方面，18世纪的人们还热衷于电学的实验，很多思想家都试着将"电"变成他们需要的唯一法则。特雷桑（Tressan）伯爵的思想很具有代表性。❸他说：我们不能相信，上帝能够有几种不同的行为方式。只有一个"法则"：电的"悬浮"。吸引力、排斥力具有同样的原因，宇宙的平衡就是一种电的平衡。众行星被一层"电气"围绕，对抗太阳的推动力；太阳和星星"放射的电"互相对抗：这种对抗导致天体之间的平衡，这一平衡从来不可能被破坏，也没有减损，没有意外。特雷桑热爱"永恒"。

　　相对于统一的倾向，二元论的思想始终坚持相反力量间的对抗，二

---

❶ Salve mira opifex Mundi, o communis origo Foederis, omniparens et amor, rerumque voluptas, O elementorum Venus, o Natura capaci Cuncta sinu capiens……译为：你好，创造宇宙的神奇的人，哦，共同条约的来源，"爱"生万物，又以万物为乐，哦，众元素构成的维纳斯，哦，自然那宽阔的胸怀容纳宇宙……如果这美丽的奥秘将"引力"归为"爱"，这种观念的大体倾向是将天体和灵魂的运动简单归结为一种物理法则；而不是将"爱"归结为"引力"。

❷ 关于本能的多种形式，斯德曾写下清新而色彩绚丽的诗篇。对于懂得怎样理解和利用它们的人，这些诗篇的拉丁文版形式多么优美啊！

❸ 《论作为普遍动因之电流》（*Essai sur le Fluide électrique considéré comme agent universel*，1786），我们以后将论述这个"电流"如何取代牛顿的"精神"动因，如何使关于实体的古老观念重新出现，永恒的活"火"（《宇宙的灵魂》[*Spiritus Mundi*]）。

元论的宇宙就像一出时时刻刻发生可怕变化的戏剧。❶ 当然那些天生就具有浪漫主义情怀的人认为相反的力量与生命有关：爱与恨，诱惑与恐惧，或者创造和破坏两种相反的意志。回到远古的神话，我们后面还有机会再谈论这一点。❷

*

关于牛顿宇宙的时间界限问题逐渐产生了其他变化。我们进入了宇宙起源学说的时代：起源的问题一直萦绕人类思想，人们不再满足于《圣经》的说法，牛顿建构的形式完整的宇宙也不能令人信服。

有一些解释比较古怪，是科学和神秘主义的混合，就像维斯顿（Whiston）❸描述的彗星那样成分混杂。在起源问题上，具有实证主义思想的人寻找自然的起因，想要扩大这方面的范围。❹ 布丰认为太阳系的第一推动力来源于某颗彗星的撞击，融化的碎片离开太阳，飞向远方，这碎片就是未来的行星，受引力控制。拉普拉斯（Laplace）基于相同思想提出了星云假说。

第二个忧虑和宇宙起源问题相应，即宇宙的命运问题。牛顿指出宇宙这架精密的机器可能会有损耗，于是人们发现宇宙再次变得不稳定，像笛卡尔的宇宙一样有动摇的危险。为了维持和恢复平衡，布丰、拉普拉斯再也不会信任上帝……布丰预言星系将缓慢或猛烈地死亡，态度异常冷静，他的读者不会赞成这种态度。1764年出版的《自然初景》

---

❶ 虽然表面相似，其实这不是奈波缪塞纳·勒梅西埃（Nepomucène Lemercier）的真实情况，他不太巧妙地将"两种力"拟人化（*Atlantiade*, 1812），并将它们之间的斗争作为一首史诗的主题。离心力（Proballène）反抗吸引力（Barythée）并不使我们为之动容，他的譬喻刻板、勉强，出于一种机械论的自发的思想，这种思想只是简单地强调了赋予无生命物以生命如何困难：

在人类看来怎样画它们的肖像
这两个威力无穷的孪生子，不涂颜色，也不画线条？
宇宙因为两种力量而存在分散的危险，但是从威胁中我们却感受不到一丝真正的战果。

❷ 《宇宙与意象》，第307页及其后。
❸ 《宇宙与意象》，第413页。
❹ 拉普拉斯（Laplace）对这种努力曾经做出过令人赞叹的定义。他指责牛顿推崇上帝为宇宙体系的建立者：对于行星的这种安排本身不会是运动法则作用的结果；牛顿认为上帝卓越的智慧决定了行星的分布，难道上帝的智慧本身不能让行星的分布成为更加普遍的法则吗？

描述了形式万千的宇宙时刻都在变化，这个宇宙是浪漫主义的宇宙。宇宙中有"孤独的天体以及伴有卫星的天体，发光的天体和黑暗的天体……天空是各种重大事件齐聚的地方❶…… 一个太阳的死亡会给一个星系带来灾难，或者说给一个体系带来灾难，而太阳的这种变化在我们肉眼看来就像一团鬼火，闪了一下然后熄灭了"。

我们可以更进一步说，笛卡尔掀起的星系的物理死亡理论狂潮，到牛顿时得到平息，可是为什么这个死亡一直萦绕人类思想；为什么被赋予活力的"两个力量"的对抗，让一个古老的神话重获生机："大脉动"。平衡和变化，轮流有利于两种力量中的一方，直到其中一方完全胜利，随后又被另一个力量完全推翻。"引力"让宇宙归于一个"整体"，但是随后"整体"又被无数次重新分解。宇宙被上帝抛弃，从而产生噩梦，❷ 称许这个噩梦可能最让牛顿恐惧，但人们恰恰是因为牛顿的思想，才对这个噩梦赞赏不已。

*

牛顿的信徒在先师的宇宙和谐之中又加上了由其他原因形成的元素，这一点人所共知：如此一来，无限的"多样性"形成了某种"充盈"，"充盈"自身就是创造物的完美。牛顿更关注宇宙的整体性，而不是它的多样性；他只是说：这种无限的"多样性"是上帝（Queries）行为的可能结果。对此他和弥尔顿的想法一样，但是牛顿的信徒将这种可能性变成了必然性。诗人杨的上帝就像布鲁诺的上帝，将自己创造的威力无限扩展：

> 上帝万能的力量爆发并扩大
> 创造了人类和众神难以想象的事物。❸

并且对于大多数牛顿的信徒，从维斯顿开始，尤其是对于诗人杨，"多样性""充盈"依据"完美的等级"展开，这些等级由发光的星

---

❶ 此为笔者所作的强调。
❷ 在写给宾特利（Bentley）的一封信中，牛顿提到的宇宙只剩一个或几个巨大的物体，当上帝停止自己的行为，宇宙就会变成这样。
❸ *Night Thoughts*, IX, 1935~1936.

星构成。罗夫乔伊对此做过精彩描述，我们不再赘述。我们将只论述当时那个世纪一种称为目的论的思想如何兴盛；牛顿启发了这种思想，而这个时期的目的论超过了中世纪的同类思想。简单地说，上帝的目的随着创造中心的移动而变化。从此后很少有人会说宇宙只为人类而造，宇宙是为了一切有生命、有理想的生物而造。诗人、科学家、神学家一再说：认为"星星"只是为地球而设，这是荒诞的。❶他们经常蔑视地球，因为地球与其他许多比它优越的星系相比，显得微不足道。❷ 但是众多太阳是"为了"行星而造，太阳离开行星不能存在。我们的星球是我们这个星系中最微小的一个。达拉姆论证说所有一切都得到周密安排，每一部分都各得其所。比如因为木星离太阳过于遥远，所以木星获得较快的转速以及四颗卫星，而且它能够反射耀眼强烈的太阳光，这对于木星很有用，能够补其不足。同样弗格森（J. Ferguson）也进行推理，认为土星的光环在他看来就是彗星飞过时划下的环形轨迹，这个光环就是为了让住在彗星上的沉思者赞叹上帝"创世"的智慧、对称和美。❸

最后我们要强调，有一些人接受牛顿的空间无限、宇宙无定的概念，但即使是这些人也不会放弃完美"形状"的执着念头。千禧年说的信徒布尔奈（Burnet）和维斯顿，认为轨道的椭圆形状是最初和最终"完美"的衰退，是暂时的。在衰退之前，行星的轨道是正圆。维斯顿认为是一颗彗星造成了"大洪水"，彗星像一个信使，告诉人们神发怒了，洪水改变了一切：加长了地球的轨线，使地轴倾斜，而地轴以前是垂直的，使原本没有海洋也没有山脉的光滑的地球表面变了形，最终的"大动乱"恢复了最初的"伊甸园"，一切又回到众神统治之下。

还有其他人，比如达拉姆与赫维（Hervey），自以为获得了神的授权，认为宇宙始终遵照神的安排，以圆形和球形构成；按照达拉姆的思

---

❶ 例如：M. Prior, *Solomon or the Vanity of the World*, 1718。
❷ 例如：Whiston, Keill。
❸ *Astronomy explained upon Sir Isaac Newton's principles*, 1772.

想，圆形和球形之所以完美，是因为它们最实用、最合适。难道椭圆形轨道不是近乎圆吗？球体的凹凸不平不是也可以忽略吗？

另外，从 1750 年前起，牛顿的狂热信徒就开始重构宇宙的体系，随后我们要谈这个问题。

书　　评

回归叙事理论研究的本真
——评卡琳·库克仑与松亚·克利梅克的《大众文化中的转叙》

■ 吴康茹

兴起于20世纪60年代的法国结构主义叙述学，曾经以建构了一套完整的叙事研究范式和理论术语而独领风骚，一度成为欧美文学和文化研究中最热门的学问。80年代中期，结构主义叙述学因其科学化的趋向和以文本为中心的形式主义研究模式而遭遇了以美国耶鲁学派为代表的历史主义文化批评的抵抗和反对，自称为具有革命性的结构主义叙述学被宣告为死亡的叙述学。然而，90年代，受美国当代文化批评思潮的影响，英美叙述学的研究者开始转向对文本以外的社会历史语境的关注，注重研究作品中叙述者的性别化问题和政治意识形态问题。这一转向曾被视为叙述学所经历的一次积极的转折，即从诗学到政治学的转变。❶ 它表明叙述学的研究范围可以涵盖诸多领域的一切叙事。进入21世纪之后，欧美叙述学又出现了新的转向，即"叙事分析向超文本和传播学的转移"❷，并逐渐向跨文类和跨媒介扩展。这一转向是对20世纪90年代叙述学侧重政治批评和文化批评，忽略艺术作品艺术规律及特征做法的反拨，即欧美叙述学者再度重视对叙事作品的叙事手法和文本

---

❶ ［英］马克·柯里著，宁一中译：《后现代叙事理论》，北京大学出版社2003年版，第4页。

❷ 莫里卡·弗卢德尼克，"叙事理论的历史（下）：从结构主义到现在"，见［美］James Phelan, Peter J. Rabinowitz主编，申丹、马海良等译：《当代叙事理论指南》，北京大学出版社2007年，第42页。

结构的研究。他们不仅关注小说的叙事形式，还重视对跨文类和跨媒介的叙事手段的研究。近些年来，尤其在经典叙述学的诞生地——欧洲本土，许多叙述学研究者又回归到一些叙事理论的研究上。因为他们注意到这一事实："当代叙述学的优势就在于它有着丰富的理论资源"。❶ 尽管这些理论资源是形式主义批评家发明的，然而欧美后现代批评家都热衷于使用这些理论范畴，因此当代欧洲叙事学家逐渐意识到有必要重新审视、扩展或者解构经典叙述学的一些理论概念和术语。当然在重新审视这些概念时，他们也越来越注重叙述学的跨学科、跨媒介研究，有意识地借鉴其他批评派别的研究成果和分析模式，以拓展自己的研究领域。由芬兰坦佩雷大学知名学者卡琳·库克仑和瑞士纳莎戴尔大学著名学者松亚·克利梅克主编的《大众文化中的转叙》❷ 就是近年来欧洲叙事理论研究复兴最具有代表性的成果。

　　截至目前，欧美后经典叙述学的研究范围已经从文学领域扩展至非文学领域，当代叙述学正逐步演变为一个更具有包容性和开放性的跨学科性质的学科。美国著名学者戴卫·赫尔曼将后经典叙述学所具有的活力和创新性解释为"对诗学和批评的双重强调以及对叙事话语系统的特征和个别叙事的特征的双重关注"。❸ 不过在从经典到后经典时代的发展过程中，欧美叙述学研究所遇到的最大问题并不是要抛弃经典结构主义叙述学的旧模式和揭示其局限性的问题，而是重新思考它们潜在的思想价值和重新评估它们的适用范围。因为结构主义叙述学的贡献恰恰是建构了一整套分析文本的理论范畴和阐释模式，推出了一整套基本的分析工具，这样的范畴和模式的建立才使得叙述学真正成为一门应用科学。所以后经典叙述学的发展是不能完全舍弃这些理论遗产的，不能用政治批评和文化批评来替代叙事分析；叙事研究更不能忽略文学作品本身的

---

❶ [英] 马克·柯里著，宁一中译：《后现代叙事理论》，北京大学出版社 2003 年版，第 10 页。

❷ Karin Kukkonen, Sonja Klimek (Eds.) *Metalepsis in Popular Culture*, Walter De Gruyter GmbH & Co. KG, Berlin/New York, 2011.

❸ [美] 戴卫·赫尔曼著，马海良译：《新叙事学》，北京大学出版社 2002 年版，第 3 页。

艺术规律和审美特征。近年来，欧美叙述学之所以取得突飞猛进的发展，就是因为叙事学家注重对结构主义叙述学的基本范畴和理论重新进行反思，同时他们注重从周边的其他研究领域汲取养分。库克仑和克利梅克主编的《大众文化中的转叙》一书就是近年来欧洲后经典叙述学转向叙事理论研究的最好例证。这部论著其实是一部论文集，共收录来自欧美及加拿大的13位知名叙事理论研究者所撰写的13篇论文，外加2篇非常有分量的"序言"和"后记"，共计15篇文章。这些文章是一次大胆创新的叙事理论研究活动的集体表述，集聚了诸多学科传统的资源和各种专门知识，也是专门从事这些学科领域研究的学者多年研究成果的展示。这部论著更是欧洲叙述学回归叙事理论研究的一次成功尝试。

这部论著所研究的课题，即"大众文化中的转叙"，其实是延续了2002年11月由欧洲叙述学学会[1]在法国巴黎召开的第二届"欧洲叙述学网"国际叙事理论研讨会，即"今日'转叙'"的议题。法国叙事学家热拉尔·热奈特不仅受邀出席这次国际叙事理论研讨会，还作为特邀嘉宾在会上作了题为"转喻——从修辞格到虚构"的主题发言。2002年国际叙事理论研讨会的重要议题是重新审视20世纪法国经典叙述学的一个理论术语——转叙。参会的欧美叙事学家对这个既涉及经典叙述学的故事层转换技巧，又涉及后现代主义文本中的越界叙事手法的内涵及其功能作了广泛而深入的讨论。会议论文集《转叙——违反艺术表现契约》于2005年出版。此后，欧洲叙述学会的成员对于转叙问题的探讨一直在进行。2008年5月和2009年6月，学者们又分别在奥地利格拉茨大学大众传播学研究中心和瑞士纳莎德尔大学举办了两次小型学术研讨会，进一步探讨大众文化领域里的转叙现象。因为很多叙事学家都

---

[1] 欧洲叙述学学会成立于20世纪90年代，主要发起人是热奈特和托多罗夫。该学会主要隶属于法国巴黎高等社会科学研究院艺术语言及文化研究所。后来，该学会为了扩大学术交流的范围，尝试利用互联网所提供的交流平台，于21世纪初创办"欧洲叙述学网"（ENN），网站总部设在德国柏林大学。欧洲叙述学会每两年召开一次国际学术会议，探讨和交流叙事研究的成果及心得。

注意到在经典叙述学向后经典叙述学的转型过程中,人们开始关注"故事讲述(storytelling)"的多样化方式的研究。"故事讲述"不仅要涉及叙事可能的类型问题,还会涉及叙事性的本质和程度,即"可述性"与"不可述性"问题。此外,由于欧洲叙述学会自 21 世纪初一直关注于后现代主义文学中的转叙(越界叙事)问题,所以,对转叙问题的深入研究也促使欧洲叙事学家不仅关注传统文学文本中的越界叙事现象,更关注后经典叙述学时代以新媒介为主要传播方式的流行文化中的叙事"越界"现象。很多叙事学家发现,转叙手法不仅在后现代小说中频繁出现,而且在近些年来通俗的大众文化中被广泛运用,例如在 3D 电影、电视剧、音乐剧、侦探小说以及科幻片的故事讲述之中,转叙叙事现象非常普遍的存在。不过对通俗文化领域中的越界叙事研究,毫无疑问是一门跨学科性质的研究,因为媒介形式上的差异会导致不同叙事文本之间存在明显的叙事差异。这种研究必然会促使人们去思考转叙在不同媒介的叙事文本中的表现形式、艺术效果以及可适用性问题。《大众文化中的转叙》一书就是集中反映欧洲叙事学家这些年来在跨学科叙事领域对于转叙问题的新思考。

  本书最大的特色就是回归到叙事理论研究的本真上。从本书所探讨的议题来看,叙事学家重新审视的还是法国经典叙述学的基本理论概念之一——"转叙"(la métalepse)问题。该书的主编之一卡琳·库克仑在"前言"中首先回顾了转叙术语的研究历程。她将叙述学意义上的"转叙"概念的提出首先归功于法国经典叙述学理论的奠基人热拉尔·热奈特。热奈特在论著《叙事话语》(1973)中首次提出该术语并对其内涵作了基本的界定和阐释。从词源学上来说,"转叙"原本属于西方古典修辞学中比喻学意义上的一个修辞格,被视为换喻的一种,因此它又可以被译为"转喻"。作为修辞格意义的转喻,它的概念及功能,一是包含因果关系的替换,二是表示一种间接迂回表达法。最初阐释和界定这一修辞格概念的是 18 世纪法国修辞学家杜马赛(Dumarsais)和 19 世纪修辞学家冯塔尼(Fontanier)。热奈特后来是在杜马赛和冯塔尼给出的定义基础之上自创了一个术语,即"作者转喻"(la métalepse de l' auteur)。他将"作者转喻"视为作者兼叙述者变换故事层或者换层讲述故事的一种技巧。他阐述了该术语的重要功能就是赋予文本的写作或者述说主体(作者兼叙述者)非凡的创造力。也就是说,作者兼叙述者可以利用进入文本虚构世界的权力尽量发挥自己的文学想象力和虚构功能。在热奈特看来,从叙述学角度来看,作者转喻术语的内涵其实已从修辞格意义扩展到文学叙事的虚构问题。作者转喻的功能主要突显叙述者主体在叙事活动中所扮演的角色及作用,为此他还引用罗马大诗人维吉尔在史诗《埃涅阿斯纪》中所说的一句话,即"在第四章中维吉尔要让狄多死去"[1]。作者转喻揭示了作者兼叙述者在文本虚构叙事中所发挥的作用。热奈特强调文本中运用作者转喻手法往往能够推动阅读者(受众)形成创造性的想象力。不过他也注意到作者转喻过分看重叙述者主体要在叙事活动中发挥创造性的想象力,因此这势必会导致原本处于故事外的叙述者在文本虚构中违规进入文本内的故事层(或者故事虚构世界)。热奈特把叙述者从故事外进入文本所虚构的故事世界中的这种"违规僭入"现象称之为"换层转换"或者"第二叙事"(即嵌入到上一层的首要叙事的第二叙事)。热奈特探讨了这种换层叙述如何实现问题,即可以通过变换叙述者身份来达到换层讲述的目的,他以《荷马史诗》中的主人公奥德修讲述自己在返乡航海冒险过程中被滞留在独眼巨人岛上的经历为例,将人物对自身冒险经历的叙事称之为"换层转换"。他还将这种换层转换命名为"转叙"(la métalepse narrative)。该术语在叙述学意义上指的是叙述者打破叙事层次之间的常规分隔线。[2]转叙手法是文学虚构叙事中情节编织或者叙述者进行虚构想象的最重要的叙事手法,它在文本中的运用会产生非常复杂的艺术效果和功能。

---

[1] [法]热拉尔·热奈特著,吴康茹译:《转喻:从修辞格到虚构》,漓江出版社2013年版,第8页。
[2] [美]詹姆斯·费伦(James Phelan)、彼得·J. 拉比诺维茨(Peter J. Rabinowitz)著,申丹等译:《当代叙事理论指南》,北京大学出版社2008年版,第626页。另参阅杰拉尔德·普林斯(Gerald Prince)著,乔国强译:《叙述学词典》,上海译文出版社2011年,第120页词条"转叙"。

卡琳·库克仑在"前言"中结合近年来叙事学家对于转叙概念内涵的进一步研究,指出热奈特所提出的"转叙"术语适用于解释后现代主义文本中大量的元故事叙述转换和越界叙事现象。也正因为此,近些年来欧美叙事学家在继热奈特之后,开始进一步研究该术语的谱系、类型及其在跨媒介故事讲述中的功能问题。库克仑在"前言"中指出转叙最初是由修辞格演变而来的,但是经过热奈特的阐释之后,如今已经成为后现代叙述学理论话语中一个最为人熟知的术语。继热奈特之后,美国叙事学家多瑞特·科恩(Dorrit Cohn)、麦克赫尔(Brian McHale)、玛丽·劳尔·瑞安(Marie-Laure Ryan)和约翰·皮耶(John Pier)都曾对转叙概念作了更进一步的阐释和分类,尤其是科恩将转叙分成故事层面上的转叙与话语层面上的转叙。麦克赫尔于1987年又借鉴可能性世界理论,提出可以将转叙分为修辞转叙(rhetorical metalepsis)和本体转叙(ontological metalepsis)。他将后现代小说文本中的元故事作为分析对象,提出在混乱的故事层分级系统中,可以通过确定本体故事层才能找到一个个递归嵌入式叙事。而法国叙事学家约翰·皮耶在总结了这些学者的研究成果基础上提出可以将转叙分为三种类型:作者转叙、叙述转叙和本体转叙。在他看来,作者转叙是一种元小说的策略,它通过作者兼叙述者有意暴露身份,从而突出故事的虚构性特征。叙述转叙则是叙述者邀请受述者一起从故事外进入到故事内的越界擅入。这是一种幻想类的越界,它能够让读者和观众产生梦幻的感觉。而本体意义上的转叙即故事叙事层有隐含的受述者或者一个人物从一个嵌入式叙述层转入到另一个叙述层。本体转叙主要针对的是多层或者网状结构的故事层的情况,是对多层故事层作逻辑意义上的划分,确定何为核心故事层、何为递归嵌入式叙事。

库克仑在"前言"中详细地介绍了转叙概念术语的确切含义,并对转叙所涉及的话语世界与故事世界之间的界定、不同文本中种种越界叙述的类型、效果以及功能作了分析。此外,她还强调在后经典时代重新研究和阐释转叙术语概念的意义,强调研究在新媒体出现之后转叙被创造性地运用于跨媒介故事讲述过程中所发挥的积极作用。欧美叙事学家结合跨媒介故事讲述去重新阐释转叙在后现象流行文化中所发挥的作用,他们对于转叙的研究有助于人们对于转叙概念内涵及艺术效果的认识。

本书的第二大特色就是理论探讨与文本阐释相结合。无论在经典时代还是在后经典时代,叙述学所建立的叙事分析模式,所提出的理论术语范畴只是为文本阐释提供分析工具而已。而这一工具是否有效,是否适用于某一个文本还是所有文本,它到底在文本的叙事活动中起到何种作用和效果?这些问题都需要结合具体作品的阐释来印证。《大众文化中的转叙》所收录的13篇论文都是通过分析一个个具体作品,来展示和探讨转叙在不同文类作品的故事叙述中所发挥的作用。如瑞士学者松亚·克利梅克的论文《奇幻小说中的转叙》就是通过分析当代欧美科幻作家的小说,如德国作家瓦尔特·莫尔斯(Walter Moers)的《来自矮人国的小兄妹》(2000)、英国作家汤姆·霍尔特(Tom Holt)的《我的英雄》(1996)、美国作家艾伦·迪安·福斯特(Alan Dean Foster)的《魔法歌手》(1983)、美国科幻作家乔纳森·卡罗尔(Jonathan Carroll)的《欢笑幻境》(1980)等,阐明转叙在幻想类虚构叙事文本中的运用及其效果。在克利梅克看来,奇幻小说中存在非常丰富的转叙实例,所以他有意选择奇幻小说作为分析对象,目的是要探讨转叙在叙事文本中的各种表现形式。他通过对奇幻小说的故事讲述方式的考察和分析,概括出在奇幻文学虚构叙事中经常出现的三种转叙手法,即上升转叙、下降转叙和混合转叙。他认为转叙特别适用于幻想类的虚构叙事的故事讲述,因为转叙的越界叙述非常有助于作家去编织故事情节。奇幻小说中故事讲述方式往往突显叙述者的奇特的想象力,即叙述者通常不会按照常规思路去构思情节。克利梅克认为奇幻文学中转叙的运用恰恰是对人类超凡的想象力的一种肯定。

瑞典兰德大学的学者李维·卢塔斯的论文《侦探小说中的转叙》则是通过分析当代欧美侦探小说,如英国作家贾斯柏·福德(Jasper Fforde)的《穿越时空救简·爱》(2001)、美国作家斯蒂芬·金(Stephen King)的《犹尼的最后一桩案件》(1993)等作品,探讨转叙在侦探小说中的运用问题。卢塔斯认为,侦探小说中所运用的转叙恰恰是区分理性与非理性的关键性标志。无论是克利梅克还是卢塔斯都将上述所列举的作品作为示范文本，将对叙事理论的探讨与文本阐释结合起来，这样不仅能够阐明转叙在通俗小说的故事叙述方面发挥了巨大作用，而且说明后现代小说中讲故事技巧更趋于灵活、更富于探索性。

本书的第三大特色就是探讨转叙在后经典时代跨媒介的故事讲述中所具有的特殊价值。随着 3D 电影、MTV 音乐电视网、穿越剧、电视连续剧、远程控制等新媒体的出现，故事讲述方式也随之出现变化。而叙事学家对于转叙术语内涵及功能的探讨必须要结合新媒体的叙事模式的特点。本书所收录的 13 篇文章中有 9 篇是结合近些年来电影、电视、音乐剧、喜剧片和动画片等一系列文本来探讨转叙在不同媒介中的具体表现的。许多新媒介的倡导者都将跨媒介的故事讲述视为最具有创新意义的叙事形式。那么，跨媒介的故事讲述所具有的创新性又表现在什么地方？无论在电视剧的制作上还是在电影情节的编排上，无论是在动漫游戏的设计上还是在计算机远程控制方面，新媒介在故事讲述方面都尝试运用新颖的艺术手段和具有鲜明特色的叙述风格。但是新媒介的故事讲述同样也会出现越界叙事问题，所以借助转叙的手法也是新媒介叙事最大的特点。本书所收录的奥地利叙事学家爱尔汶·弗耶辛格的论文《具有转叙性质的电视跨界》就是以美国福克斯（Fox）有线电视台所播放的几部非常受欢迎的浪漫喜剧、情景剧和动画片作为研究对象。爱尔汶教授重点选择了《律师本色——第八季》（1997～2004）、《波士顿法律——第一季》（2004～2008）、动画片《辛普森一家》（1989）、《恶搞之家》（1999～2002）和《飞出未来》（1999～2003）、情景喜剧《我为卿狂》（1992～1999）以及《迪克·范·戴克摇滚音乐剧》（1961～1966）等作为分析文本，探讨电视跨界现象。他首先界定了叙述学意义上的转叙（越界叙事）和电视跨界之间的差异。在他看来，叙述学意义上的转叙（越界叙事）指的是打破彼此独立、互不相关的两个或多个故事层之间分隔线。转叙的越界主要是嵌入文本所虚构的故事世界之中，它允许读者凭借梦幻方式进入到文本的虚幻世界之中，当然也允许文本中的男女主角离开虚构的故事世界进入话语世界。而跨界指的是人物角色可以从一个文本的虚构世界向另一个文本的虚构世界移动，例如读者同时阅读两本描写不同城市的文本，当其中一本书中的人物角色出现在另一本书的故事世界之中，这就涉及跨界问题。爱尔汶比较了转叙与跨界的差异，转叙的越界叙事是人物违规进入看起来似乎是无法进入的想象世界，它是让不可能实现的东西变为现实，而跨界则是将一个外来的他者引入到一个另一个故事世界。跨界叙事本身会让读者或者观众意识到文本故事讲述过程中的矛盾或者不一致的地方，但是它和转叙的运用一样，同样会产生转叙越界的奇特和梦幻的效果。爱尔汶教授考察了当代欧美电视连续剧频繁使用跨界手法，即某个电视连续剧可以将另一个情景喜剧中人物、背景，甚至是情节线索照搬到剧情之中。而这样的做法通常是为了突出某个角色、节目或者栏目的知名度。爱尔汶以《律师本色——第八季》和《波士顿法律——第一季》为例探讨了导演兼制片人戴卫·克利频繁运用跨界叙事方法。这两个电视剧不仅有着相似的剧情和故事背景，甚至这两个连续剧中的女主角卡特琳都是同一个演员扮演的，人物性格、面貌都具有相似性。爱尔汶认为美剧频繁运用跨界叙事的目的是尝试通过生产大量的异故事文本或者副文本来提高电视节目的收视率和知名度。电视跨界叙事和转叙一样让故事讲述方式变得更加丰富多彩，更具有娱乐观众的趣味性。

其实，在本论著中，关注跨媒介的故事讲述的创新性何止爱尔汶·弗耶辛格教授一人。像加拿大拉瓦尔大学的让-马克·里莫杰和奥地利维也纳大学的克万·莎考史也都从不同的研究视角对当代喜剧电影和卡通动画片的叙事方式进行了探索，并结合新媒介叙事的特征探讨了这些新体裁的越界叙事所存在的问题。转叙尽管属于叙事手法的形式主义研究，但是欧美叙事学家都对这一叙事手法的语用维度进行了广泛的讨论。他们将主要精力都放在具体文本的阐释上，试图通过对具体文本的阐释来检验各种转叙手法所产生的艺术效果。

正如法国著名的叙事学家约翰·皮耶（John Pier）在"后记"中对通俗文化中转叙研究意义的评价："转叙作为结构主义诗学背景下的叙述学理论中的一个范畴，它的出现并不是一个偶然的巧合，它也不是我们现在将它限定在后现代主义叙事文本中所出现的单纯现象。"其实在他看来，这个术语是个很古老的概念。而法国经典叙述学研究者们最大的贡献是对这个术语进行了深入的阐释，将之引入对文本的叙事活动的阐释上，从而开启对后经典时代叙述学中很多叙事问题的研究与探讨。他尤其强调热奈特对于这个术语阐释方面所作出的贡献，因为恰恰是热奈特拓展了人们对于这个概念术语理解的视野。当然约翰·皮耶更重申在后经典叙述学时代，叙述学转向新媒介叙事研究的必要性和紧迫性，重申采用跨媒介视野重新审视某些经典叙述学理论术语内涵价值的意义。在他看来，参与本论著写作的研究者正是受到美国叙事学家瑞安倡导要建立跨媒介叙述学的想法的启发，才将更多的精力放在对当今流行文化中丰富多样的叙事手法的研究上，这些叙事学家虽然只是选择了"转叙"这个研究角度，但是他们的研究重在揭示新媒介传播方式变化之后，叙事手段和技巧已经越来越得到人们关注，也更具有灵活性和探索性的事实。其实，叙事理论的研究从来就要与叙事的实践活动或者说更要与批评的阐释活动紧密结合，互相促进。没有理论家对于概念和术语的建构与阐释，如果没有艺术家和作家对于新的讲述故事方式的实验，如果没有叙事学家们的批评阐释实践的及时回应，那么文学写作的很多成功经验以及叙事文本的结构特征及叙事特点也就无法得到揭示和阐明。美国叙事学家杰拉德·普林斯说得好："同经典叙事学相比，后经典叙事学倾向于少一些形式主义，而多一些开放性、探索性和跨学科性。"[1] 笔者认为，库克仑和克利梅克主编的《大众文化中的转叙》一书应该说体现了欧洲本土后经典叙事学研究的主要成就及研究特色。它们既重视对叙事理论术语及范畴的再研究和重新阐释，又注重从不同的视角，采用跨学科的研究方法去研究不同的新媒介讲述故事方式的创新性问题。这本书对于人们理解后经典时代跨媒介的不同讲述故事方式的创新性及叙述范式都是具有启发意义的。

---

[1] ［美］杰拉德·普林斯："经典与后经典叙事学"，见唐伟胜主编：《叙事中国版（第五辑）》，暨南大学出版社2013年版，第149~150页。